云计算

科学与工程实践指南

[美] 伊恩·福斯特（Ian Foster） 丹尼斯·B. 甘农（Dennis B. Gannon） 著

赵勇 黄毅 译

Cloud Computing
for Science and Engineering

图书在版编目（CIP）数据

云计算：科学与工程实践指南 /（美）伊恩 · 福斯特（Ian Foster），（美）丹尼斯 · B. 甘农（Dennis B. Gannon）著；赵勇，黄毅译 . —北京：机械工业出版社，2018.8
（计算机科学丛书）
书名原文：Cloud Computing for Science and Engineering

ISBN 978-7-111-60672-7

I. 云…　II. ①伊…　②丹…　③赵…　④黄…　III. 云计算 - 指南　IV. TP393.027-62

中国版本图书馆 CIP 数据核字（2018）第 185828 号

本书版权登记号：图字　01-2017-7527

本书由“网格计算之父”Ian Foster 教授和印第安纳大学 Dennis B.Gannon 教授联袂撰写，主要讨论如何将云计算应用在科学和工程领域。全书共五部分，内容涵盖云数据管理、云计算、云平台、云构建以及安全问题等。书中不仅有全面的概念阐释，而且分析和对比了各大主流云服务提供商的产品和服务，特别是包含 20 多个实践案例，手把手引导读者掌握云的构建和管理方法。此外，本书网站 Cloud4SciEng.org 还包含附加章节和 Jupyter 笔记本等丰富的学习资源。

本书适合科学和工程领域的技术人员阅读，也适合计算机相关专业的学生参考。

出版发行：机械工业出版社（北京市西城区百万庄大街 22 号　邮政编码：100037）

责任编辑：卢　璐　　　责任校对：李秋荣

印　　刷：北京诚信伟业印刷有限公司　　　版　　次：2018 年 9 月第 1 版第 1 次印刷

开　　本：185mm×260mm　1/16　　　印　　张：15.25

书　　号：ISBN 978-7-111-60672-7　　　定　　价：69.00 元

凡购本书，如有缺页、倒页、脱页，由本社发行部调换

客服热线：(010) 88378991　88361066　　　投稿热线：(010) 88379604

购书热线：(010) 68326294　88379649　68995259　　　读者信箱：hzjsj@hzbook.com

出版者的话

文艺复兴以来，源远流长的科学精神和逐步形成的学术规范，使西方国家在自然科学的各个领域取得了垄断性的优势；也正是这样的优势，使美国在信息技术发展的六十多年间名家辈出、独领风骚。在商业化的进程中，美国的产业界与教育界越来越紧密地结合，计算机学科中的许多泰山北斗同时身处科研和教学的最前线，由此而产生的经典科学著作，不仅擘划了研究的范畴，还揭示了学术的源变，既遵循学术规范，又自有学者个性，其价值并不会因年月的流逝而减退。

近年，在全球信息化大潮的推动下，我国的计算机产业发展迅猛，对专业人才的需求日益迫切。这对计算机教育界和出版界都既是机遇，也是挑战；而专业教材的建设在教育战略上显得举足轻重。在我国信息技术发展时间较短的现状下，美国等发达国家在其计算机科学发展的几十年间积淀和发展的经典教材仍有许多值得借鉴之处。因此，引进一批国外优秀计算机教材将对我国计算机教育事业的发展起到积极的推动作用，也是与世界接轨、建设真正的世界一流大学的必由之路。

机械工业出版社华章公司较早意识到“出版要为教育服务”。自1998年开始，我们就将工作重点放在了遴选、移译国外优秀教材上。经过多年的不懈努力，我们与Pearson，McGraw-Hill，Elsevier，MIT，John Wiley & Sons，Cengage等世界著名出版公司建立了良好的合作关系，从他们现有的数百种教材中甄选出Andrew S. Tanenbaum，Bjarne Stroustrup，Brian W. Kernighan，Dennis Ritchie，Jim Gray，Afred V. Aho，John E. Hopcroft，Jeffrey D. Ullman，Abraham Silberschatz，William Stallings，Donald E. Knuth，John L. Hennessy，Larry L. Peterson等大师名家的一批经典作品，以“计算机科学丛书”为总称出版，供读者学习、研究及珍藏。大理石纹理的封面，也正体现了这套丛书的品位和格调。

“计算机科学丛书”的出版工作得到了国内外学者的鼎力相助，国内的专家不仅提供了中肯的选题指导，还不辞劳苦地担任了翻译和审校的工作；而原书的作者也相当关注其作品在中国的传播，有的还专门为其书的中译本作序。迄今，“计算机科学丛书”已经出版了近两百个品种，这些书籍在读者中树立了良好的口碑，并被许多高校采用为正式教材和参考书籍。其影印版“经典原版书库”作为姊妹篇也被越来越多实施双语教学的学校所采用。

权威的作者、经典的教材、一流的译者、严格的审校、精细的编辑，这些因素使我们的图书有了质量的保证。随着计算机科学与技术专业学科建设的不断完善和教材改革的逐渐深化，教育界对国外计算机教材的需求和应用都将步入一个新的阶段，我们的目标是尽善尽美，而反馈的意见正是我们达到这一终极目标的重要帮助。华章公司欢迎老师和读者对我们的工作提出建议或给予指正，我们的联系方法如下：

华章网站：www.hzbook.com

电子邮件：hzjsj@hzbook.com

联系电话：（010）88379604

联系地址：北京市西城区百万庄南街1号

邮政编码：100037

华章科技图书出版中心

译者序

Cloud Computing for Science and Engineering

当我接到出版社的邀请，翻译这本由我的导师 Ian Foster 和 Dennis B. Gannon 教授合著的书时，可以说是多种感情交织在一起。一方面，这本书一下子把我拉回了十多年前在芝加哥大学读书和在阿贡国家实验室实习的时光，因为书中很多的项目以及老师和同事的名字都是那么亲切和熟悉。比如 Pieper 女士，她的文笔是如此精妙，有化腐朽为神奇的力量，每次的项目报告、论文都要经她手进行润色，以至于我的导师为这个过程造了一个动词——Pieperize，就是经由 Pieper 来处理的意思，就好像我们要在网上搜索什么东西时，会说去 Google、去百度一样。Globus 网格项目更是我从硕士到博士论文甚至毕业多年以后还在参与的主要项目。所以，这一切让我又重温了那些事，那些人，还有那些周遭。另一方面，两位作者作为网格计算和科学计算领域的“大神”级人物，对于云计算、容器、云存储服务、SaaS、微服务、笔记本、认证和授权等众多时髦的概念和技术，可谓信手拈来，了如指掌，并且将其和科学与工程领域的众多应用紧密结合，深入浅出地阐释给读者。这又让我增添了对这些集科学家、学者、研究者和探索者于一身的前辈的崇敬之情，他们一生都在孜孜不倦地学习和实践，比我们勤奋和仔细，同时又有着像当今很多技术极客一样的热情，乐于帮助大众了解这些先进知识、技术和行业优秀应用案例。

这本书不仅仅有“高大上”的云计算概念，还有对行业各个主流云服务供应商及其产品和服务的全面描述、对比和适用场景分析，同时还有 20 多个丰富的实践案例。书中手把手地引导读者来走完这些案例的全过程，并提供了可运行的“笔记本”，记录了相应的代码及注释。为了帮助读者理解这些内容，使读者能够跟着进行实践，本书还搭建了配套网站 Cloud4SciEng.org，提供了详尽的资料和资源链接。所有这些，都反映了作者严谨治学的态度，以及希望科学和工程界的研究者、工程师、学生等能够学以致用，迅速上手，发挥云计算的巨大能量的拳拳之心。这一切努力都让我深深为之感动！

在本书的翻译过程中，又有幸邀请到硅谷的黄毅博士加盟，他一方面致力于大数据分析方面的创业，另一方面也在圣何塞大学担任大数据实验室主任一职。更巧的是，黄毅博士是本书第二作者 Gannon 教授的得意门生，所以仿佛冥冥之中自有天意，我们两位译者作为两位作者的门生，也一直在从事云计算和大数据的研究、创业和实践。能够有此机会继续传承导师的衣钵，将本书译为中文，让中国的科学家、工程师、研究者和学生能够借鉴和掌握相关技能和方法，也不枉导师对我们多年的言传身教。念至于此，也是满怀对缘分的感激。

当前中国正在着力发展数字经济，云计算也走过了自 2009 年以来的探索和成长期，进入了飞速发展的阶段。阿里、腾讯等已经在享受公有云计算服务平台所带来的巨额红利和回报，华为也打出了“ all in cloud”的战略口号。我国的天河系列和神威太湖超级计算机已经占据世界超级计算机算力第一名多年，然而云计算和大数据除了在商业应用和硬件设施方面的领先之外，在科学和工程领域的应用、实践和普及方面都还处于早期阶段，与书中所述的国外实践有一定差距，因而本书将有非常大的指导意义。

我们衷心希望年轻的从业者能够认识到两位作者引领实践和无私分享的良苦用心，能够身体力行地将本书中的知识应用到我国科学和工程的各个领域中，充分发挥云计算和大数据的巨大能量，获得良好的成果和进展。

最后，感谢电子科技大学和清数科技的研究生和团队成员为本书所做的文字及校对工作。由于译者的水平所限，难免存在没有有效诠释原作精华的地方，甚至是一些错漏，希望广大读者批评指正，我们也欢迎大家就书中的话题进行讨论和交流。谢谢！

赵勇

2018年初春于成都

前　言

Cloud Computing for Science and Engineering

文明的进步，是不断增加我们能够进行的重要操作的数量，而不需要考虑如何进行这些操作。

——Alfred North Whitehead，《数学简介》

本书讨论云计算以及如何让读者——也就是你——把它应用在科学和工程领域。这是一本实用指南，涵盖了很多动手实践的案例，这些案例都可以在线获得，以帮助读者了解怎样使用云计算解决技术计算方面的特定问题，我们还就日常工作中如何使用云计算提出了可行的建议。

云计算作为技术术语最早出现在 1996 年。发展至今，这一词汇在机场的广告牌上已随处可见。你可能会困惑于它是一项技术、一种趋势还是旧概念的重新包装，或者仅仅是一个市场宣传口号。其实它是所有这些的集合而且还不限于此。最重要的是，云计算是一种我们以往多有忽视的处理事务方式上的重大转变，不论是在科学方面还是在日常生活的其他方面。就如提姆 · 布瑞（Tim Bray）在 2015 年所写："计算正转向一个效用模型。你可以在一个公有云里做各种在自己的计算机房很难完成或者很昂贵的事。公有云可以提供比你自己建造的环境更加优越的在线时间、安全性保障和有效的分配。"[77]

功能强大、随时在线、可访问的云设施的出现，已经转变了我们作为消费者和信息技术互动的方式，我们可以在 Netflix 上持续流畅地观看视频（托管在亚马逊云平台上），通过谷歌搜寻网站内容（使用谷歌云平台），通过脸书更新朋友圈动态，通过 Alexa 购买我们的日用品。云技术让许多公司得以将其信息技术外包到云供应商，从而削减了成本，提高了速率。大量以前的手工工作通过运行在云设施上的软件得以自动化，正如 1960 年 McCarthy 所设想的以及 20 世纪 90 年代网格所探索的那样，现在则通过像亚马逊、谷歌和微软这样的云供应商得以大规模实现。

那么云计算在科学和工程方面的应用是怎样的呢？许多科学家和工程师在工作中使用像 Dropbox、GitHub、Google Docs、Skype 甚至 Twitter 这样的云服务。但是他们还远远没有享受到云计算的全面福利。有一些技术应用运行在云计算机上，但是很少有研究人员将其他部分外包到云平台上。这是一种机会的浪费。毕竟，科学和工程虽然是令人着迷且开发心智的专业，但是也包含许多平凡的很花费时间的活动。为什么不通过自动化和外包来加速科学探索（并享有更多乐趣）呢？我们相信对这个问题的答案是肯定的，这就是我们为什么写这本书。

在接下来的章节里，我们调研了支撑云的新技术，云所提供的解决技术问题的新方法，以及在研究方面有效应用云的新思考方式。我们不奢望能够提供一本全面的云计算指导，因为主要的云供应商运行着成百上千的服务，当然有许多在科学和工程方面可以有效应用的服务没有涵盖在本书中。但我们确实描述了精华的部分，并给出了把你的工作整合到云服务中的必要概念。

下面是一些大家常问的问题，我们也将在书中尽力提供答案：我应该买一个集群还是使用云？如果使用商务云，我的基金会为此付费吗？我可以把数据导到云里面吗？那儿安全吗？我可以和我的同事分享吗？我怎么在云里计算？云计算可以大规模化吗？如果我想计算大量数据会怎样？我应该在工作中使用云平台服务吗？ 哪些是对科学和工程有用的？我怎么建立自己的云服务？我可以使它们按需规模化以解决真正的大问题吗？在科学和工程方面使用云有哪些成功的例子？我怎么建立自己的云？等等。

没有洞察一切的水晶球，我们不能提供这些问题的确切答案。但是我们至少可以提供一些信息和观点，以帮助你做决定。

一切都在流动，没有什么是静止的。就如2500年前Heraclitus所写的，软件行业尤其是这样。本书中一些技术细节的有效性会比我们所想的更加短暂。但是不要沮丧。你可以帮助我们和你的同仁，请在Cloud4SciEng.org中告诉我们。我们会更新网站，并准备本书的第2版。

致 谢

本书的顺利出版源自于很多同仁的共同努力。首先，我们感谢 Rusty Lusk，正是他说服我们撰写了此书，在他和麻省理工学院出版社的编辑 Marie Lufkin Lee 的支持下，我们提交了最初的建议书和第一份手稿。

尤其感谢 Rich Wolski 和 Stig Tefler，应我们的邀请，他们分别撰写了用 Eucalyptus 和 OpenStack 搭建你自己的云平台的相关章节。没有他们的杰出贡献就没有本书的第四部分。

我们要感谢 Ben Blaiszik、Kyle Chard、Ryan Chard、Ricardo Barros Lourenço、Jim Pruyne、Tyler Skluzacek、Roselyne Tchoua 和 Logan Ward，他们仔细校验了本书的许多章节并提出了详细的改进意见。还有 Gail Pieper，在她大师级的校对和编辑下，正如在过去许多项目中她所表现的那样，许多乏味晦涩的文字都变得如散文般流畅。

我们也感谢 Pete Beckman 和 Charlie Catlett 提供了关于物体阵列的信息，还有 Manish Parashar 提供了海洋观测计划的信息。两者都在第 9 章中重点介绍了。感谢 Rachana Ananthakrishnan、Kyle Chard、Eli Dart、Steve Tuecke 和 Vas Vasiliadis 对第 11 章中介绍的研究数据门户的贡献；Ravi Madduri 提供了第 14 章的 Globus Genomics 的资料；Stephen Rosen 提供了第 14 章的 Globus 服务的大部分资料；Ben Blaiszik 测试了第 17 章介绍的所有 Jupyter 笔记本；Tyler Skluzacek 则对 Resnet-152 提供了独特的视角。

我们很感谢 Ian Goodfellow、Yoshua Bengio 和 Aaron Courville，他们是《深度学习》[143]这本超级棒的书的作者。他们提供了 LaTeX 宏，并且推荐了 pdf2htmlEX，我们用它完成了本书的网页版。另外还要感谢 Lu Wang 写了 pdf2htmlEX 这么好的工具。

我们要大力感谢美国国家能源部、国家科学基金、国家卫生研究院、国家标准和科技研究院，他们多年来对我们的研究工作给予了大力的支持。这些支持让我们获得了有关云和技术计算方面的知识，从而能把它们呈现在本书里。几十年来，这些机构的远见和坚持让他们能大力支持优秀的科学研究，没有他们的支持，本书甚至现代科学，还有我们在各章节里提到的云都将不复存在。我们也要感谢微软和亚马逊提供了慷慨的云计算时间。

阿贡国家实验室和芝加哥大学多年来给作者 Ian Foster 提供了进行科研工作特有的学术氛围和激励环境。

最后，我们要感谢许多天才而勤奋的架构人员和开发人员，正是他们开发了大量的软件系列，才使云计算如此有价值和有乐趣，也才使这本书的面世成为可能。

目　录

Cloud Computing for Science and Engineering

第三部分 云平台

⊖ 参考文献为在线资源，请访问华章网站 www.hzbook.com 下载。

在云的宇宙中定位

我已经厌倦了在一本书中阅读云的定义。难道你不失望吗？你正在阅读一个很好的故事，突然间作者必须停下来介绍云。谁在乎云是什么？

——George Carlin，“我所厌倦的七件事”

在开启云计算的科学与工程之旅之前，我们首先介绍一些重要的概念和本书的结构，并回顾一些你应该知道的工具，以帮助你从本书中获得尽可能多的价值。

1.1 云：计算机、助理和平台

科学家和工程师可以通过多种不同的方式在其工作中使用云的各种功能。我们发现从三种使用场景开始思考，会更容易理解什么是云（见图 1-1）。

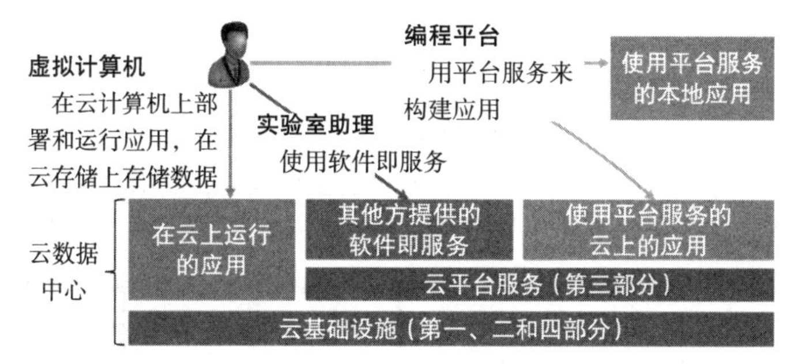

图 1-1 科学家可以以三种不同的方式使用云：作为运行自己软件的按需使用的计算和存储的来源（左）；作为可以通过网络运行的软件的来源（中）；作为可以开发新类型的软件的新平台功能的来源（右）

第一，云是一种**弹性计算机**：它是按需供给的计算资源和存储资源。当你需要多于或不同于本地可用的计算或存储资源时，就可以申请。相比于建立和运行你自己的计算和存储系统，在云中访问这些资源可能会更便宜、更快、更方便。虽然来自于不同云供应商的云计算和存储产品存在差异，但它们提供了非常相似的功能，特别是运行虚拟机和容器的功能以及对象存储功能。我们将在接下来的第一部分和第二部分讲解**基础设施即服务**（IaaS）的技术及其应用。

第二，云是一个“不知疲倦”的**实验室助理**：它可以提供许多功能强大的软件，可以使你更有效地、更便宜地执行某些任务。例如，使用 Academia.edu、Google Scholar 和 ResearchGate 访问出版物的信息，以帮助研究和引用文献；使用 GitHub 管理软件和文档，以促进团队协作、软件共享和软件的可重现性；使用 Google Docs、Box 和 Dropbox 共享数据；使用 Science Exchange 预约实验；使用 Figshare 发布数据；使用 Globus 搬移和管理大数据；使用 Skype 和其他服务进行通信；还有很多其他的软件。在这些情况下，你或你的实验室成员可以避免亲自执行这些任务时所需承受的大量认知、行政和财务方面的负担。这些**软件即服务**（SaaS）类型的功能非常重要，但大大超出了本书的范围，不过我们在第 14 章会讨论如何构建你自己的 SaaS 服务。

第三，云是一个**编程平台**：一个强大的软件集合，你可以使用这些软件的功能来构建那些在你自己的实验室中难以构建或构建成本很昂贵的软件。例如，可以每秒处理数百万事件的事件处理系统，可扩展到数十亿行的数据库，可处理数十个不同身份提供者的身份管理服务，可安全可靠地移动 TB 级别数据的数据传输服务，或可以在多个地理位置复制并确保连续运行的服务。这些平台功能可以说是云计算中最令人兴奋的部分，因为它们使得一个程序员就能创建和运行需要大型团队才能开发和管理的软件系统。这些功能使得云被用作大规模的计算实验和探索的交互式环境。如何高效地使用这些功能也很具有挑战性，因为它们经常被用于与传统计算技术不同的应用场景。另外，可以看到云端供应商在功能和接口方面有很大差异。我们在第三部分讨论这些**平台即服务**（PaaS）类型的功能。

不可避免地，这些不同类型的云系统和云使用方法之间的界限并不总是很明晰。例如，越来越多的软件即服务产品提供 API，允许将其用作平台服务，我们也会经常看到（如第三部分所讨论的）提供增强虚拟计算机服务价值的平台服务。

1.2　云的概况

云具有大规模、多样、复杂的特点。美国国家标准与技术研究所（NIST）列出了云计算的五个基本特征：按需自助的服务、广泛的网络访问方式、资源池、快速弹性伸缩以及计量的服务 [197]。今天，从低级的计算和存储服务到非常复杂的软件，成千上万的公司提供具备部分或全部上述特征的服务（参见图 1-2）。但除了上面列出的协作和内容管理系统，图中所示的商业云服务很少与科学和工程相关。

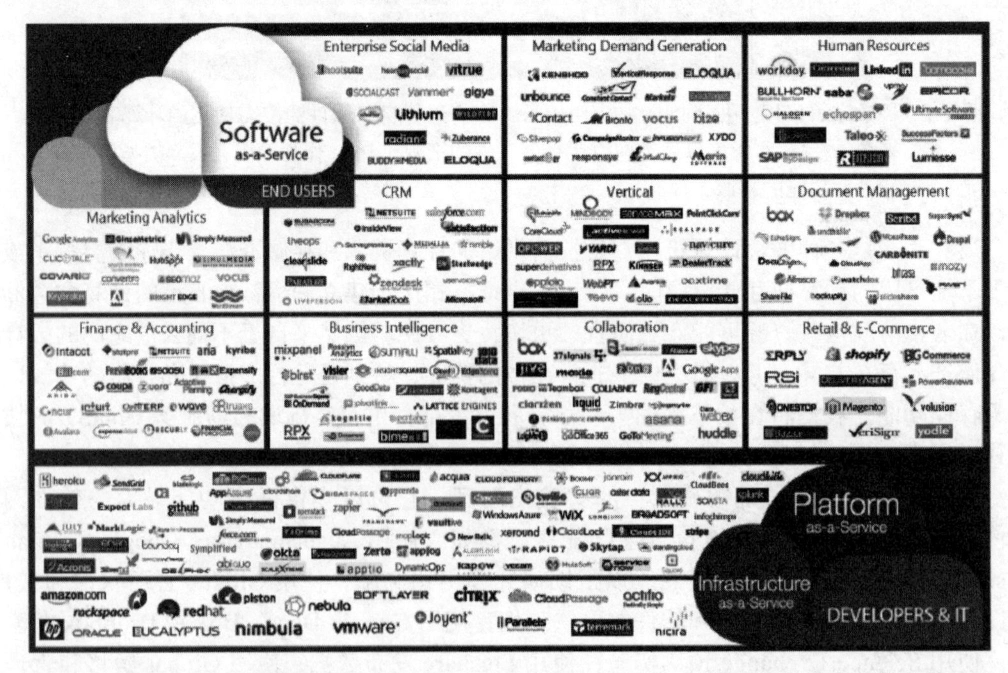

图 1-2　尽管过去了很多年，依然可以从 Bessemer Venture Partner 在 2012 年发布的排名前 300 的云服务供应商图中看出云服务供应商在各个应用领域的广泛分布

但在云基础架构的范畴中有一项例外：允许个人根据需要获取存储和计算资源的弹性计算服务。这个领域的情况比其他的简单，尤其是当我们专心去寻找与科学和工程相关的供应商时（其他的则专门提供特定的产品，比如甲骨文提供数据库，AT & T 提供电信服务等）。这里面有三家供应商在业界占据主导地位，即亚马逊、谷歌和微软，如表 1-1 所示，每家供应商都显然对科学与工程做出了贡献。我们在本书中重点关注这三个供应商，以及一个学术研究云 Jetstream[122]（jetstream-cloud.org⊖）提供的服务。当然，其他一些云供应商也令人印象深刻，比如位于纽约的 DigitalOcean 在软件工程和云应用开发社区非常受欢迎，而 Rackspace 则为使用亚马逊和微软云以及运行自己的云服务器的用户提供支持。欧洲的云供应商包括 1 & 1、UpCloud、City Cloud、CloudSigma、CloudWatt 和 Aruba Cloud。中国的百度等大型搜索和电信公司也在迅速建立云数据中心。这些不同的公司一起在全球各地运营了 100 多个数据中心，其中估计包含了 1000 万台服务器和庞大的存储空间。（我们基于新闻文章 [63, 169, 96, 204] 做出了这些统计。）

表 1-1　和研究相关的主要云计算基础设施供应商

亚马逊	行业领导。计算、存储和平台服务。广泛应用于科学与工程
微软	第二大计算供应商，提供计算、存储和平台服务给个人和企业客户
谷歌	从使用名为 App Engine 的服务开始，现在正在使用该项目来发布全套云功能

亚马逊、谷歌和微软运营的云服务通常被称为**公有云**，它提供资源的方式与我们大多数人日常生活依赖的公共事业（电力、电话、水、下水道等）类似。像公共事业一样，它们向任何公众提供收费的计算、存储和其他服务。（公有云不像公共事业一样被管制，因而有些人认为这个术语不太恰当。）

相比之下，**私有云**由私人机构或个人运营，向更有限的受众提供计算、存储和其他服务。我们可以将它们类比为私人发电厂，尽管它们提供的服务不是电力，而是按需获取的计算、存储或软件服务等资源。私有云经常被部署在大型企业中。IBM、VMware 和 Microsoft 是构建本地云系统专有解决方案的主要供应商。OpenStack（openstack.org）是主流的开源私有云解决方案，特别是在美国；Jetstream 和某些公有云选择了 OpenStack 作为解决方案，OpenStack 以及相关的项目由 Rackspace 负责提供支持。

OpenNebula[202]（opennebula.org）是另一个突出的开源解决方案，在欧洲得到了广泛的使用。欧盟目前也宣布了将在 2018 年建设覆盖欧洲的科学云计划（hnscicloud.eu）。同时欧洲也有大量的学术云项目。

公有云和私有云之间的这种区别可能看起来很小，但有重要的意义。由于主流的公有云的运行规模要远远大于任何私有云，因此它们可以提供很多强大的功能，例如弹性服务、细粒度计费、基于地理分布的高可靠性、各种各样的资源类型和丰富的平台服务。同样重要的是，它们可以实现巨大的规模经济效益。

相比之下，私有云只能提供有限的一些类似云的功能，例如只提供部署虚拟机实例和对象存储的能力。如本书第一部分和第二部分所示，这些功能足以支持一些有趣的应用程序。然而，相对于其他诸如亚马逊、微软和谷歌等平台，私有云对很多服务的支持的缺乏限制了其业务的范围。但在某些情况下，私有云可能是首选，例如因为工作任务的特殊性，任务在内部基础架构上可以更具成本效益地运行，或者因为公司或研究人员不希望敏感数据存放在

⊖ 本书中的网址采用简写形式，例如此处，完整 URL 为 https://jetstream-cloud.org。

别的地方。在这种情况下，所谓的**混合云**可以用于在公有云上运行选定的任务：一种称为**云突破**的进程。（云计算已经产生了一些可怕的术语！）

社区云是专门用于支持特定社区的私有云，比如支持基因组社区或是一些希望共享资源的公司或学术机构。**学术云**这个词汇有时用于指专注于学术界需求的私有云或社区云。图1-3描述了这些不同的云类型。

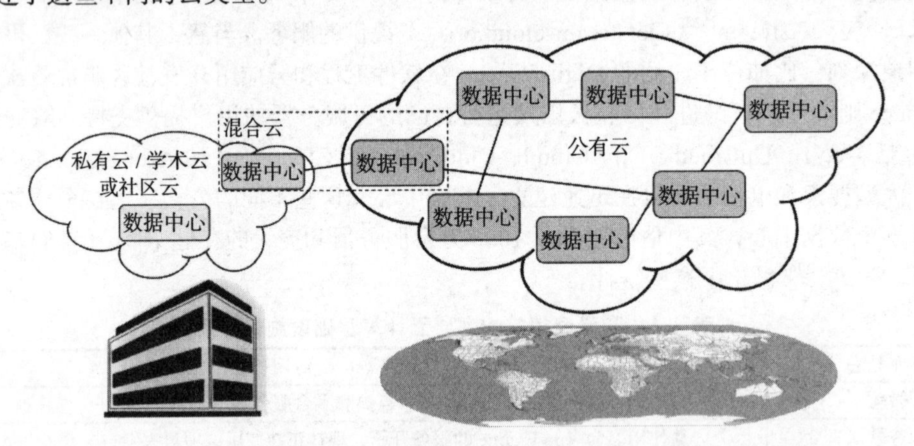

图1-3　私有云（包括学术云和社区云）、公有云和混合云

私有云还是公有云？关于私有云的优点有相当激烈的争辩。私有云的支持者认为，获取和操作专用计算机和存储系统比在公有云上购买时长要便宜得多。举一个例子，让我们考虑一下提供对PB级数据的在线访问的问题。在亚马逊公有云对象存储中存储1PB数据，按照2017年1月亚马逊美国东部地区的收费，一年的费用为252 000美元。相比之下，你可以以75 000美元购买一个1PB容量的SpectraLogic Verde系统——一个大容量存储设备，而且这个系统应该可以使用好几年。

使用私有云的第二个常见的原因是需要保护敏感数据。从监管和政策的角度，越来越多的这种数据可以存储在公有云资源上，正如我们在第15章中讨论的那样，但是成本也是巨大的，尤其是你的机构只能为你提供部分安全存储和计算补贴资金时。（如果成本不是那么高的话，那么公有云能给你提供好得多的研究条件。）

批评家们回应说，私有云计算爱好者低估了创建和运行云计算系统所带来的成本，实现高可靠性和安全性所面临的困难，以及始终具有可用容量的真正的弹性云的好处。（回到PB的例子，选择搭建私有云的话，谁来支付设备运行所需的电力、空间、运行维护、备份这些部分的费用呢？而如果你不需要在线访问时，亚马逊提供了一个档案存储服务Glacier，它同样可以存储1PB的数据，只需$ 48 000一年，它还能自动将不经常使用的数据从对象存储迁移到档案中。）是构建私有云还是购买公有云的问题很复杂，其答案取决于许多因素。在选择云解决方案时，你应该仔细考虑所有相关因素。

在本书中我们主要讨论公有云，因为它们比其他云更强大，更容易获取和使用。不过，我们也提供了通常用于创建私有云、社区云和学术云的Eucalyptus和OpenStack软件，以及Jetstream学术云的相关资料。表1-2列出了学术界的一些私有云。

表 1-2　一些私有研究云及其特点

名称	描述
Aristotle	用于学术研究的混合云，集成了 Eucalyptus 私有云集群和公有云供应商。federatedcloud.org
Bionimbus	用于管理、分析和共享基因组数据集的基于云的基础设施。bionimbus.opensciencedatacloud.org
Chameleon	用于大规模云研究的可配置实验环境。chameleoncloud.org
Jetstream	作为 XSEDE 研究网络的一部分，美国学术界的云计算。jetstream-cloud.org
RedCloud	基于订阅的云，可根据需要提供虚拟服务器和存储。www.cac.cornell.edu/redcloud/

1.3　本书导读

这本书是把你当成一个学生来写的。（即使你是高级科学家或工程师，我们知道你心里还是一个学生！）你的学科可能是物理学、天文学、生物学、工程学、计算机科学、人文学科，或是类似被称为计算科学或数据科学这样的新学科。你打开这本书，可能是因为你听说在云中有新的计算方法，并且想知道这跟你有多大关系。

或许你有以下这些需求：

- 你有很多数据必须由远程协作者进行分析。
- 你当前的计算平台（例如，笔记本电脑）不再适合你的需求，你无法访问大型集群或超级计算机。
- 你可以访问超级计算机，但它对于交互式数据分析和协作任务并不奏效。
- 你想要使用那些新计算方法，例如机器学习或流数据分析，而它们难以安装、操作和扩展。
- 你想要将软件或数据作为一种服务提供给你的社区。

我们将这本书分为五个部分（见图 1-4），涵盖以下主题：

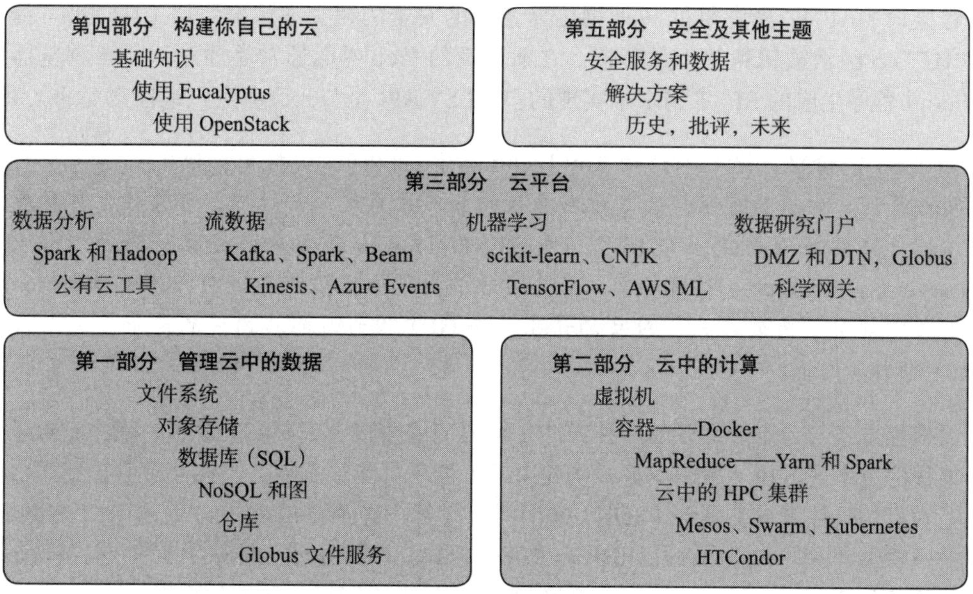

第四部分　构建你自己的云
基础知识
使用 Eucalyptus
使用 OpenStack

第五部分　安全及其他主题
安全服务和数据
解决方案
历史，批评，未来

第三部分　云平台
数据分析
Spark 和 Hadoop
公有云工具
流数据
Kafka、Spark、Beam
Kinesis、Azure Events
机器学习
scikit-learn、CNTK
TensorFlow、AWS ML
数据研究门户
DMZ 和 DTN，Globus
科学网关

第一部分　管理云中的数据
文件系统
对象存储
数据库（SQL）
NoSQL 和图
仓库
Globus 文件服务

第二部分　云中的计算
虚拟机
容器——Docker
MapReduce——Yarn 和 Spark
云中的 HPC 集群
Mesos、Swarm、Kubernetes
HTCondor

图 1-4　自底向上的科学云的架构

1. **管理云中的数据：**描述云中各种类型的数据存储系统，并说明如何使用云门户网站或直接用代码与这些服务进行交互。

2. **云中的计算**：探索云计算的能力范畴，包括部署单个虚拟机或容器以支持基本的交互式科学实验，或是使用集群机器进行数据分析，抑或是传统的HPC（高性能计算）。

3. **云平台**：除了数据存储和计算之外，还有一些特别适合研究型应用的高级服务。我们考查了数据分析、机器学习和流数据分析方法，还介绍了一些专门为科学研究设计的云工具。

4. **构建你自己的云**：读者可以使用一些强大的开源软件包从头开始构建云，这部分描述了两个例子和一些需要的工具。

5. **安全及其他主题**：安全永远是任何在线活动的主要关注点。我们在本书的最后讨论这个话题，不是因为它不重要，而是因为管理安全需要了解云架构（在本书的前几章中讲述）。关于未来云的演化，我们也提供了一些关注和想法。

1.4　获取云服务的方式：网站、应用编程接口和软件开发工具包

我们已经描述了云是如何作为虚拟计算机、助理或平台进行工作的。但是，你怎样才能让云去发挥这些职能呢？我们在后面的章节进行了详细的介绍，这里先解释一些基本的概念。

1.4.1　Web界面、应用编程接口、软件开发工具包和命令行界面

大多数云服务可以通过多种方式访问。首先，大多数云服务支持通过门户网站访问，从而允许直观的鼠标控制访问，而无需任何编程工作或是安装任何本地软件（安装超出Web浏览器以外的软件）。这种直观界面的可用性是云服务吸引力的一部分。

如果必须重复执行相同或相似的操作，那么使用Web界面就会变得很繁琐。在这种情况下，你可能希望通过编写向云服务发出请求的程序来代替手动操作。幸运的是，大多数云服务都支持这种通过编程访问的方式。通常，它们支持**表示状态转移**（REST）应用程序编程接口（API），允许通过Web浏览器使用的安全的超文本传输协议（HTTPS）传输请求。（HTTPS经常被用到并不是巧合：之前讨论的Web界面通常是通过运行于浏览器中的JavaScript程序生成的REST请求来实现的。）REST API是与云服务进行编程交互的关键。

> **REST的含义**：这个术语由Roy Fielding于2000年[121]提出，他定义了一系列应该遵循的原则来构建具有理想的万维网属性的分布式系统，如性能、可靠性、可扩展性和简单性。这些原则规定一个REST（或RESTful）Web服务应通过统一资源标识符（如myserver.org/myobject）引用对象，并且对这些对象的操作应通过HTTP操作执行，例如PUT通常被解释为创建一个对象的请求，而GET作为访问其内容的请求。下面给出了REST操作的例子。

以编程方式与云服务交互的一种方法是编写能够直接生成REST请求的程序。对于老牌的系统程序员来说，用“手工”方式构建REST请求可能很有趣，但你通常会想使用你在计算机上安装的**软件开发工具包（SDK）**来访问云服务。这样的SDK允许使用诸如Python（本书中的选择）、C++、Go、Java、PHP和Ruby等编程语言访问云服务。（对不起，Fortran程序员，不使用Fortran是因为Fortran SDK很少，远远不能满足我们的需求。）它们通常使用与所讨论语言的编程模型一致的方式操作云服务。云供应商通常会提供用于访问他们的服务的SDK，但也有一些很好的开源工具可以用。如果这些你都不喜欢，也可以开发自己的访问工具。

访问云服务。我们使用一个简单的例子来演示访问云服务的几种不同的方法。以在第 2 章中介绍的亚马逊简单存储服务（S3）为例，它允许你创建和访问称为 bucket（**桶**）的容器，你可以在其中存储和检索称为 object（**对象**）的字节串。

亚马逊网络界面让你可以通过鼠标操作与 S3 进行交互。例如，图 1-5 显示了创建位于美国标准区域内的名为 cloud4sciencebucket 的新存储桶时的界面。（亚马逊像其他云供应商一样，在世界各地经营着许多数据中心，美国标准区位于弗吉尼亚州北部。）这种在用户端不需要任何编程或是安装本地软件（Web 浏览器除外）就能使用的直观的界面，是云服务的吸引力所在。

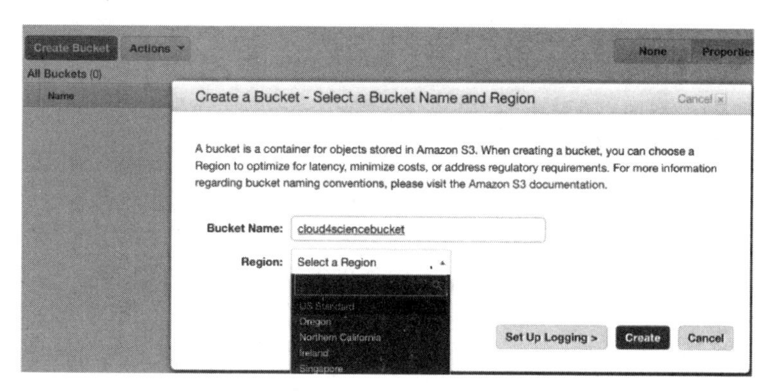

图 1-5 亚马逊 S3 Web 界面 console.aws.amazon.com/s3，在美国标准区域创建一个名叫 cloud4sciencebucket 的新桶

S3 也定义了一个可以通过编程方式操作桶和对象的 REST API。因此，我们除了使用 Amazon Web 界面之外还可以通过 URI cloud4sciencebucket.s3.amazonaws.com 上的 PUT 请求创建名为 cloud4sciencebucket 的桶。以下显示了该 PUT 请求的内容，为了简单起见省略了一些请求头信息。

```
PUT / HTTP/1.1
Host: cloud4sciencebucket.s3.amazonaws.com
Content-Length: length
Date: date
Authorization: authorization string
<CreateBucketConfiguration
                xmlns="http://s3.amazonaws.com/doc/2006-03-01/">
  <LocationConstraint>US Standard</LocationConstraint>
  </CreateBucketConfiguration>
```

类似地，相同 URI 上的 DELETE 请求可以删除我们刚刚创建的桶，并且该 URI 上的 GET 请求可以返回随后被放置在桶中的一些或全部对象。

在后面的章节中，我们将描述云服务 API、SDK 和一系列用于云基础架构和平台的服务。许多这本书没有涵盖的 SaaS 产品提供的 API 和 SDK 也十分有趣，例如 Dropbox、Google Docs、LinkedIn、Science Exchange 和 GitHub 提供的 API 和 SDK。（并不是所有的 SaaS 都提供了 API，Google Scholar 和 ResearchGate 就没有提供。）事实上，可以通过 Web 浏览器和编程方式轻松访问大多数云服务，是云计算如此有影响力的原因之一。

最后，我们展示 SDK 如何简化与云服务的交互。以下 Python 代码使用 Boto3 SDK 与 Amazon S3 进行交互。在例子中我们先获得一个 S3 资源，删除以前使用 REST API 创建的桶，再次创建桶，并将文件上传到新创建的桶。

```
import boto3
s3 = boto3.resource('s3')

# Delete the bucket previously created with the REST API
s3.Bucket('cloud3sciencebucket').delete()

# Create that bucket again, specifying location
bucket = s3.create_bucket(Bucket = 'cloud4sciencebucket',
                          CreateBucketConfiguration={
                          'LocationConstraint': 'us-standard'})

# Upload a file 'test.jpg' into the newly created bucket
bucket.put_object(Key='test.jpg', Body=open('test.jpg', 'rb'))
```

1.4.2 本地应用和云应用

使用几行简单的代码就可以在云服务中进行复杂的操作是一件令人兴奋的事。但这些程序应该在哪里运行呢？一个显然的位置是你的笔记本电脑或工作站，实际上这也是很多情况下最合适的地方。例如，我们可以使用上面的示例程序的一个稍微扩展的版本将1 000个文件从笔记本电脑上传到S3。

然而，在其他情况下，我们想让程序运行在其他地方，比如，希望程序在关闭笔记本电脑后继续运行，或是无法轻松地在本地计算机上安装所需的软件时，或者我们的程序旨在给别人提供服务，在这种情况下最自然的想法是在云中运行程序。我们将在本书第二部分中详细讨论此主题，可以通过Web界面或API/SDK创建一个云托管的虚拟计算机，就像在上面的示例中创建桶时一样。

总而言之，云可以被视为一个服务源，也可以作为运行程序的环境。云服务可以从网络浏览器或程序访问，而程序可以在本地或云端运行。这种使用模式的多样性，以及这些使用方式的相对简单性，正是云的能力所在。

1.5 本书使用的工具

我们在本书及相应的在线笔记本中大量使用了云计算世界之外的一些标准工具：Python编程语言、基于Web的计算工具Jupyter、版本控制工具和协作系统GitHub以及研究数据管理服务Globus。建议任何想要熟练掌握科学计算的研究人员掌握这四个工具。这些工具都是可以在线访问的，并且有优秀的在线资源支持。花时间掌握它们，将会使你在未来更有成效的研究中获得几倍的回报。我们在这里简单介绍一下这几个工具。

1.5.1 Python

你需要掌握一些基本的编程知识才能充分利用这本书。大多数科学和工程学生都知道Python编程语言，所以我们使用Python作为编程示例。如果你不了解Python，这本书对你而言仍旧有用。但是请相信我们，Python很简单，也非常非常有趣，你可以尝试至少学习一些基础知识。

让Python在你的电脑上工作的最简单的方法是安装由Anaconda发布的Continuum Analytics，见continuum.io/downloads。该发布包括用于安装和更新Python及其扩展库的多种工具。它与任何操作系统级的Python是分离的，并且很容易完全卸载。在Windows、

Mac 和 Linux 上都可以很好地运行。

或者，你也可以手工创建自己的 Python 环境，分别安装 Python、程序包管理器和 Python 程序包。像 NumPy 和 Pandas 这样的软件包可能很难上手，但是不管你使用哪种操作系统，用 Anaconda 都能极大地简化安装过程，尤其是在 Windows 环境中。

1.5.2 Jupyter：基于 Web 的交互式计算工具

为了方便访问本书中介绍的各种方法和工具，我们用 Jupyter **笔记本**的形式为大多数代码示例提供了完整的源代码。Jupyter 笔记本是一个 Web 应用程序，它允许你创建和共享包含实时代码、方程式、可视化图像和说明文本的文档（称为“笔记本”）。图 1-6 显示了 Jupyter 在网络浏览器中的样子。图中笔记本的代码在代码库中的编号为笔记本 1，所有的笔记本在第 17 章有详细的描述。

This is a demo of Jupyter and its graphics capabilities.

This cell is a markdown cell

```
[1]: import numpy as np
     from matplotlib import pyplot
     import matplotlib.pyplot as plt
     from mpl_toolkits.mplot3d.axes3d import Axes3D
     from pylab import *
     %matplotlib inline
```

```
[2]: def f(x, y):
         return 1 -  cos(y)*cos(x)
     y_vec = linspace(0, 2*pi, 100)
     x_vec = linspace(0, 2*pi, 100)
     X,Y = meshgrid(x_vec, y_vec)
     Z = f(X, Y).T
```

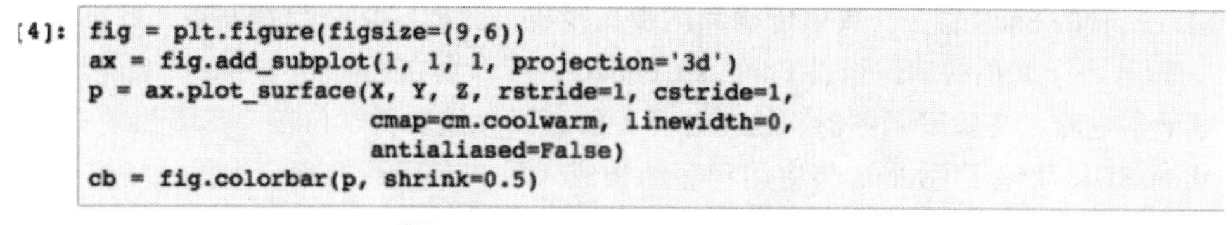

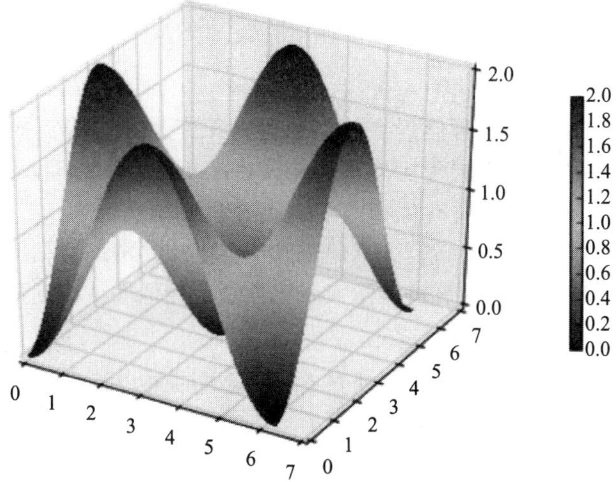

图 1-6　Jupyter 笔记本样本。这个笔记本包括四个单元格，第一个是降价单元格，是文本类型的单元格。剩下的三个是可以在 Web 浏览器运行的 Python 代码，以及生成的可视化图像

要安装支持Python的Jupyter，请使用Python包安装程序pip或从Continuum Analytics下载并安装Anaconda。在本书的后面，我们将演示如何将Python和Jupyter安装在远程云服务器中运行的虚拟机或Docker容器中。

使用Jupyter的目的是强调云计算很适合互动式探索。我们几乎将本书中的所有例子都用Jupyter笔记本的形式提供出来。这些文档大多数是由作者在和本书中所描述的云平台进行交互式会话时编写而成的。

1.5.3 版本控制系统GitHub

我们同时也建议你掌握GitHub。版本控制系统是用于记录一段时期里对文档所做的更改的工具。GitHub是使用Git作为版本控制系统的托管服务。Git工具和GitHub网站越来越多地被研究人员用于创建数字实验室笔记本，记录与项目相关的数据文件、程序、论文和其他资源，并自动跟踪对这些资源所做的更改[240]。GitHub还使项目协同者可以轻松地一起合作，无论是程序还是论文：每个贡献者对文档的修改都会被记录下来，并且可以轻松协调不同修改之间的冲突。例如，假如我们使用GitHub管理这本书，作者和评审都可以在不同的时间和时区检入对文档的更改和评论。Ram[222]对于如何使用Git/GitHub来提高研究的重现性和透明度提供了很好的说明。我们也使用了GitHub来提供对与本书相关的在线笔记本的访问，对应的仓库在SciEngCloud.github.io可以找到。

1.5.4 Globus

我们还在示例中使用了Globus软件即服务（参见globus.org），我们认为你也会觉得它很有用。这个基于云的服务实现了研究数据、身份和证书的管理功能，这些功能可以大大简化那些需要访问位于大学校园、国家计算中心或其他设施的资源的云应用程序的开发。它包括一组云托管的SaaS服务（数据传输和同步、授权、数据共享、数据发布、数据搜索和组管理），以及一个简单的软件组件Globus Connect，可部署在任何带有存储系统的计算机上，包括笔记本电脑、实验室服务器、校园计算集群、云存储和科学仪器。其提供的REST API和Python SDK简化了Globus与应用程序的集成。我们在后面的章节中提供了有关Globus的更多信息，包括一些其用于管理数据访问、跨站点复制数据和发布数据的示例。

1.6 小结

富有开创精神的科学家和工程师已经在使用云进行工作，在一些领域中，新的数据源或新的建模方法经常需要超出或不同于实验室里能获得的资源，例如对城市[76, 84, 266]和环境[110, 117, 137, 142, 252]数据的分析，还有生物医学数据分析和建模[33, 73, 188, 203, 260]。我们确信有更多的研究人员正在到达类似的转折点，他们发现自己需要考虑使用新的计算方式。这本书是为了帮助他们以及新一代的计算机科学家和工程师，让他们认识到云计算将对他们的事业至关重要。

要编写一本面向实战的，针对云这样快速发展的技术的书籍几乎是不可能的，我们在书中提及的云的主要供应商和服务可能随着新的发展已经过时了。然而，我们期望本书中的大多数核心概念和工具能在较长一段时间内仍然有效。20世纪70年代热门的Unix操作系统今天在Linux中得到延续；Python编程语言已经与我们一起度过了25年。随着新的和更好的思想出现，无论这些思想对科学和工程的影响是渐进的还是革命性的，我们都将努力更新在线资源，并在可行的情况下编写本书的修订版本。

1.7　资源

美国国家标准与技术研究院为云计算提供了一个有用的定义："实现无处不在的、方便的、按需供应的、通过网络访问的、可配置的共享计算资源池（如网络、服务器、存储、应用和服务），可以快速提供和发布，只需要最少的管理成本或与服务供应商的交互。" [197]

我们推荐 Charles Severance 的 Python for informatics: Exploring information[233] 一书作为参考资料，其中涵盖了基本的 Python 语法，并提供了与 Web 数据和 MySQL 相关的材料。这本书可以在线免费获得，并且提供优秀的在线讲座和练习。

Jupyter 资源同样有很多。Jupyter 的主要网站 jupyter.org 有很多宝贵的资源。Fernando Pérez 和 Brian Granger 有一个很好的博客，名叫 " State of Jupyter" [219]，这个博客既包含历史，也包含了对未来的展望。

每个公有云都有一个门户，你可以在其中了解他们的服务，获得一定规模的免费账户进行实验，并查看你的数据资源和计算活动记录，例如如下的服务商：Amazon 的 aws.amazon.com、Microsoft 的 azure.microsoft.com 和 Google 的 cloud.google.com。Amazon 和 Microsoft 的补助计划可以提供更多的资源，请参阅 aws.amazon.com/grants 和 research.microsoft.com/azure。他们的网站列出了一些研究领域中的云案例，在 Gannon 等人 [135] 和 Lifka 等人 [182] 的报告中也有很多案例。

要访问 NSF 资助的 Jetstream 云，你需要得到 XSEDE 项目的资源分配。如果你是美国学术研究员，你可以获得这个资格。详细信息请访问 jetstream-cloud.org 和 www.xsede.org。

第一部分

Cloud Computing for Science and Engineering

管理云中的数据

第四部分　构建你自己的云
基础知识
使用 Eucalyptus
使用 OpenStack

第五部分　安全及其他主题
安全服务和数据
解决方案
历史，批评，未来

第三部分　云平台
数据分析
Spark 和 Hadoop
公有云工具
流数据
Kafka、Spark、Beam
Kinesis、Azure Events
机器学习
scikit-learn、CNTK
TensorFlow、AWS ML
数据研究门户
DMZ 和 DTN，Globus
科学网关

第一部分　管理云中的数据
文件系统
对象存储
数据库（SQL）
NoSQL 和图
仓库
Globus 文件服务

第二部分　云中的计算
虚拟机
容器——Docker
MapReduce——Yarn 和 Spark
云中的 HPC 集群
Mesos、Swarm、Kubernetes
HTCondor

数据存储是云服务的第一个表现形式。亚马逊的公共数据存储服务S3于2006年推出。2008年，Dropbox云服务发布，取代了只能通过传递USB闪存驱动器来共享文件的方式。同一年，微软推出了SkyDrive云存储服务，后来与名为Live Mesh的服务集成以实现数据在多台机器中的同步。2014年，由于该服务使用“Sky”作为名称被起诉，微软将其重新命名为OneDrive。Google于2012年发布了Google Drive服务。

这些服务都展示了云服务的效用，你可以随时随地在任何设备上访问数据。但是，它们仅仅代表重要的云计算数据存储模型中的一种。在本书的第一部分中，我们将探讨以下模型。

- **文件系统**存储是一种众所周知的将数据组织到文件夹和目录中的存储模型。在云中，通常通过在虚拟机中附加虚拟磁盘来访问文件。
- **Blob存储**，其中Blob是二进制大对象（Binary Large Object）的缩写，为数据提供了一个扁平对象模型。它具有非常好的可扩展性，而这对于文件系统来说就比较难了。
- **数据库**提供高度结构化的数据集合。我们在本书中考虑三种主要的数据库类型：
  - 关系型数据库，基于正式的组合代数，可由结构化查询语言（SQL）调用。
  - 表和NoSQL数据库，它们更容易分布在多台机器上。
  - 图数据库，其中数据用由节点和边组成的图来表示。
- **数据仓库**可以支持并能搜索海量的数据。

第一部分的两个章节首先探讨了这些不同的模型，然后描述了各种云供应商所提供的存储产品的生态全景。用于科学的云数据模型的一个重要功能是对远程管理数据的支持，每个云存储服务商都提供了可以用脚本执行数据管理任务的API和SDK。本书中我们用一些简单的例子来说明如何使用Amazon、Azure、Google和OpenStack的Python SDK。我们还介绍了Globus文件管理服务，Globus对于那些数据经常是在云之外产生和使用且需要在不同位置之间无缝移动数据的科学应用尤为重要。

存储即服务

通常来讲，最成功的人是那些拥有最佳信息的人。

——Benjamin Disraeli

科学首先关心的是数据，涉及对数据的获取、保存、组织、分析和交换。因此，我们在这本书的开始讨论主要的云数据存储服务。这些服务集合起来支持各种不同的数据存储模型——从非结构化对象到关系型的表，并提供了各种各样的性能、可靠性和成本特征。它们总体上为科学家或工程师提供了非常丰富的、初看上去甚至是让人吃惊的数据存储能力。

在本章和下一章中，将介绍重要的云数据存储概念，并介绍这些概念在当前主要的云存储系统中的实现，我们会使用一系列示例来展示如何使用这些系统来外包简单的数据管理任务。在后面的章节中，我们在这个基础上展示了如何将云存储系统与其他云服务结合在一起使用，以构建强大的数据管理和分析功能，例如当数据存储与事件通知服务和计算服务集成时可以实现流数据分析功能。

2.1 三个启发式的例子

我们经常使用的许多云服务（如 Box、Dropbox、OneDrive、Google Docs、YouTube、Facebook 和 Netflix 等）都是数据服务。它们在云中运行，承载数字化内容，并提供访问、存储和共享这些内容的专门方法。这些服务都建立在一个或多个（经常是好几个）存储服务之上。这些服务在速度、规模、可靠性和一致性等方面都进行了各种优化。我们的兴趣在于如何使用这些用于构建应用程序的基础架构组件解决科学和工程问题。为了解决这个问题，我们需要了解云中常见的各种类型的存储系统，以便可以评估它们的相对优点。为了更具体一点，我们考虑以下三个科学和工程用例。

用例 1。一个气候科学实验室整理了一套模拟输出文件，每个文件都采用网络通用数据表（NetCDF）的格式，总共约 20TB。这些数据可以通过运行在门户网站中的交互式工具访问。考虑到数据大小，需要对数据进行分区，以便在并行运行的多台机器上进行分布式分析。

用例 2。一个地震观测台正在获取以 CSV 格式描述的实验观测记录，每个记录包含观察时间、实验参数和测量数据本身。当所有记录收集完成后共有 100 万条记录，总共约 100TB。需要以使大型团队能轻松访问的方式存储这些数据，同时还要允许记录数据变动及其访问记录。

用例 3。一个科学家团队正在使用数千个仪器，每个仪器每隔几秒生成一个数据记录。单个记录不是很大，但是需要对所有输出的记录进行汇总，以便每隔几个小时对整个记录集合进行分析，因此就面临着数据管理的挑战。这个问题类似于分析大型网络流量或社交流媒体数据的问题。

每个用例需要不同的存储和处理模型。在下面的段落和章节中，我们将这些场景切分为更为具体的数据集合示例，并展示每个示例如何对应到特定的云存储服务。

2.2 存储模型

在查看特定云存储服务之前，我们再说一下存储模型，即在存储系统中组织数据的不同方式。云存储系统的一个令人激动的功能是它支持各种不同的存储模型：不仅是大多数研究人员每天使用的文件系统，而且还有一些更专业的模型，如对象存储、关系型数据库、表存储、NoSQL 数据库、图数据库、数据仓库和档案存储。此外，这些模型通常是高度可扩展的，可以轻易地从 MB 级扩展到数百 TB 级甚至更大，同时用户又不需要精巧的专业操作知识。由于数据的快速增长，科学家和工程师面临许多挑战，云存储服务可能是战胜这些挑战的良方。但是，选择恰当的系统通常需要了解这些不同存储模型的属性。

对于数据集合来说，恰当的存储模型不仅取决于数据的性质和大小，还取决于要执行的分析任务、共享方案和更新频率等很多因素。我们在这里讨论云存储服务支持的一些更为重要的存储模型，以及它们各自的主要功能和在各种用途上的优缺点，为下一章对这些服务的详细说明打下基础。

2.2.1 文件系统

文件系统是每个科学家和工程师都一定熟悉的存储模型。它是一个包含目录或文件夹的树形组织。这个模型已经被证明是一种非常直观和有用的数据存储抽象。Unix 派生版本的文件系统的标准 API 被称为**便携式操作系统接口**（POSIX）。我们都熟悉 POSIX 文件系统：我们每天在 Apple、Linux 或 Windows 计算机上使用它。在使用 POSIX 文件系统时，可以使用命令行工具、图形用户界面或 API 创建、读取、写入和删除位于目录内的文件。

文件系统存储模型具有一些重要的优势。它允许直接使用许多现有的程序，而无需对这些程序进行任何修改：可以使用熟悉的文件系统浏览器浏览文件，用我们喜欢的分析工具（Python、R、Stata、SPSS、Mathematica 等）编写程序来分析文件，通过电子邮件共享文件等。文件系统模型还提供了一个表示数据层次关系的简单机制，即目录和文件，文件系统还支持多个读取器的并发访问。在 20 世纪 90 年代初，POSIX 模型的思想被扩展到了分布式网络文件系统，还有面向广域网版本的尝试。到 20 世纪 90 年代末，Linux Cluster 社区创建了 Lustre，这是一个支持 POSIX 标准的真正的并行文件系统。

文件系统模型作为科学研究和工程工作的基础也有缺点，特别是当数据量不断增长的时候。从数据建模角度来看，它缺乏对数据元素和元素之间的关系的约定的支持。因此，尽管可以使用 NetCDF 文件存储环境数据，使用 FASTA 文件存储基因组数据，使用 CSV 文件存储实验观察数据，但是如果在文件内部使用了不一致的表示，文件系统也毫无办法。另外，文件系统的严格的层级结构往往与科学工作中想要的关系不符。在缺少有关数据模型的信息时，文件系统无法帮助用户浏览复杂的数据集合。文件系统模型在可扩展性方面也有问题：在多个进程读取和写入文件系统时，保持一致性会导致文件系统出现性能瓶颈。

由于这些原因，为大体量的数据设计的云存储服务经常采用另外的存储模型，我们将在下面讨论这些存储模型。

2.2.2　对象存储

对象存储模型和文件系统模型类似，可以存储非结构化的二进制对象。在数据库世界中，对象通常被称为 Blob（二进制大对象），我们在这里使用这个名称，与云服务供应商采用的术语一致。对象 /Blob 存储以重要的方式简化了文件系统模型：特别地，它消除了层次结构，并禁止在创建后更新对象。不同的对象存储服务在一些细节上不同，但是通常它们支持一种两级的文件夹 – 文件的层次结构，允许创建对象**容器**，每个对象容器可容纳 0 个或更多个**对象**。每个对象由唯一的标识符标识，并且具有与其相关联的各种元数据（metadata）。对象上传后无法修改：只能删除对象，或者是在支持版本的对象存储中替换这个对象。

可以使用这种存储模型存储用例 1 中的 NetCDF 数据。如图 2-1 所示，创建一个容器并将每个 NetCDF 文件作为一个对象存储在这个容器中，使用 NetCDF 文件的文件名作为对象标识符。拥有该对象标识符的任何授权人员可以通过简单的 HTTP 请求或 API 调用访问该数据。

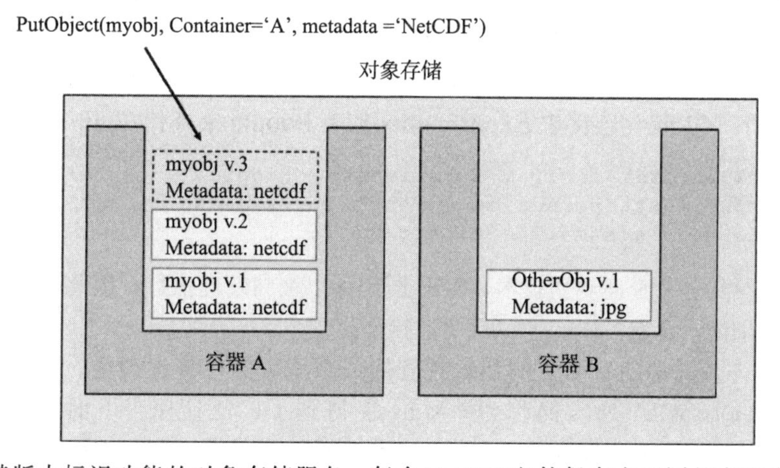

图 2-1　带版本标识功能的对象存储服务。每个 NetCDF 文件保存在不同的容器中，相同 NetCDF 的不同版本保存在同一个容器中

对象存储模型在简单性、性能和可靠性方面具有重要的优势。创建后无法修改对象的规定使得构建具备高度可扩展性和可靠性的实现变得容易。例如，每个对象可以跨多个物理存储设备进行复制，以提高弹性和并发读操作的性能，而不需要专门的同步逻辑来处理并发更新。还可以在具有不同性能和成本的存储类别之间手动或自动搬移对象。

对象存储模型也有局限性。它几乎不支持任何对数据的组织，也不支持数据的搜索：用户必须知道对象的标识符才能访问它。因此，对象存储可能不足以作为管理用例 2 中的 100 万个环境数据的方案：需要额外创建一个单独的索引来从文件特征映射到对象标识符。和文件系统一样，对象存储也不支持结构化数据的存储。因此，虽然可以将用例 2 中的每个数据集加载到单独的对象中，但用户可能必须将整个对象下载到计算机之后才能进行对其内容的计算。最后，对象存储不能像文件系统那样轻易地挂载到磁盘，也不能像访问文件系统中的数据一样使用现有工具访问其中的数据。

2.2.3　关系型数据库

数据库是关于实体及其关系的数据的结构化集合。它对真实世界的对象——包括实体

（例如，上面用例 2 中的显微镜、实验和样本）和关系（例如，“样本 1” 在“7 月 24 日”被测试）——进行建模并允许使用基于关系的方式查询这些数据以用于分析。**数据库管理系统**（DBMS）是一种软件套件，旨在安全地存储和有效地管理数据库，并协助维护和发现数据库中所表示的关系。通常，DBMS 包含三个组件：**数据模型**（定义数据如何被表示）、**查询语言**（用于定义用户与数据交互的方式）以及对**事务和故障恢复**的支持（保证在故障发生后系统仍能可靠运行）。

由于各种原因，科学和工程数据通常被存储在数据库中，而不是文件系统或对象存储系统中。DBMS 的出现简化了数据管理的操作，提供了有效的查询和分析功能、持久可靠的存储功能、针对大数据量的可扩展性、数据格式验证和并发访问管理。

虽然 DBMS 尤其是基于云的 DBMS 支持各种各样的数据格式，但大致可以分为两大类：关系型数据库管理系统和 NoSQL 数据库管理系统。（后面我们还讨论了另一种类别，即图数据库。）

关系型数据库管理系统可以有效地存储、组织和分析大量表格类型的数据，关系数据库中的数据被组织为表，其中行表示实体（例如实验），列表示这些实体的属性（例如实验者、样本、结果）。然后可以使用结构化查询语言（SQL）来对这些表进行操作，例如组合和连接。例如，以下 SQL 语句连接表 Experiments 和表 People 来查找 Smith 进行的所有实验：

```
select experiment-id from Experiments , People
where Experiments.person-id = People.person-id
      and People.name = "Smith";
```

基于复杂的索引和查询规划技术，SQL 语句可以被高效地执行。因此，即使正在连接的表中有数百万条记录，也可以快速执行此连接操作。

目前存在许多开源的、商业的和云托管的关系型数据库管理系统。在开源 DBMS 中，MySQL 和 PostgreSQL（通常简称为 Postgres）得到了广泛使用。下面讨论的 MySQL 和 Postgres 都是以云托管形式提供的。此外，云供应商还提供专门用于扩展到特别大数据量的关系型 DBMS。

关系型数据库有两个重要的性质。第一，支持关系代数，这为 SQL 语言提供了清晰的数学理论方面的支持，有助于高效和正确的实现。第二，支持 **ACID 语义**，这个术语代四个重要的数据库属性：原子性（Atomicity，整个事务只有成功或失败两种情况）、一致性（Consistency，数据集合永远不会处于无效或冲突状态）、隔离性（Isolation，并发事务之间不能相互干扰）和持久性（Durability，一旦事务完成，系统故障不能使结果无效）。

2.2.4　NoSQL 数据库

虽然关系型数据库管理系统长期以来一直主导数据库世界，但其他技术已经在一些应用类别中流行起来。关系型数据库管理系统是高度结构化的中等大小数据集的一个绝佳选择。但是，如果你的数据不太规范（例如，如果你处理的是大量的文本数据，或者不同元素具有不同的属性）或数据量超大，则可能需要考虑使用 NoSQL 数据库管理系统。需要使用 NoSQL 数据库的系统通常需要大幅度扩展数据量和所支持的用户数量，并且需要处理不容易以表的形式表示的非结构化数据。例如，**键值存储**可以方便地组织大量的记录，每个记录将一个任意的键与一个任意的值相关联。（它的一个称为**文档存储**的变体允许对存储的值进行文本搜索。）

NoSQL 数据库相对于关系型数据库也有一些不足。名称 NoSQL 是从“非 SQL”派生的，这意味着它不支持完整的关系代数运算。例如，它通常不支持前面所展示的连接两个表的查询。

NoSQL 的另一个含义是“不仅 SQL”，这意味着它不仅支持大多数的 SQL，而且还支持其他扩展的特性。例如，NoSQL 数据库允许快速存储大量的非结构化的数据，如用例 3 中的仪器事件。NoSQL 数据库可以存储任意结构的数据而无需修改数据库模式，并且当数据或业务随着时间改变时可以加入新的列。云中的 NoSQL 数据库通常分布在多个服务器上，也会复制到不同的数据中心。因此，它们通常不能满足所有 ACID 属性。一致性通常被**最终一致性**所取代，这意味着多个副本的数据库状态可能会暂时不一致。如果你关心的是对商店库存当前状态的查询进行快速响应，那么对于 ACID 属性的放宽是可以接受的。但如果有关数据是医疗记录，那这种放宽可能就不可接受。

规模的挑战：CAP 理论（来自 Foster 等人[125]）。多年来，大型的关系型数据库供应商（Oracle、IBM、Sybase、Microsoft）是数据存储行业的主要支柱。互联网热潮期间，众多寻找商业关系型 DBMS 的低成本替代品的创业公司选择使用 MySQL 和 PostgreSQL。然而，这些系统被证明不适合大型网站，因为它们无法应对高流量峰值，例如当许多客户突然想要订购相同的商品时。也就是说，它们不能动态扩展。

对数据库进行扩展的一个明显的解决方案是在多台计算机之间分布式存储和/或复制数据，例如通过分配不同的表，或者从同一个表中分配不同的行。然而，分布式存储和复制也带来了挑战，正如我们接下来会解释的。首先来定义一些术语。在包含多台计算机的系统中：

- **一致性**表示所有计算机在同一时间看到的是同样的数据。
- **可用性**指每个请求都收到要么成功要么失败的响应。
- **分区容错性**表示即使网络故障阻止计算机进行通信，系统也会继续运行。

分布式系统中的一个重要结果（“CAP 理论”[78]）认为，不可能创建具有所有这三个属性的分布式系统。这种情况对大型事务性数据集形成了挑战。为了高性能，需要进行分配，但随着计算机数量的增长，计算机网络中断的可能性也在增加[65]。由于在保证可用性和分区容错性的同时无法实现严格的一致性，所以 DBMS 设计者必须在特定系统的高一致性和高可用性之间进行选择。

可用性和一致性的正确组合将取决于具体业务需求。例如，在电子商务环境中，我们可以选择高可用性进行结账流程，以确保向购物车中添加商品的请求得到处理，这样能促进营收。错误可以先在客户端隐藏，后面再进行处理。然而，对于订单提交，也就是在客户提交订单时，我们应该优先考虑一致性，因为这个业务中多个服务（信用卡处理、运输和包装、报告）需要同时访问数据。

2.2.5 图数据库

图是一种由边连接节点的数据结构。当我们需要根据数据项之间的关系搜索数据时，图很有用。例如，在用例 2 中，来自不同实验的测量值可能会相关，因为它们用的是同样的测量模态；在科学出版物的数据库中，出版物可以表示为节点，参考文献、共同的作者甚至共享的概念可以作为边。通常，图数据库建立在现有的 NoSQL 数据库之上。

2.2.6　数据仓库

数据仓库这个术语通常指优化过的数据管理系统，可以支持对大型数据集的分析性查询。数据仓库具有与DBMS不同的设计目标和属性。例如，一个医疗中心的临床DBMS通常被设计成能让许多并发请求读取和更新患者的信息（例如，“史密斯女士目前的体重是多少”或“给琼斯先生开了阿司匹林”）。这个数据库管理系统的数据会定期上传（例如每天一次）到医疗中心的数据仓库中，以支持例如“什么因素与住院时间相关”这样的聚合查询。在下一节，我们会讨论有一些云供应商提供了可以扩展到极大数据量的数据仓库解决方案。

2.3　云存储全景

一些主要的公有云公司提供了丰富的存储服务。这里描述的云供应商有Amazon Web Services（以下简称Amazon）、Microsoft Azure（以下简称Azure）和Google Cloud（以下简称Google）。表2-1列出了这三大供应商的几种产品。（当单个供应商在一个类别中有多个服务时，这些服务往往具有相当不同的特征。）还有很多其他更专业的存储服务未列在表中，我们会提到其中一些。我们在下面会展开描述该表中的每一行。

表2-1　主要的公有云供应商的存储即服务

模型	Amazon	Google	Azure
文件系统	弹性文件系统（EFS）、弹性块存储（EBS）	谷歌云文件系统	Azure文件存储
对象存储	简单存储服务（S3）	云存储	Blob存储服务
关系数据库	关系型数据服务（RDS）、Aurora	云SQL、Spanner	Azure SQL
NoSQL数据库	DynamoDB、HBase	云数据存储、Bigtable	Azure表、HBase
图数据库	Titan	Cayley	图引擎
数据仓库分析	Redshift	BigQuery	数据湖

我们不在这里列出基于OpenStack的服务商，因为他们提供的存储服务取决于具体部署的情况，不属于OpenStack标准，他们提供的服务也不像三大公有云提供的那样广泛。然而，文件服务还是有一些标准，我们将在2.4节进行讨论。

2.3.1　文件系统

文件系统（也称为**文件共享**）是指连接到虚拟机的虚拟数据驱动器。我们在本书第二部分中会更详细地描述以下服务。亚马逊的**弹性块存储**（EBS）和**弹性文件系统**（EFS）服务提供相关但不同的服务。EBS是一种可以一次安装到单个Amazon EC2计算服务器实例上的设备，它专为需要低延迟访问单个EC2实例上的数据的应用程序而设计。例如，你可以使用它来存储要被应用程序频繁读取和写入的工作数据，但是这些数据太大，无法放进内存。相比之下，EFS是一种通用文件存储服务。它为许多Amazon EC2实例提供文件系统接口、文件系统访问语义（例如，强一致性、文件锁定）和并发访问存储。你可以使用EFS来存放很多并发进程需要读取和写入的状态。请注意，EBS和EFS只能由EC2实例直接访问，即从Amazon云内部访问。

Google Compute Engine（Google计算引擎）具有不同的附加存储模型。连接的磁盘有三种类型（也是连接对象存储的方式）。最便宜的**持久化磁盘**大小可达64TB。**本地SSD**（固态磁盘）性能更高，但更昂贵，最高可达3TB。**RAM磁盘**在内存中，限制为208GB，而且价格昂贵。用户可以在任何区访问持久化磁盘，但SSD和RAM只能由其所连接的实例访问。

Azure **文件存储**服务允许用户在云中创建文件共享，可通过特殊协议 SMB 访问，允许 Microsoft Windows VM 和 Linux VM 将这些文件共享作为其文件系统的标准部分。这些文件共享也可以加载到你的 Windows 或 Mac 上。

2.3.2　对象存储

亚马逊的**简单存储服务**（S3）是它历史上第一个云服务。它是非常受欢迎的：截至 2016 年，据称它在数十亿容器中存有数万亿个对象，在 S3 中这些容器称为**桶**（bucket）。S3 是一个经典的对象存储，其所有的属性都在 2.2.2 节中列出了。我们在 3.2 节中更详细地描述 S3，其中还介绍了使用的示例。与其相关的 Glacier 服务旨在提供长期、安全、持久、成本极低的数据归档服务。Glacier 中对象的访问时间可能需要几个小时，因此这不适用于需要快速数据访问的应用。

Google 的**云存储**提供了一个类似 Amazon S3 的基本的对象存储系统，它具有持久、复制和高可用的特性。它支持三个存储层，每个存储层具有不同的性能和价格水平。最昂贵的是多地区**标准**存储，中档的是**地区** DRA，最底层是 Nearline。标准存储用于希望经常访问的数据，DRA 用于响应时间不是关键问题的批处理作业，而 Nearline 则用于冷存储和灾难恢复。Google Cloud 也有 Coldline，与 AWS Glacier 相似。

Azure Storage 提供了一系列与 Amazon 和 Google 提供支持的模型相似的服务。Azure 为用户提供了与其账户相关联的许多存储类型的统一视图，如图 2-2 所示。此集成意味着你可以使用 Azure Storage Explorer 工具（storageexplorer.com）从 PC 或 Mac 查看和管理这些存储产品。虽然 Azure 存储服务最初针对与 Microsoft Windows 环境的紧密集成进行了优化，但 Linux 现在是 Azure 的重要组成部分，因此这种差异不是很明显。

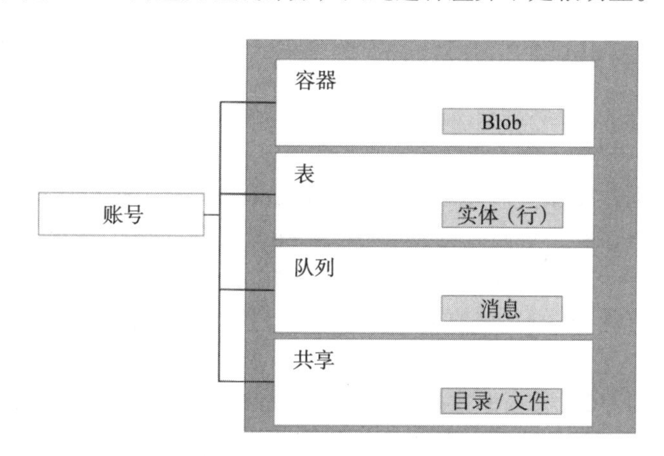

图 2-2　主要的 Azure 存储类型

Azure Blob 存储服务像亚马逊的 S3 一样，非常可靠地存储非结构化对象，微软称之为 Blob。像 Amazon 和 Google Cloud 一样，Azure Blob 存储提供不同层级的存储服务和不同价格。频繁访问的数据用“热”的层级，对于不经常访问的数据则用“冷”的层级。

2.3.3　NoSQL 服务

亚马逊的 DynamoDB 是一个基于可扩展的键值模型的强大的 NoSQL 数据库：对于每一行数据，主键列是唯一必需的属性，但也可以通过多种方式定义任意数量的其他列，这些列可以索引和搜索，包括通过 Elasticsearch 进行全文搜索。DynamoDB 丰富的功能集在这里是很难简明地描述的，我们将在 3.2 节中说明其中的一些用法。与它相关的是 Amazon 的**弹性 MapReduce**（EMR），其在 8.3 节中描述，它允许使用 Spark 和其他数据分析平台分析大规模的数据。

Cloud Bigtable 是 Google 高度可扩展的 NoSQL 数据库服务，是 Google Search（搜索）、Google Analytics（分析）、Google Maps（地图）和 Gmail 等众多核心 Google 服务使用的数据库。Bigtable 将两个任意字符串（行键和列键）和时间戳（用于版本控制和垃圾回收）映射到相关联的任意字节数组。它被设计为可以以空间利用率高的方式处理这种大型和稀疏的数据集，并支持大量工作负载，同时提供低延迟和高带宽。你可以在 Google 托管的群集上部署 Bigtable，如果需要，可以动态调整其大小。基于 Apache Hadoop 系统的 Apache HBase 数据库系统与 Bigtable 兼容。Google 的 **Cloud Datastore** 与 Bigtable 有很多相似之处。一个重要的区别是它实现了 ACID 语义，因此用户不必等待可能存在的不一致被解决，而 Bigtable 则需要解决不一致。与此处描述的其他许多 NoSQL 系统相比，Cloud Datastore 拥有更丰富的类 SQL 操作。

Azure **表**存储服务是一个简单的 NoSQL 键值存储，用来支持大量键值对的高可靠存储。它类似于 Amazon DynamoDB。其查询功能有限，但可以以适中的成本支持许多查询。Azure **HDInsight** 提供了在 Azure 云计算机上托管的 Hadoop 存储服务的实现，其中包括 Spark、HBase NoSQL 数据库以及 Hive SQL 数据库等大数据工具，这些服务都高效和可扩展地运行在 Hadoop 结构之上。我们在第三部分更详细地描述这项服务。DocumentDB 是一个类似于 Azure 表的 NoSQL 服务，但它支持全文索引和查询，尽管由于索引需要更多资源导致了较高的成本。

2.3.4 关系型数据库

关系型数据库是一项成熟的技术，所以在云中关系型数据库的主要创新就是扩展到特大规模的部署。

亚马逊的**关系型数据服务**（RDS）允许你在 Amazon 计算机上设置常规关系型数据库（例如 MySQL 或 Postgres），从而允许 MySQL 和 Postgres 应用程序移植到 Amazon，而无需更改。MySQL 兼容的 Amazon **Aurora** 服务提供比 RDS MySQL 实例更高的可扩展性、性能和弹性：它可以扩展到 TB 级，跨数据中心（称为可用区）复制数据，并创建许多读取副本以支持大量并发读取。

Google 的 **Cloud SQL** 关系型数据库服务与 Amazon 和 Azure 中此类服务提供的功能类似。它们的 **Spanner** 系统[101]是一个全球分布式的关系型数据库，提供了具有高扩展性和可用性的 ACID 事务和 SQL 语义。

Azure 的 **SQL 数据库**提供了类似于亚马逊 RDS 的关系型数据库服务，它基于其成熟的 SQL Server 技术，并且具有高可用性和可扩展性。

2.3.5 基于数据仓库的数据分析

云数据仓库专门用于在大型集合上运行分析查询。你可以通过云端口或 REST API 与它们互动。我们在第三部分更详细地讨论这些系统。

Amazon **Redshift** 是一个数据仓库系统，旨在支持针对大型数据集的分析和报告的工作负载的高性能执行。对于海量数据分析，Google 提供了 BigQuery PB 级数据仓库。BigQuery 是完全分布和复制的，所以持久性不是问题。它还支持 SQL 查询语义。

Azure Data Lake 是基于开源 YARN 和 WebHDFS 平台的全套数据分析工具。

2.3.6　图数据库及其他服务

三个云供应商都不仅提供图数据库，还提供其他服务，包括消息和流服务，这些服务像数据仓库一样，是流数据分析和日志分析的重要工具。消息服务允许应用程序使用所谓的**发布 / 订阅**方式来发送和接收消息。它们允许一个应用程序在队列中等待消息到达，而其他应用程序准备消息并将其发送到队列。这种功能对于需要分发工作任务或处理进来的事件流的许多云应用很重要。我们将在第 7 章到第 9 章讨论消息应用。

Amazon 在 DynamoDB 上的 Titan 扩展支持图数据库。表 2-1 中未列出的其他 Amazon 服务包括**简单队列服务**（SQS，请参见 9.3 节）和**弹性搜索服务**（Elasticsearch 开源搜索和分析引擎的云托管版本）。亚马逊支持流数据分析的 Kinesis，也将在 9.3 节中讨论。

Google 推出了开源图数据库 Cayley。其**云发布 / 订阅**服务以类似于 Amazon SQS 的方式提供消息传递。

Azure 图数据库 Graph Engine 是一种分布式内存大型图处理系统。Queue 服务是 Azure 发布 / 订阅服务，类似于 Google Cloud 发布 / 订阅服务。Azure Event Hubs 服务与 Amazon Kinesis 类似。我们将在第 9 章回顾这些服务。

2.3.7　OpenStack 存储服务和 Jetstream 云服务

OpenStack 开源云软件仅支持几种标准存储服务：对象存储、块存储和文件系统存储。然而，许多研究团体和一些大型公司如 IBM 正在大力投入以改善这种情况。

OpenStack 对象存储服务称为 Swift（不要与 Swift 并行脚本语言 [259] 或 Apple 的 Swift 语言混淆）。像 Amazon S3 和 Azure Blob 服务一样，Swift 实现了一个 REST API，用户可以使用它来对容器中不可变的非结构化数据对象进行存储、删除、管理权限、关联元数据等操作。这些对象在多个存储服务器上进行了复制，以实现容错和提高性能，并可从任何地方访问。

就像 Amazon EFS 和 Azure 文件服务一样，OpenStack **共享文件系统服务**在云环境中实现了文件系统模型。用户通过将称为“共享”的远程文件系统安装在其虚拟机实例上与此服务进行交互。他们还可以创建共享，配置其支持的文件系统协议，管理共享访问方式，删除共享，配置速率限制和配额等。共享可以使用 NFS、CIFS、GlusterFS 或 HDFS 驱动程序，挂载到任何数量的客户端机器上。共享只能从在 OpenStack 云上运行的虚拟机实例访问。

许多基于 OpenStack 的服务使用 Ceph 分布式存储系统管理其存储。此开源系统支持与 Amazon S3 和 OpenStack Swift 接口兼容的对象存储。它还支持块级存储和文件级存储。

我们使用美国国家科学基金会的 Jetstream 云来演示 OpenStack 示例。作为 XSEDE 超级计算机项目 [245]（xsede.org）的一部分，Jetstream 比大型公有云更具有实验的价值，因为它旨在支持新类型的交互式科学计算。Jetstream 运行基于 Ceph 的 OpenStack 对象存储，它实现了 Swift API。与 Jetstream 的主要用户交互是通过由亚利桑那大学建立的称为 Atomosphere 的系统，这个系统作为 NSF IPlant 协作的一部分。Atomosphere 旨在管理科学家社区的虚拟机、数据和可视化工具，并提供一个用于在 VM 上安装外部卷的卷管理系统。我们在 5.5 节更详细地探索 Atomosphere。Jetstream 还运行 Globus 身份、组和文件管理服务，我们将在下一章中介绍这些内容。

2.4 小结

如本章所示，云中使用的数据存储模型与科学家想要使用的数据类型和处理类型不同。我们回到前面的用例，看看它们如何映射到数据类型。

用例 1 涉及 NetCDF 格式的气候模拟输出文件，显然是应该使用 Amazon S3、Google Cloud Storage 或 Azure Blob Storage 的用例。每个二进制大文件的大小可达 1TB（S3 是 5TB）。如第 3 章所示，每个服务都提供可用于访问数据的简单 API。将数据移入和移出 S3 的另一个解决方案是使用已经针对管理大数据对象进行了优化的 Globus 文件传输协议，请参见 3.6 节。

用例 2 涉及 100 万条描述实验观察的记录，也可以用简单的 Blob 存储来处理，但是云给我们提供了更好的解决方案。最简单的是使用标准的关系型 SQL 数据库，但这种方法的好处取决于我们对描述数据的模式有多严格。是要求所有记录都有相同的结构，还是允许一些记录有其他记录没有的字段？在后一种情况下，NoSQL 数据库可能是一个优越的解决方案。其他要考虑的因素是扩展和可能需要的并行访问。Cloud NoSQL 存储，如 Azure Table、Amazon DynamoDB 和 Google Bigtable，都可以大规模扩展和复制。与传统的 SQL 数据库解决方案不同，它们被设计用于高度并行的海量数据分析。

涉及大量仪器事件记录的用例 3 也适用于云 NoSQL 数据库。而像 Amazon Redshift 和 Azure Data Lake 这样的数据仓库被设计为在海量数据集上进行数据分析的完整平台。如果仪器记录是实时流式的，可以使用基于发布 / 订阅语义的事件流工具，如第 9 章所讨论的。

2.5 资源

公有云的存储功能正在迅速发展，因此请务必查阅相关文档，这些文档可从云端口轻松访问：Azure 的 azure.microsoft.com，Amazon 的 aws.amazon.com，Google 的 cloud.google.com。

Troy Hunt 使用他的“have I been pwned”网站的例子以说明 Azure Table、DocumentDB 和 SQL 数据库服务的一些优缺点 [158]，该网站使用 Azure Table 服务来实现对超过 10 亿个受到侵害的账户的快速搜索。

使用云存储服务

收集数据只是走向智慧的第一步，但共享数据是走向社区的第一步。

——Henry Louis Gates Jr.

我们在第 2 章中介绍了一组重要的云存储概念和一系列在实践中实现这些概念的云供应商服务。虽然不同的云供应商的服务通常在大纲上类似，但它们在细节上总是不同的。因此，我们在这里描述并举例说明如何使用在三大公有云（Amazon、Azure、Google）和一个主要的开源云系统 OpenStack 中用到的服务。由于你的科学活动经常涉及云以外的数据，我们还将介绍如何使用 Globus 来在云和其他数据中心之间移动数据，并与合作者共享数据。

3.1 两种访问方式：门户和 API

正如我们在 1.4 节中讨论的，云供应商提供了管理数据和服务的两种主要方法：门户和 REST API。

每个云供应商的门户网站通常允许你通过几次鼠标点击完成任何你想要执行的操作。我们提供了几个这样的门户网站的例子来说明它们的工作原理。

虽然这样的门户网站对于执行简单的操作很有用，但它们对于重复的任务来说并不理想，例如科学家们每天都要做的事——管理数百个数据对象。对于这样的任务，我们需要一个可以编程的云接口。云供应商通过提供使程序员可以用编程方式访问其服务的 REST API 来实现这一点。为了方便编程，你通常会通过软件开发工具包（SDK）来访问这些 API，该工具包为程序员提供与云服务交互的针对编程语言特定的功能。我们在这里讨论 Python SDK。下面的代码全部适用于 Python 2.7，但很容易转换为 Python 3。

每个云具有独特的特殊功能，因此不同的云供应商的 REST API 和 SDK 不完全相同。有两个项目正在努力创建一个标准的 Python SDK：CloudBridge [11] 和 Apache libcloud（libcloud.apache.org）。虽然两者的目标都旨在支持所有云中已有的标准任务，但这些任务只是云能力的最小公共集合，每个云的许多独特功能只能通过针对该平台的 REST API 和 SDK 来提供。在写这本书时，libcloud 还没完成。我们会在它准备好并且文档完全的时候提供在线更新。尽管如此，我们还是在 OpenStack 示例中使用了 CloudBridge。

在云中构建数据样本集合。我们在本章中使用以下简单示例来说明使用 Amazon、Azure 和 Google 云存储服务。我们收集了个人计算机上存储的数据样本，对于每个样本，都有四个元数据：项目编号、创建日期、实验 ID 和文本字符串注释。为了让协作者能够访问这些示例，我们希望将它们上传到云存储，并创建一个也可托管在云中的可搜索列表，其中包含每个对象的元数据和云存储 URL，如图 3-1 所示。

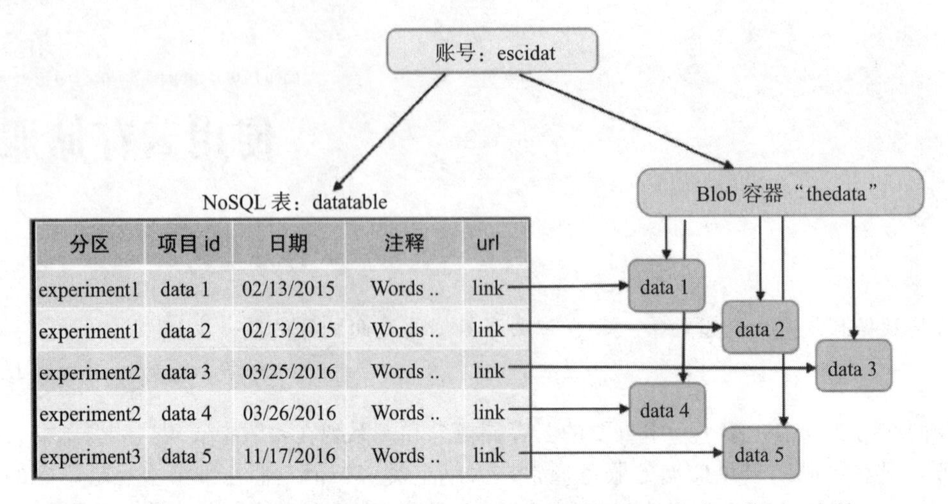

图 3-1　我们在本章中使用的简单云存储用例涉及将数据 Blob 集合上传到云存储，并创建包含元数据的 NoSQL 表

假设每个数据样本都是我们个人计算机上的二进制文件，并且相关元数据包含在逗号分隔值（CSV）文件中，每个项目一行，也放在个人计算机里。此 CSV 文件中的每行都具有以下格式：

项目 ID，实验 ID，日期，文件名，注释字符串

3.2　使用 Amazon 云存储服务

我们示例的 Amazon 解决方案使用 S3 来存储 Blob，使用 DynamoDB 来存储表。首先需要 Amazon 密钥对，即访问密钥和私钥，可以从 Amazon IAM **管理控制台**获取密钥对。创建新用户后，选择 Create Access Key 按钮来创建我们的安全凭证，然后可以下载，如图 3-2 所示。

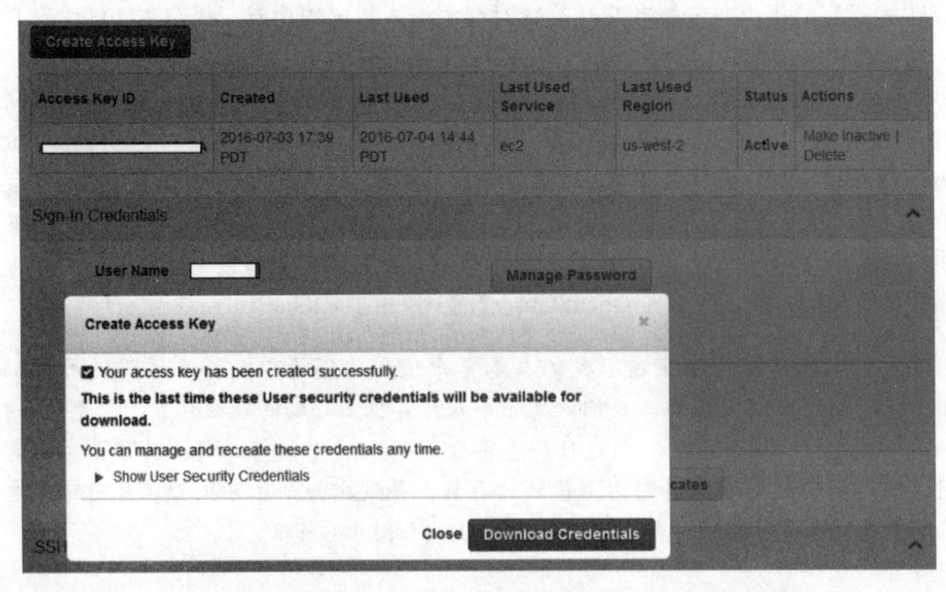

图 3-2　从 Amazon IAM 管理控制台下载安全凭证

我们可以继续创建所需的 S3 bucket（桶），将 Blob 上传到该 bucket 等，所有这些都可以通过 Amazon 网络门户来进行（我们在图 1-5 中显示了使用此门户创建一个桶）。但是，因为有很多 Blob，所以我们改用 Amazon Python Boto3 SDK 来完成这些任务。有关如何安装此 SDK 的详细信息，请参见本章末尾参考资料部分提供的链接。

boto3 把每个服务都当成一个**资源**。因此，要使用 S3 系统，需要创建一个 S3 资源对象。为此，需要指定从 IAM 管理控制台获取的凭据。可以使用几种方式将这些凭据提供给我们的 Python 程序。最简单的是将它们作为特殊命名参数提供给资源实例创建函数，如下所示。

```
import boto3
s3 = boto3.resource('s3',
     aws_access_key_id='YOUR ACCESS KEY',
     aws_secret_access_key='your secret key' )
```

从安全角度来看，不建议使用此方法，因为代码中的凭据容易泄漏，比如如果我们将代码推送到共享存储库：请参见 15.1 节。幸运的是，这个方法只在你的 Python 程序作为单独的服务运行在一台计算机上或一个容器里，而它们访问不到你的安全密钥时才需要。如果你在自己的机器上运行，比较好的解决方案是在主目录 .aws 里包含两个受保护的文件：config，包含你的默认 Amazon 区域，以及 credentials，包含你的访问密钥和私钥。如果我们有这个目录，则不需要访问密钥和私钥参数。

创建了 S3 资源对象后，现在可以创建 S3 桶，datacont，我们将在其中存储数据对象。以下代码执行此操作。注意 create_bucket 调用的（可选）第二个参数，该参数指定应创建桶的地理区域。在撰写本文时，亚马逊在 13 个区域运营；区域 us-west-2 位于俄勒冈州。

```
import boto3
s3 = boto3.resource('s3')
s3.create_bucket(Bucket='datacont', CreateBucketConfiguration={
    'LocationConstraint': 'us-west-2'})
```

现在我们已经创建了新的桶，可以使用如下命令将数据对象加载进去。

```
# Upload a file, 'test.jpg' into the newly created bucket
s3.Object('datacont', 'test.jpg').put(
    Body=open('/home/mydata/test.jpg', 'rb'))
```

学习了如何将文件上传到 S3 后，现在可以创建 DynamoDB 表，我们将在其中存储元数据和 S3 对象的引用。通过定义由 PartitionKey 和 RowKey 组成的特殊键来创建此表。如 DynamoDB 这样的 NoSQL 系统分布在多个存储设备上，可以构建非常大的表，然后可以由许多服务器并行访问，每个服务器访问一个存储设备。因此，表的总带宽被倍乘以存储设备的数量。DynamoDB 通过行分配数据：对于任何行，该行中的每个元素都映射到同一个设备。因此，要确定数据值位于的设备，你只需要查找 PartitionKey，它被散列成一个索引，该索引可以用来确定该行所在的物理存储设备。RowKey 指定项目按照 RowKey 值排序的顺序存储。两个键并不是同时需要的，但我们在这里说明它们的用法。可以使用以下代码创建 DynamoDB 表。

```
dyndb = boto3.resource('dynamodb', region_name='us-west-2' )

# The first time that we define a table, we use
table = dyndb.create_table(
```

```
        TableName='DataTable',
        KeySchema=[
            { 'AttributeName': 'PartitionKey', 'KeyType': 'HASH'},
            { 'AttributeName': 'RowKey', 'KeyType': 'RANGE' }
        ],
        AttributeDefinitions=[
            { 'AttributeName': 'PartitionKey', 'AttributeType': 'S' },
            { 'AttributeName': 'RowKey',       'AttributeType': 'S' }
        ]
    )

# Wait for the table to be created
table.meta.client.get_waiter('table_exists')
                          .wait(TableName='DataTable')

# If the table has been previously defined, use:
# table = dyndb.Table("DataTable")
```

现在我们准备从 CSV 文件中读取元数据，将数据对象移动到 Blob 存储中，并在表中输入元数据行。我们进行以下操作，回想一下，CSV 文件中将 item[3] 作为文件名，item[0] 作为项目 ID，item[1] 作为实验 ID，item[2] 作为日期，item[4] 作为注释字符串。请注意，我们需要通过 ACL ='public-read' 显式地说明数据文件的 URL 是公开可读的。完整的代码在 Notebook 2 中。

```
import csv
urlbase = "https://s3-us-west-2.amazonaws.com/datacont/"
with open('\path-to-your-data\experiments.csv', 'rb') as csvfile:
    csvf = csv.reader(csvfile, delimiter=',', quotechar='|')
    for item in csvf:
        body = open('path-to-your-data\datafiles\\'+item[3], 'rb')
        s3.Object('datacont', item[3]).put(Body=body)
        md = s3.Object('datacont', item[3]).Acl()
            .put(ACL='public-read')
        url=urlbase +item[3]
        metadata_item={'PartitionKey': item[0], 'RowKey': item[1],
            'description' : item[4], 'date' : item[2], 'url':url}
        table.put_item(Item=metadata_item)
```

3.3　使用 Microsoft Azure 云存储服务

我们首先留意一下你的 Amazon 和 Azure 账户之间的一些基本差异。如上所述，Amazon 账户 ID 是由你的访问密钥和私钥对来定义。类似地，Azure 账户包含你的个人 ID 和订阅 ID。你的个人 ID 可能是电子邮件地址，因此是公开的；而订阅 ID 则是保密的。

我们使用 Azure 的标准 Blob 存储和表服务来实现示例。Amazon DynamoDB 和 Azure Table 服务之间的区别是微妙的。使用 Azure Table 服务，每行都具有之前的 PartitionKey、RowKey、comments、date 和 URL 等字段，但是在 Azure Table 中，对于每行 RowKey 是个唯一整数。PartitionKey 被用作散列来将行定位到特定的存储设备中，RowKey 是该行的唯一全局标识符。

除了 DynamoDB 和 Azure Table 之间的这些语义差异之外，Amazon 和 Azure 对象存储服务之间存在着根本的区别。在 S3 中，你创建桶，然后在桶中创建 Blob。S3 还提供了文件夹的假象，这些实际上只是 Blob 名称前缀（例如，folder1/）。相比之下，Azure 存储基于**存储账户**，是比桶更高级别的抽象。可以根据需要创建任意数量的存储账户，每个可以包含五种不同类型的对象：Blob、容器、文件共享、表和队列。Blob 存储在类似桶的容器中，也具有和 S3 桶类似的类目录的结构。

有了你的用户 ID 和订阅 ID，你可以使用 Azure Python SDK 创建存储账户，和在 S3 中创建桶类似。但是，我们发现使用 Azure 门户更容易。在左侧的菜单中登录并点击“存储账户”（storage accounts），会显示存储账户的面板。要添加新账户，单击面板顶部的“+”号。你需要提供名称和一些其他参数，如位置、复制和分发。图 3-3 显示了添加名为 escistore 的存储账户。

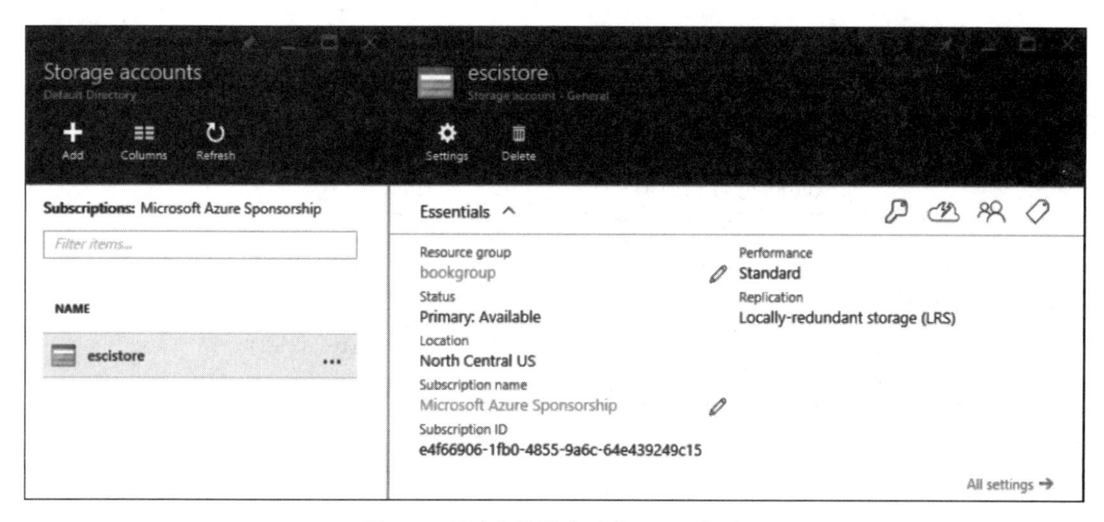

图 3-3 创建存储账户后的 Azure 门户

S3 和 Azure Storage 账户之间的一大差异在于，每个存储账户都带有两个唯一的访问密钥，任意一个都可用于访问和修改存储账户。与 S3 不同，你不需要订阅 ID 或用户 ID 来添加容器、表、Blob 或队列，你只需要一个有效的密钥。你也可以使任何一个密钥无效，并从门户随时生成新的密钥。拥有两个密钥的原因是，你可以分配一个密钥给使用该存储账户的长时间运行的服务，另一个则用来允许另一个实体临时访问。通过重新生成第二个密钥，可以终止第三方的访问。

默认情况下，Azure 存储账户是私有的。你也可以设置公共存储账户，如下文中的示例所示，并通过从门户网站创建账户的**存储访问签名**，授予对私有账户的有限的临时访问权限。可以在此签名中配置各种访问权属性，包括其有效期。

创建存储账户并安装 SDK 后（请参见 3.8 节），我们可以进行如下初始化。如果创建了新表，那么 create_table() 函数将返回 true，如果表已经存在，则返回 false。

```
import azure.storage
from azure.storage.table import TableService, Entity
from azure.storage.blob import BlockBlobService
from azure.storage.blob import PublicAccess
# First, access the blob service
block_blob_service = BlockBlobService(account_name='escistore',
    account_key='your storage key')
block_blob_service.create_container('datacont',
    public_access=PublicAccess.Container)
# Next, create the table in the same storage account
table_service = TableService(account_name='escistore',
```

```
                                    account_key='your account key')
    if table_service.create_table('DataTable'):
        print("Table created")
    else:
        print("Table already there")
```

上传数据 Blob 和构建表的代码与用于 Amazon S3 和 DynamoDB 的代码几乎相同。唯一的区别是管理上传并将项目插入到表中的行。要将数据上传到 Blob 存储，我们使用 create_blob_from_path() 函数，它接收三个参数：容器、Blob 的名称和源的路径，如下所示。

```
    import csv
    with open('\path-to-your-data\experiments.csv', 'rb') as csvfile:
       csvf = csv.reader(csvfile, delimiter=',', quotechar='|')
       for item in csvf:
          print(item)
          block_blob_service.create_blob_from_path(
                 'datacont', item[3],
                 "\path-to-your-files\datafiles\\"+item[3]
                 )
          url="https://escistore.blob.core.windows.net/datacont/"+item[3]
          metadata_item = {'PartitionKey':item[0], 'RowKey':item[1],
               'description' : item[4], 'date' : item[2], 'url':url}
          table_service.insert_entity('DataTable', metadata_item)
```

一个名为 Azure Storage Explorer 的优秀的桌面工具有 Windows、Mac 和 Linux 版本。我们用单个 CSV 文件测试了上面的代码，只有四行和四个小 Blob。图 3-4 显示了 Blob 容器和表内容的 Storage Explorer 视图。

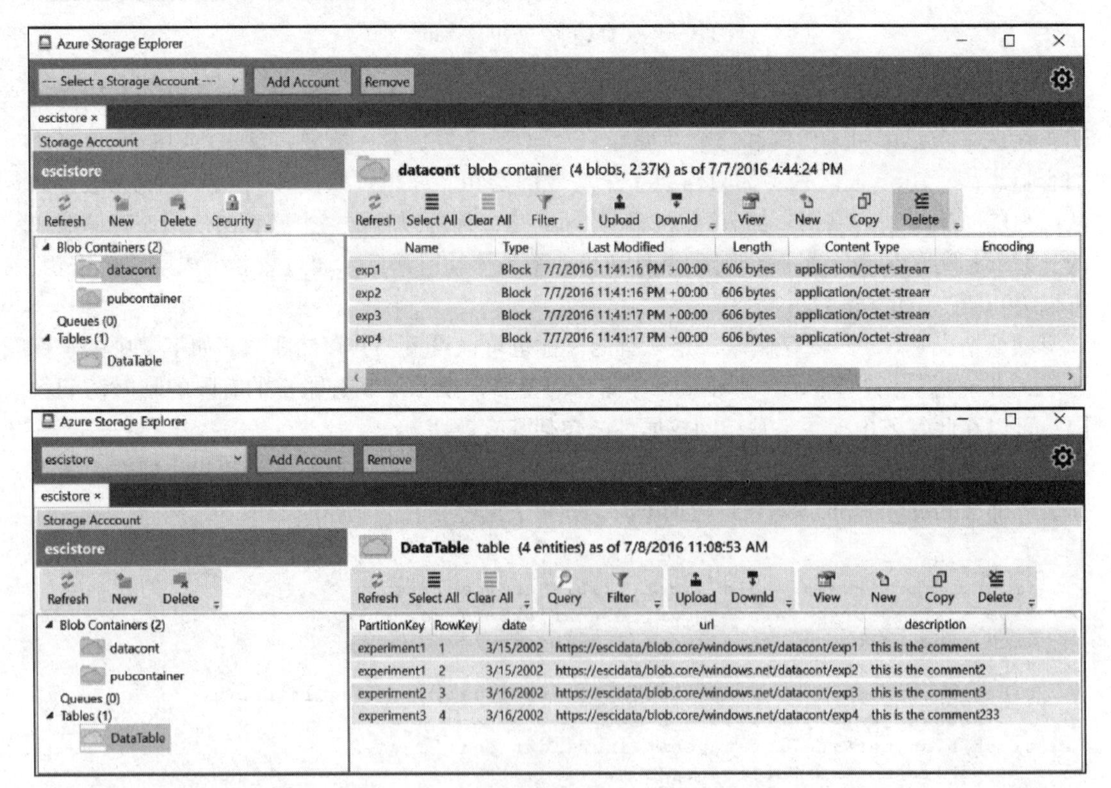

图 3-4 Azure Storage Explorer 视图展示存储账户 escidata 中容器 datacont（上图）和表 DataTable（下面）的内容

Azure 表服务的 Python SDK 中的查询仅限于搜索 PartitionKey。然而，简单的过滤和投影是可能的。例如，你可以搜索与 experiment1 相关联的所有行，然后选择 url 列，如下所示。

```
tasks = table_service.query_entities('DataTable',
        filter="PartitionKey eq 'experiment1'", select='url')
for task in tasks:
    print(task.url)
```

我们很简单的数据集有两个与 experiment1 相关联的数据块，因此查询产生两个结果：

https://escistore.blob.core.windows.net/datacont/exp1

https://escistore.blob.core.windows.net/datacont/exp2

在 Amazon DynamoDB 中进行相似的查询也是可以的。该示例的 Azure Python 代码在 Notebook 3 中。

3.4　使用 Google 云存储服务

Google Cloud 长期以来一直是 Google 运营的核心部分，但作为与 Amazon 和 Azure 竞争的公共平台相对较新。Google 的 Google 文档、Gmail 和数据存储服务是众所周知的，但他们最早提供对科学有帮助的计算和数据服务是 Google AppEngine，这里不做讨论。最近，他们将许多内部使用的服务合并成一个名为 Google Cloud 的公共平台，包括他们的数据存储服务、NoSQL 服务 Cloud Datastore 和 Bigtable，还有我们在第三部分中描述的各种计算服务。要使用 Google Cloud，你需要一个账户。Google 目前提供了一个小型但免费的 60 天试用账户。拥有账户后，你可以安装由 Google Cloud 命令行工具和 gsutil 包组成的 Google Cloud SDK。这些工具可用于 Linux、Mac OS 和 Windows。

要运行 Google Cloud，你需要安装 gsutil 包，然后执行 gcloud init，这将提示需要登录到你的 Google 账户。你还需要创建或选择要处理的项目。完成此操作后，你的电脑将通过认证并获得 Google Cloud Platform 服务的授权。虽然这些都很容易，但要从任何地方访问你的资源，你需要做些工作来编写相关的 Python 脚本。我们稍后再讨论这个话题。

现在，如果我们在本地机器上启动 Jupyter 笔记本，它将自动进行身份验证。然后创建桶和上传数据就容易了。你可以从控制台或以编程方式创建一个桶。请注意，你的桶名称在所有 Google Cloud 中必须是唯一的，因此在以编程方式创建桶时，你可能希望使用通用唯一标识符（UUID）作为名称。为了简单起见，我们在这里不这样做。

```
from gcloud import storage
client = storage.Client()
# Create a bucket with name 'afirstbucket'
bucket = client.create_bucket('afirstbucket')
# Create a blob with name 'my-test-file.txt' and load some data
blob = bucket.blob('my-test-file.txt')
blob.upload_from_string('this is test content!')
blob.make_public()
```

现在，Blob 已创建，可以在以下地址访问。

https://storage.googleapis.com/afirstbucket/my-test-file.txt

Google Cloud 有几个 NoSQL 表存储服务。我们在这里说明了其中两个的用法：Bigtable 和 Datastore。

3.4.1 Google Bigtable

Bigtable 是 Apache HBase 的前身，HBase 是构建在 Hadoop 分布式文件系统（HDFS）上的 NoSQL 存储。Bigtable 和 HBase 专为大数据集而设计，这些数据集必须通过主流数据分析工作快速访问。配置 BigTable 实例需要配置一个服务器集群。这个任务更容易从控制台执行。图 3-5 说明了一个名为 cloud-book-instance 的实例的创建，我们配备了一个三个节点的集群。

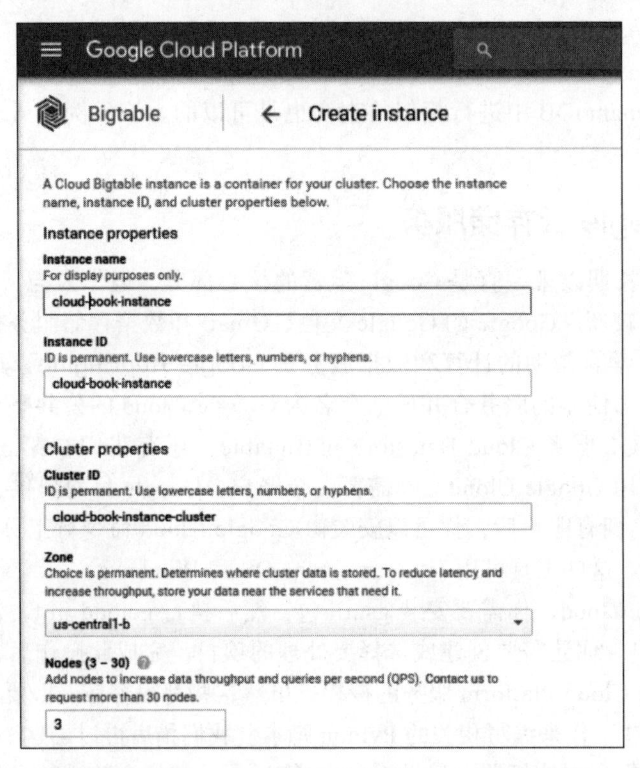

图 3-5　用 Google 云控制台来创建一个 Bigtable 实例

以下的代码演示我们能怎样构建一个 Bigtable 实例，然后先创建一个表，之后在该表中创建一个列族和一行。列族是组织一行内容的列组，每行都有一个唯一的键。

```
from gcloud import bigtable
clientbt = bigtable.Client(admin=True)
clientbt.start()
instance = clientbt.instance('cloud-book-instance')
table = instance.table('book-table')
table.create()
# Table has been created
column_family = table.column_family('cf')
column_family.create()

#now insert a row with key 'key1' and columns 'experiment', 'date',
#'link'
row = table.row('key1')
row.set_cell('cf', 'experiment', 'exp1')
row.set_cell('cf', 'date', '6/6/16')
row.set_cell('cf', 'link', 'http://some_location')
row.commit()
```

Bigtable 很重要，因为它与其他 Google Cloud 服务一起用于数据分析，是真正大规模数据集的理想解决方案。Bigtable 的 Python API 使用起来有点尴尬，因为操作都是异步远程过程调用（RPC）：当 Python create() 调用返回时，创建的对象可能还不可用。对于那些想要实验的人，我们在 Notebook 4 中提供了演示使用 Bigtable 的代码。

3.4.2 Google Cloud Datastore

Notebook 5 展示了如何使用 Datastore 数据存储来实现相同的功能。该服务是多服务器复制，支持 ACID 事务和类 SQL 的查询，并且比 BigTable 更易于从 Python SDK 中使用。我们创建一个表如下。

```
from gcloud import datastore
clientds = datastore.Client()
key = clientds.key('blobtable')
```

我们使用下列代码来给表添加实体：

```
entity = datastore.Entity(key=key)
entity['experiment-name'] = 'experiment name'
entity['date'] = 'the date'
entity['description'] = 'the text describing the experiment'
entity['url'] = 'the url'
clientds.put(entity)
```

你现在可以轻松实现用例。首先在 Google Cloud 门户上创建一个桶 book-datacont。在门户网站上执行此操作是最简单的，因为该名称在 Google Cloud 中是唯一的。(如果你的代码中包含固定名称，则在重新运行程序时，创建调用将失败。) 此外，由于桶名称 book-datacont 已经被占用，因此，当你尝试此操作时，需要自己选择一个唯一的名称。然后，你可以如下创建数据存储表 book-table。

```
from gcloud import storage
from gcloud import datastore
import csv

client = storage.Client()
clientds = datastore.Client()
bucket = client.bucket('book-datacont')
key = clientds.key('book-table')
```

你的 Blob 上传器和表构建器现在可以像下面这样来写。代码与为其他系统提供的代码相同，但我们不使用分区或行键。

```
with open('\path-to-your-data\experiments.csv', 'rb') as csvfile:
    csvf = csv.reader(csvfile, delimiter=',', quotechar='|')
    for item in csvf:
        print(item)
        blob = bucket.blob(item[3])
        data = open("\path-to-your-data\datafiles\\"+item[3], 'rb')
        blob.upload_from_file(data)
        blob.make_public()
        url = "https://storage.googleapis.com/book-datacont/"+item[3]
        entity = datastore.Entity(key=key)
        entity['experiment-name'] = item[0]
        entity['experiment-id'] = item[1]
        entity['date'] = item[2]
```

```
        entity['description'] = item[4]
        entity['url'] = url
        clientds.put(entity)
```

Datastore 有一个功能强大的查询界面，可以从门户网站上使用。有一部分功能，但不是全部，也可以从 Python API 获得。例如，我们可以编写以下内容来查找 experiment1 的 URL。

```
query = clientds.query(kind=u'book-table')
query.add_filter(u'experiment-name', '=', 'experiment1')
results = list(query.fetch())
urls = [result['url'] for result in results]
```

3.5 使用 OpenStack 云存储服务

IBM 和 Rackspace 将 OpenStack 用于其公有云服务，也有许多私有云服务使用 OpenStack。本书的 OpenStack 的例子主要是在 NSF Jetstream 云中。正如在第 2 章中讨论的那样，Jetstream 并不打算复制现有的公有云，而是提供适应科学界特定需求的服务。其中缺少的一个组件是标准的 NoSQL 数据库服务，因此无法实现我们为其他云提供的数据目录示例。

一个名为 CloudBridge 的 Python SDK，可以被 Jetstream 和其他基于 OpenStack 的云使用。（CloudBridge 也可以用于 Amazon，但不如 Boto3 那么全面。）要使用 CloudBridge，首先要创建一个提供者对象，识别你想要使用的云，还需提供你的凭证，示例如下：

```
from cloudbridge.cloud.factory import CloudProviderFactory, \
        ProviderList
js_config =
    {"os_username": "your user name",
       "os_password": "your password",
       "os_auth_url": "https://jblb.jetstream-cloud.org:35357/v3",
       "os_user_domain_name": "tacc",
       "os_tenant_name": "tenant name",
       "os_project_domain_name": "tacc",
        "os_project_name": "tenant name"
    }
js = CloudProviderFactory()\
        .create_provider(ProviderList.OPENSTACK, js_config)
```

你现在可以使用提供者对象的引用来首先创建一个**桶**（也称为容器），然后将二进制**对象**上传到该新桶，如下所示。

```
# Create new bucket
bucket = js.object_store.create('my_bucket_name')
# Create new object within bucket
buckobj = bucket[0].create_object('stuff')
fo = open('\path to your data\stuff.txt','rb')
# Upload file contents to new object
buckobj.upload(fo)
```

要验证这些操作是否有效，你可以登录到 OpenStack 门户并检查当前的容器状态，如图 3-6 所示。完整的代码可以在 Notebook 6 中找到。

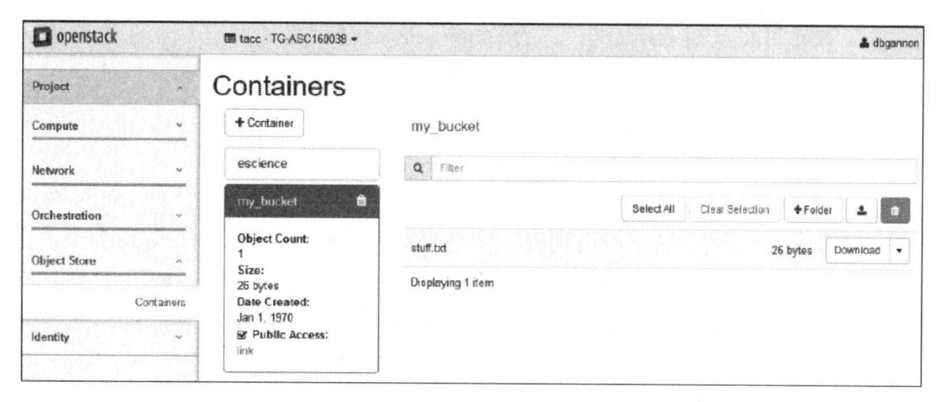

图 3-6　OpenStack 对象存储中的容器视图

3.6　用 Globus 传输和共享数据

在科学或工程中使用云资源时，经常需要在云和非云系统之间复制数据。例如，可能需要将基因组序列文件从测序中心移动到云端进行分析，并将分析结果移动到我们的实验室。图 3-7 显示了如何将 Globus 服务用于此类目的。我们在这个图中看到三个不同的存储系统：一个与测序中心相关联，一个云存储服务和一个位于个人计算机上的存储系统。每个系统运行一个轻量级的 Globus Connect 代理，能让它参与 Globus 传输。

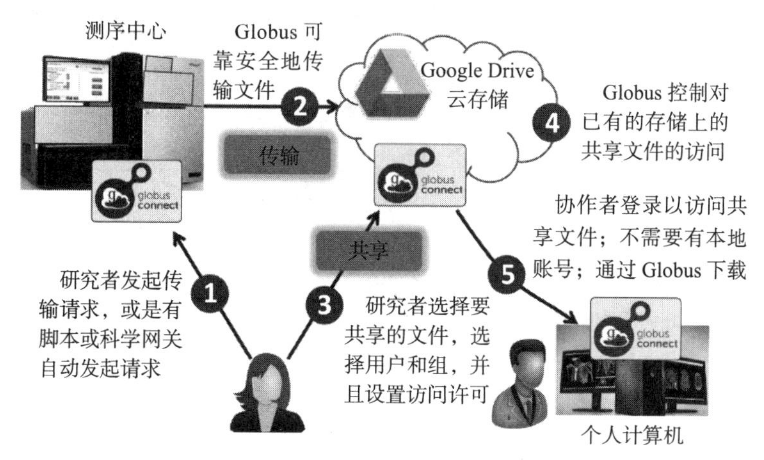

图 3-7　用于在测序中心，远程存储系统（本例中为 Google Drive）和个人计算机之间交换数据的 Globus 传输和共享服务

> **Globus Connnect 代理**能让一个计算机系统与 Globus 文件传输和共享服务交互。用户使用它可以很容易在任何系统上创建一个 Globus 端点，从个人笔记本电脑到国家的超级计算机。Globus Connect 有两种类型：**Globus Connect Personal** 是在个人机器上由个人使用的，**Globus Connect Server** 则用于多用户的计算和存储资源。
>
> Globus Connect 支持很多种类的存储系统，包括不同的 POSIX 兼容存储系统（Linux、Windows、MacOS、Lustre、GPFS、OrangeFS 等等）及不同的专用系统（HPSS、HDFS、S3、Ceph RadosGW 的 S3 API、Spectra Logic BlackPearl 和 Google Drive）。它也有各种不同的用户身份和认证机制的接口。

请注意，本章前面介绍的所有公有云示例涉及客户端 – 服务器交互：在每种情况下，我们必须从装载数据的存储系统的机器上运行数据上传，把数据传到云端。相比之下，Globus 允许第三方传输，这意味着你可以从计算机 A 驱动从端点 B 到另一个端点 C 的传输。此功能在科学工作流自动化中很重要。

该图描绘了包含五个数据操控的一系列操作。（1）研究人员通过如 Globus 网络界面的方法请求将一组文件从测序中心传输到另一个存储系统（在本例中为 Google Drive 云存储系统）。（2）该传输不需要发起请求的研究人员的进一步参与，她可以关掉笔记本电脑，去吃午饭，或做任何其他需要的事。Globus 云服务（图中未显示）负责完成传输，如果需要，重试失败的传输，只有在重复尝试不成功时才通知用户故障。用户只需要一个 Web 浏览器来访问该服务，就可以从运行 Globus Connect 软件的任何存储系统传输数据，并可以使用机构凭证进行身份验证。步骤 3 ～ 5 涉及数据共享，我们在 3.6.2 节中讨论。

3.6.1 用 Globus 传输数据

图 3-8 显示了用于传输文件的 Globus 网络界面。云服务在这里被用于两种方式：数据从云存储中转移，在这里我们用 Amazon S3；另一种方式是 Globus 服务，它是托管在云中的软件即服务，运行在我们将在第 14 章讨论的 Amazon 云中。

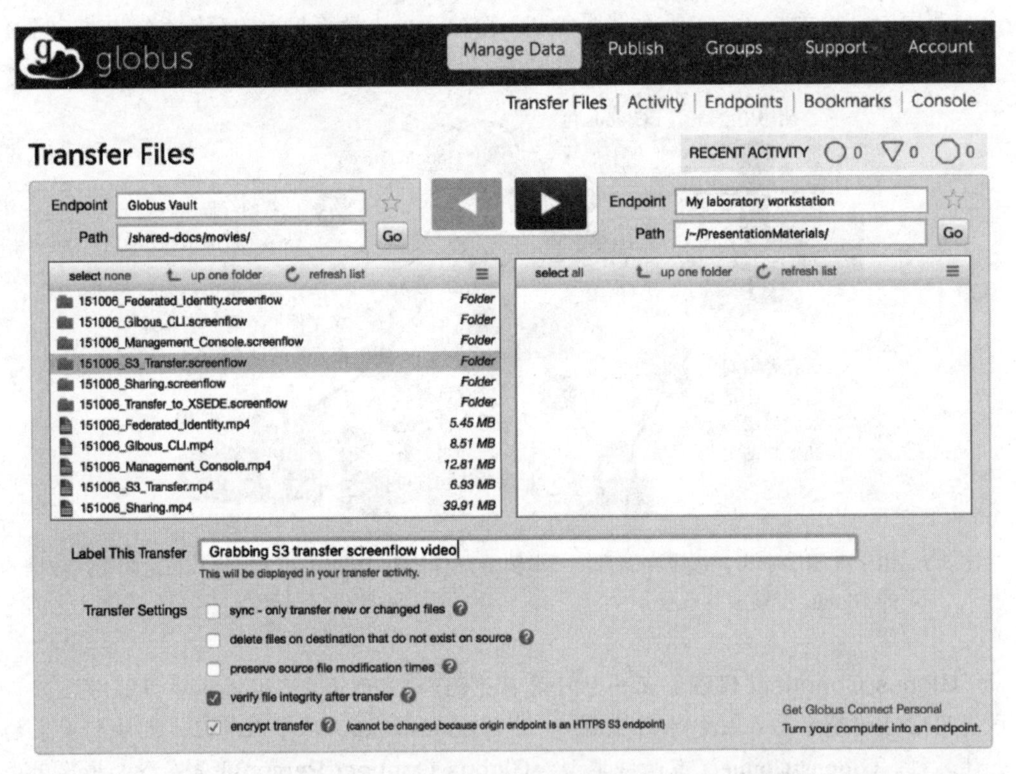

图 3-8　Globus 传输网络界面。我们已经在 Globus 端点 Globus Vault 上选择了一个文件，传输到我的实验室工作站端点上

Globus 还为该 API 提供了 REST API 和 Python SDK，从而可以完全从 Python 程序驱动传输。我们使用图 3-9 中的代码来说明如何使用 Python SDK 来执行然后监视传输。标记为（a）的第一行代码创建一个传输客户端实例。这将处理连接管理、安全和其他管理问题。其

后的代码（b）指定源端点和目标端点的标识符。每个 Globus 端点和用户都由普遍唯一标识符（UUID）命名。端点的标识符可以通过 Globus 网络客户端，或通过端点搜索 API 以编程方式确定。例如，使用 Python SDK 可以这样写：

```
tc = globus_sdk.TransferClient(...)
for ep in tc.endpoint_search('String to search for'):
    print(ep['display_name'])
```

在图 3-9 中，我们硬编码了 Globus 团队在教程中使用的两个端点的标识符。代码还指定了（c）传输的源路径和目的路径。

```
# (a) Prepare transfer client
import globus_sdk
tc = globus_sdk.TransferClient()

# (b) Define the source and destination endpoints for the transfer
source_endpoint_id = 'ddb59aef-6d04-11e5-ba46-22000b92c6ec'
dest_endpoint_id = 'ddb59af0-6d04-11e5-ba46-22000b92c6ec'

# (c) Define the source and destination paths for the transfer
source_path = '/share/godata/'
dest_path = '/~/'

# (d) Ensure endpoints are activated
tc.endpoint_autoactivate(source_endpoint_id, if_expires_in=3600)
r = tc.endpoint_autoactivate(dest_endpoint_id, if_expires_in=3600)
while (r['code'] == 'AutoActivationFailed'):
    print('To activate endpoint, open URL in browser:')
    print('https://www.globus.org/app/endpoints/%s/activate'
          % dest_endpoint_id)
    # For python 2.X, use raw_input() instead
    input('Press ENTER after activating the endpoint:')
    r = tc.endpoint_autoactivate(ep_id, if_expires_in=3600)

# (e) Start transfer set up
tdata = globus_sdk.TransferData(tc, source_endpoint_id,
                                dest_endpoint_id,
                                label='My test transfer')

# (f) Specify a recursive transfer of directory contents
tdata.add_item(source_path, dest_path, recursive=True)

# (g) Submit transfer request
r = tc.submit_transfer(tdata)
print('Task ID:', submit_result['task_id'])

# (h) Wait for transfer to complete, with timeout
done = tc.task_wait(r['task_id'], timeout=1000)

# (i) Check for success; cancel if not completed by timeout
if done:
    print('Task completed')
else:
    cancel_task(r['task_id'])
    print('Task did not complete in time')
```

图 3-9　使用 Globus Python SDK 启动和监视传输请求

接下来，代码（d）确保端点被激活。为了使传输服务在端点文件系统上执行操作，它必须有作为特定的本地用户向端点进行身份验证的凭证。向服务提供这样一个凭证的过程称为**端点激活**[22]。endpoint_autoactivate 函数检查调用用户的端点是否激活，或是能否使用缓存的凭证自动激活，这个缓存将至少在一个指定的时间段内不会过期。否则，它将返回一个失败条件，在这种情况下，用户可以使用 Globus 网络界面进行身份验证，从而给 Globus 提供一个可以在一段时间内使用的凭证。我们展示了为目标端点处理这种情况的代码。

在（e）～（g）中，我们将传输请求进行组合并提交，提供端点标识符、源和目标路径，以及（因为要传送一个目录）递归标志。在（h）中，我们检查任务状态。该阻塞调用在指定的超时后或任务终止时返回，以较早者为准。在这里，如果没有在超时前完成，选择（i）来终止该任务。我们也可以重复等待。

Globus Python SDK 的更多示例在 Notebook 8 中。Globus 还提供了一个通过 Python SDK 实现的命令行界面（CLI），可用于执行上面描述的操作。例如，以下命令将一个目录从一个端点传输到另一个端点。有关如何使用 CLI 的更多详细信息，请访问 docs.globus.org。

```
globus transfer --recursive \
    "ddb59aef-6d04-11e5-ba46-22000b92c6ec":shared_dir  \
    "ddb59af0-6d04-11e5-ba46-22000b92c6ec":destination_directory
```

3.6.2　用 Globus 共享数据

Globus 还可以轻松与同事共享数据，如图 3-7，步骤 3 ～ 5 所示。**共享端点**是动态创建的结构体，可使现有端点上的文件夹与其他端点共享。要使用此功能，你需要首先创建共享端点，指定现有端点和文件夹，然后将该共享端点上的读取和 / 或写入权限授予你想要让其能访问的 Globus 用户和 / 或组。共享端点既可以通过 Globus 网络界面创建和管理（参见图 3-10），也可以以编程方式进行创建和管理，如第 11 章所示。

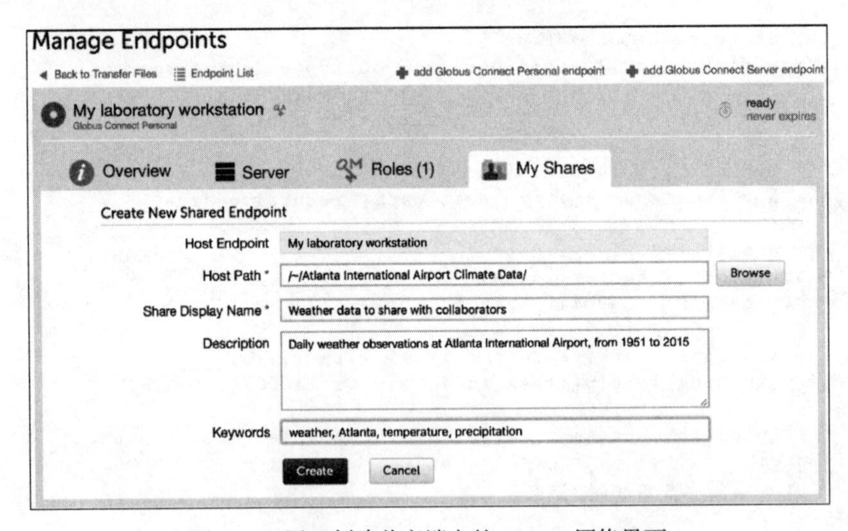

图 3-10　用于创建共享端点的 Globus 网络界面

3.7　小结

本章介绍了与云存储服务交互的基本方法。我们专注于 Blob 服务和 NoSQL 表服务。正如在第 2 章中指出的，这些远远不是仅有的云存储产品。实际上，正如下一章将讨论的，连接到虚拟机的 POSIX 文件存储系统对于高性能应用程序尤为重要。数据分析仓库也是如此，我们在第三部分讨论。

我们还在本章中深入研究了 1.4 节中首次介绍的云访问方法。我们展示了如何将云供应商门户网站用于交互式访问资源和服务，以及 Python SDK 脚本如何被用于数据管理或者分析工作流。特别地，我们使用它们来编写上传一组数据对象的任务，并构建元数据的可搜索的 NoSQL 表，其中表的每一行对应于上传的一组 Blob 数据。

当你研究我们为 Amazon、Azure 和 Google 提供的 Python 代码时，你可能会感到沮丧的是，不同版本的程序并不完全相同。为什么不能有一个面向所有云的 API 和相应的 SDK？正如我们所说，很多人正在尝试创建这样一个统一的 SDK，但这些尝试只能覆盖每个云的功能的共同点。每个云服务都来自不同公司的不同文化，因此都不尽相同。由此产生的创造性发酵促成了我们在本书中描述的工具和概念的爆炸式增长。

3.8　资源

我们为本章中的所有示例都提供了 Jupyter notebook，如第 17 章所述。你首先需要为每个云安装 SDK。SDK 和文档链接在这里：

- Amazon Boto3，aws.amazon.com/sdk-for-python/。
- Azure，azure.microsoft.com/en-us/develop/python/。
- Google 云，cloud.google.com/sdk/。
- Openstack CloudBridge，cloudbridge.readthedocs.io/en/latest/。
- Globus Python SDK，github.com/globus/globus-sdk-python；Globus CLI，github.com/globus/globus-cli。

你还需要每个云的账户。第 1 章提供了你可以获得试用账户的门户的链接。

云中的计算

第四部分　构建你自己的云
基础知识
使用 Eucalyptus
使用 OpenStack

第五部分　安全及其他主题
安全服务和数据
解决方案
历史，批评，未来

第三部分　云平台
数据分析
Spark 和 Hadoop
公有云工具
流数据
Kafka、Spark、Beam
Kinesis、Azure Events
机器学习
scikit-learn、CNTK
TensorFlow、AWS ML
数据研究门户
DMZ 和 DTN，Globus
科学网关

第一部分　管理云中的数据
文件系统
对象存储
数据库（SQL）
NoSQL 和图
仓库
Globus 文件服务

第二部分　云中的计算
虚拟机
容器——Docker
MapReduce——Yarn 和 Spark
云中的 HPC 集群
Mesos、Swarm、Kubernetes
HTCondor

虽然科学家最早是被能在云中存储和分享数据的能力所吸引，但当便宜的即时计算出现时，整个格局都发生了变化。在本书的第二部分，我们还是延续上一部分的模式，首先介绍原理，然后展示如何使用云门户和 Python SDK 来在各种各样的云平台上进行计算。

云中的计算经历了神奇的演变。最早是以虚拟化开始，它是在大型主机时代就发明了的一种老的计算技术，后来被数据中心所采纳，可以让用户创建特别为他们的需求而定制的环境和服务。虚拟机很容易启动和停止，用户只为机器实例运行的时间付费。在第 5 章中，我们描述在云平台中如何创建和管理虚拟机。

云中的计算演化的第二阶段，是把容器作为封装软件的方法引进。容器技术比如 Docker 能让研究者分享部署好的应用，可以迅速部署在任何云上，然后用一条命令就能运行。在第 6 章中，我们演示如何基于 Docker 技术创建和部署容器。

规模扩展向来都是云的一项重要能力和科学家的主要需求。我们所说的“扩展”是指计算可以延展到很多台服务器上，以发掘应用的并行能力。在第 7 章中，我们考虑四类并行应用的执行：

- 云中的 SPMD **集群**，用于传统的 HPC 类型的计算。
- **大量任务**或**高吞吐量**并行计算，主要的特征是很多任务在一起，其中有依赖关系的任务很少或是没有，这样任务可以并行执行。
- MapReduce 和 BSP 类型的并行，其中一个控制线程对分布式的数据进行并行操作。在云中，这样的计算通常会涉及执行一个数据并行操作的有向图。这种模型被用于像 Spark 这样的工具，以及很多开源数据分析工具和大部分深度学习系统，我们将在第三部分讨论这些工具和系统。
- **微服务**，最“原生云”的计算模型。它使用类似 Mesos 和 Kubernetes 的框架来将应用组织为成群的、Docker 化的、通常无状态的、小型通信的服务。

我们还对**无服务器计算**进行了简短的讨论。它是公有云中一种相对比较新的能力，像其他计算想法一样，它也有很深的操作系统设计根源。简单来说，它能让编程者定义应用的代码和引起代码执行的事件，然后把代码发布在云上，其运行不需要由用户或编程者做任何云资源部署。

计算即服务

在早先的时候，人们使用牛来拉重物，当一头牛拉不动木头时，人们没有说养一头更大的牛来解决问题。所以我们不是要试图打造更大的计算机，而是要建造更多的计算机系统。

——Admiral Grace Hopper

云计算的两种最简单的形式可能是科学家和工程师普遍了解的：存储和按需计算。我们在本书第一部分中介绍了存储，接下来讲述云计算——计算即服务。

当你需要时，云可以随时提供对尽可能多的计算和存储资源的接近即时的访问，以及为你获取具有特定配置的计算机的能力。而且，这些功能都只是一个 API 调用或者点击几下鼠标就能得到的。我们将看到，计算服务可以通过几种不同的方式进行交付。在云产业中，最基本的是**基础设施即服务（IaaS）**，因为它为用户提供虚拟化基础设施。要了解 IaaS 计算是什么样的，让我们来看一些典型的场景。

- 你现在就需要 100 个 CPU，而不是当你的任务到达实验室集群队列的头部时再去找。
- 你需要访问 GPU 集群或具有 1TB 内存的计算机，但实验室中没有这样的资源。
- 你需要装载 10 种不同 Linux 版本的计算机，以便于在发布前测试新软件的可移植性。
- 你想要一台防火墙外的机器，这样可以和项目的协作者共享。

云计算可以通过多种方式来解决以上的每个场景。我们在本章中关心的是如何确定最佳方法以及如何评估选择解决方案的优缺点。

4.1 虚拟机和容器

公有云数据中心包含数千个单独的服务器。一些服务器专门用于数据服务和基础设施支持，而其他服务器则用于托管计算。当你在云中计算时，你不会像在常规计算集群中那样直接在其中一台服务器上运行。你会被提供一台运行着你喜欢的操作系统的虚拟机。**虚拟机**只是一台完整的机器的软件镜像，可以像任何其他程序一样被加载到服务器上并运行。数据中心里的服务器运行一个称为 hypervisor（虚拟机管理程序）的软件，它管理和分配服务器的资源，并将其授予给“访客”虚拟机。在下一章中，我们深入了解虚拟化的工作原理，但核心思想是，当你在虚拟机中运行时，它看起来和在一台配置了当前虚拟机的操作系统的服务器中运行一模一样。

对于云运营商来说，虚拟化具有巨大的好处。首先，云供应商可以提供数十种不同的操作系统作为虚拟机供用户选择。对于虚拟机管理程序，所有虚拟机看起来都一样，可以统一管理。云管理系统（有时称为**结构控制器**）可以选择用于运行所请求的虚拟机实例的服务器，并且可以监视每个虚拟机的运行状况。如果需要，云监视器可以在单个服务器上同时运行多个虚拟机。如果 VM 实例崩溃，不会使服务器崩溃。云监视器可以记录该事件并重新启动虚拟机。运行在同一服务器上的不同虚拟机中的用户应用程序在很大程度上并不知道彼此的存在。(用户可能会注意到另一个VM影响其VM的性能或响应速度。)

我们在第5章中提供有关如何在Amazon和Azure公有云以及使用OpenStack私有云部署虚拟机的详细说明。

容器类似于虚拟机，但是基于不同的技术，并且具有稍微不同的目的。容器是在宿主操作系统之上的一层，并以巧妙的方式使用该操作系统的资源，而不是运行一个完整的操作系统。容器允许你将应用程序及其所有的库依赖关系和数据打包成为一个易于管理的单元。当你启动容器时，可以通过配置同时启动应用程序，并进行初始化，在几秒钟内就能运行。例如，你可以在一个容器中运行Web服务器，在另一个容器中运行数据库服务器，这两个容器可以相互发现并根据需要进行通信。或者，如果你在一个容器中有特殊的模拟程序，则可以在同一宿主机上启动该容器的多个实例。

容器具有超级轻量的优势。将容器下载到宿主机后，你可以几乎实时启动它和它包含的应用程序。这种速度的一部分原因是容器实例可以与其他容器实例共享库。VM由于是完整的操作系统实例，因此VM可能需要几分钟才能启动。在单个宿主机上，你可以运行更多的容器，而要有效地运行相同数量的VM就不行了。图4-1给出了一台运行多个虚拟机的服务器，以及在一台典型的云服务器上运行单个操作系统和多个容器之间的软件栈的差异。

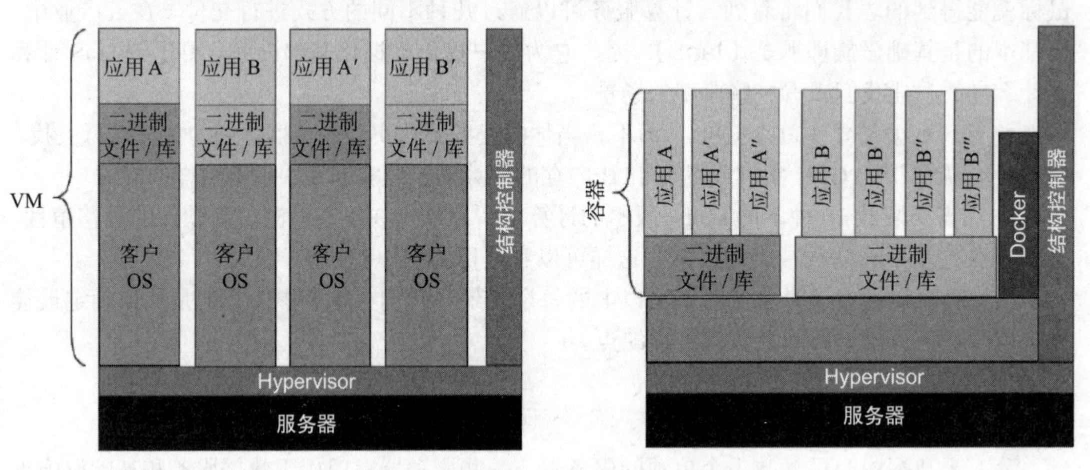

图4-1　典型的云服务器中的虚拟机和容器的对比

构建一个容器以运行单个应用程序，与定制一个VM以运行单个应用程序的任务相比要简单得多。所有你需要做的是创建一个脚本来标识所需的库、源文件和数据。然后，你可以在笔记本电脑上运行脚本来测试容器，之后可以将容器上传到存储库，从中可以将其下载到任何云。重要的是，容器可以在不同的云中自由移植。而通常VM镜像不能从一个云框架移植到另一个云框架。

容器也有缺点。最严重的问题是安全。因为容器共享相同的宿主操作系统实例，所以在同一宿主机上运行的两个容器与在该宿主机上运行的两个虚拟机相比具有更小的独立性。管理容器使用的网络端口和IP地址，比在虚拟机里更容易让人迷惑。此外，容器通常运行在VM之上，这可能加剧混乱。

在第6章中，我们会详细讲解一些使用容器的案例，特别描述Docker容器系统(docker.com)，并讲解如何运行容器以及如何创建你自己的容器。

表4-1列出了虚拟机和容器方法的一些优缺点。无需多言，这两种技术都在迅速发展。

表 4-1 虚拟机和容器的对比

虚拟机	容器
重量级	轻量级
实例之间相互隔离所以更安全	进程级隔离，不那么安全
不能自动配置	脚本驱动配置
部署过程慢	部署过程快
便捷的端口和 ip 映射	更抽象的端口和 ip 映射
自定义镜像不能在云之间移植	完全可移植

4.2 先进的计算服务

Amazon、Microsoft 和 Google 等云供应商还提供许多其他服务来帮助你开展研究，包括特殊的数据分析集群，处理来自仪器的海量事件流的工具以及特殊的机器学习工具。我们在本书第三部分讨论这些服务。

科学家和工程师关心的一个常见问题是**规模扩展**。VM 和容器是虚拟化单个机器镜像的好方法。然而，许多科学应用需要使用多台机器来处理许多数据或执行复杂的仿真。你可能已经知道如何在机器集群上运行并行程序，现在你想知道是否可以在云上运行相同的程序。答案取决于应用程序的具体细节。大多数高性能并行应用程序都基于**消息传递接口**（MPI）标准[147]。正如我们在第 7 章中所描述的那样，Amazon 和 Azure 提供了大量的用于构建 Linux MPI 集群的工具。

云用户也可以以其他方式发掘并行性。例如，**大量任务**（MT）并行[221]技术被用来解决数百个类似的任务运行的问题，每个任务（在很大程度上）独立于其他任务。另一种方法称为 MapReduce[108]，由于 Hadoop 计算框架[258]而得到普及。MapReduce 与被称为**批量同步并行**（BSP）的并行计算风格[139]有关。我们同时也在第 7 章中讨论了这些主题。

云的一个引人注目的功能是，你可以使用多种方法来创建高度可扩展的应用程序，它们同时还是交互式的。最初在加利福尼亚大学伯克利分校开发的 Spark 系统[265]比 Hadoop 更灵活，是一种可以和 Jupyter 交互来使用的 BSP 计算形式。Google 已经发布了一项名为 Cloud Datalab 的服务，该服务基于 Jupyter，用于交互式控制其数据分析云。Microsoft Cloud Business Intelligence（云 BI）工具旨在帮助提供对数据查询和可视化的交互式访问。我们在第 8 章讨论这些工具。

当你需要扩展你的应用，不止是跑在几个虚拟机或容器上时，管理云计算资源可能会变得复杂。跟踪许多分散在许多云虚拟机上的进程并不容易。幸运的是，公有云采用了几种新工具来帮助面对这个挑战。对于管理大量的容器，你可以使用 Docker Swarm 工具（docker.com/products/docker-swarm）和 Google 的 Kubernetes[26, 79]（Google 把它用于自己的容器管理）。许多人使用著名的 HTCondor 系统[243]管理大量任务并行计算。（HTCondor 被用于 Globus Genomics 系统，我们将在第 11 章中描述。）Mesos[154]提供了另一个具有 Web 界面的分布式操作系统，允许你同时管理云中的许多应用程序。所有这些系统都可以在云平台上访问或轻松部署。我们将在第 7 章描述它们。

云计算中常见的另一种计算服务编程模型是**数据流**。如第 9 章所述，该模型在流数据分析中起着重要作用。

4.3 无服务器计算

云计算最近的一个有趣的趋势是将**无服务器计算**作为服务提供的新范例。正如我们在前面的章节中所示，计算和数据分析可以通过一系列特殊服务部署在云端。在大多数情况下，用户必须直接或间接部署 VM 来支持这些功能。这样做需要时间，并且用户需要在不再需要 VM 时删除虚拟机。然而，这种开销有时是难以接受的，例如当你想要针对极少发生的事件进行反应时。保持 VM 持续运行以使程序等待事件发生的成本可能会太高以至于不可接受。

无服务器计算与旧的 Unix 的守护进程和 cron 作业的概念类似，程序由操作系统管理，当特定情况出现时被执行。在无服务器计算中，用户提供了在特定条件出现时要执行的简单函数。例如，当在云存储库中创建新文件时，用户可能希望进行一些记录操作，或者在发生重要事件时接收通知。云供应商保留一组运行的机器来代表用户执行这些功能。用户仅需要为任务的执行付费，而不需要支付保持服务器的费用。我们在第 9 章和第 18 章回到这个话题。

4.4 公有云计算的优缺点

公有云计算既有利也有弊。重要的优点包括：

- *成本*：如果你只需要几个小时或几天的资源，云将比购买新机器要便宜得多。
- *可扩展性*：你正在筹建一个新的实验室，并希望一开始只配置少量服务器，但随着研究团队的发展，你希望能够轻松扩展服务器的数量，而无需管理自己的服务器机架。
- *访问*：小型公司的研究人员或小公司的工程师甚至可能没有计算机房或实验室与机架的空间。云可能是唯一的选择。
- *可配置性*：对于许多学科，你可以获得预先安装好所有你所需的标准软件的完整的虚拟机或容器。
- *多样化*：公有云系统提供越来越多的计算机系统种类。Amazon 和 Azure 各自提供数十种机器配置，从单核带有 1G 内存的机器到具有 GPU 加速器的多核系统和大量内存的机器。
- *安全性*：商业云供应商具有出色的安全性。它们还可以轻松创建将云资源集成到你的网络中的虚拟网络。
- *可升级性*：云硬件在不停升级。你所购买的硬件在交付时就已经过时了，而且很快就会淘汰。
- *简单性*：你可以从易于浏览的门户网站管理云资源。管理你自己的私有群集可能需要复杂的系统管理技能。

计算即服务的缺点包括以下内容：

- *成本*：你按小时和字节支付公有云的费用。计算安装在大学实验室或数据中心的一组机器的总的拥有成本并不容易。在许多环境中，电力和系统管理由机构资助。如果你只需要为硬件付费，那么运行自己的集群可能比在云中租用相同的服务便宜。另一个奇怪的事情，也许只在美国发生，是一些大学对用联邦基金源的资金来从公有云购买服务会收取管理费用，但是在用同样资金购买硬件时却没有。

  学术研究者也可以选择访问 Jetstream、Chamelon 或欧洲科学云等国家设施。成本是只需要写一份申请书。

- 多样化：云并不提供你可能需要的每种计算类型，至少不是今天。特别是，它不是大型超级计算机的替代品。正如我们在第 7 章中所示，Amazon 和 Azure 都支持相当复杂的 HPC 集群的分配。然而，这些集群并不能和 500 强的超级计算机的规模或性能水平相提并论。
- 安全性：你的研究涉及高度敏感的数据，如医疗信息，它们无法移动到防火墙之外。如上所述，有可能将你的网络扩展到云端，云供应商提供符合 HIPAA 标准的设施。但是，获得批准使用这些解决方案的文书工作可能是艰巨的。
- 依赖：依赖于一个云供应商（通常称为供应商锁定）。然而，这种情况正在改变。随着公有云在其许多标准产品中融合并在价格上竞争，在云供应商之间移动应用变得更加容易。

机构和个人访问

考虑计算成本的另一种方法是衡量个人对比整体机构的计算成本，个人每周可能只有几个小时的计算需求，而整个机构，如大学或大型研究中心可能会在每周总计使用数万个小时。一个明智的解决方案是让该机构与公有云供应商签署长期合同，允许该机构来为其研究人员付费。有几种途径使这种方法对于机构和云供应商在经济上都具有吸引力。例如，大学可以协商，把云访问作为包含软件许可证或机构数据备份的一揽子交易的一部分。

一个机构也可能有建立私有迷你数据中心所需的资源和专业知识，可以在其中部署一个可供所有员工使用的 OpenStack 云。根据机构及其工作量，这种方法可能比其他方法具有更高的性价比。这也有可能是出于数据保护的需要。这种方法开启了混合解决方案的可能性，当私有云饱和时，你可以将其溢出到公有云端。这通常被称为**云突破**。这种混合解决方案已经成为许多大型企业的常见模式，得到了微软和 IBM 等云供应商的大力支持。亚里士多德（federatedcloud.org）是支持云突破的学术云的一个例子。

4.5 小结

云可以提供计算资源作为服务。可用资源的规模从包含一个虚拟内核和几 GB 内存的虚拟机到完整的 HPC 集群。你使用的服务类型和规模取决于应用程序的性质。以下是示例。

- 你可能只需要一个额外的 Linux 或 Windows 服务器来运行应用程序，并且你不希望用你的笔记本电脑来承载。在这种情况下，运行在具有大内存的多核服务器上的单个 VM 是你可能需要的。你可以在几分钟内部署它，完成后将其删除。
- 你要运行标准应用程序（如数据库）以与其他用户共享。在这种情况下，最简单的解决方案是在专为运行容器而设计的 VM 上，或专用的容器托管服务上运行你所喜欢的数据库的容器化实例。
- 你有一个基于 MPI 的并行程序，不需要数千个处理器来在合理的时间内完成工作。在这种情况下，公有云具有简单的工具来创建可用于你的工作的 HPC 集群。
- 你有一千个任务，会生成需要交互分析的数据。你可以使用 Spark 加上 Jupyter 前端，或者当其可以转换为 MapReduce 计算时，用 Hadoop 也可以。
- 如果这个上千个任务都是松散耦合的，还可以广泛分布，那么 HTCondor 是一个自然的选择。
- 如果要处理来自外部的大量数据流，则数据流流处理工具可能是最佳解决方案。

还有其他需要考虑的因素，其中最重要的是成本和安全。我们将在第 15 章讨论安全。

4.6 资源

每个主流的公有云供应商都提供了如何使用其计算服务的优秀教程。此外，本章所介绍的每个主题都有整本的书籍介绍。我们特别喜欢的四本书是：由 Jurg van Vliet 和 Flavia Paganelli 编写的 Programming AWS EC2 [251]；Andreas Wittig 和 Michael Wittig 编写的 Amazon Web Services in Action [263]；Dan Sanderson 编写的 Programming Google App Engine with Python[231]；Bob Familiar 写的 Microservice，IoT and Azure：Leveraging DevOps and Microservice Architecture to deliver SaaS Solution [119]。我们在后续章节中还会给出另外的资源。

虚拟机的使用和管理

我们每天都生活在被我们的想法所定义的虚拟环境中。

——Michael Crichton

Amazon 在 2006 年引入弹性计算云服务（EC2）标志着云计算真正的开端。EC2 基于虚拟化技术，让一个服务器可以为多个用户同时运行独立的、隔离的操作系统。从那之后，微软、谷歌以及许多其他的公司都引进了基于这项技术的虚拟机服务。

在这一章，我们首先简要介绍虚拟化技术，然后继续描述如何在云上创建和管理虚拟机。我们首先在 EC2 上创建虚拟机，并展示如何连接外部磁盘。然后描述微软的解决方案 Azure，并展示如何通过 Azure 门户和 Python API 来创建 VM 实例。

开源社区在这个领域也很活跃。大约 2008 年，三个项目——加州大学圣巴巴拉分校的 Eucalyptus [212]、马德里 Complutense 大学的 OpenNebula [202]、芝加哥大学的 Nimbus [191]——发布了云软件系列。后来 NASA 在与 Rackspace 公司的协作下发布了 OpenStack，并得到了广泛的支持。我们在这一章描述一个基于 OpenStack 的系统——Jetstream，它是由美国国家科学基金会创建的设施，同时也展示如何在 Jetstream 上建立 OpenStack 虚拟机。我们会在第 12 和 13 章提供关于 Eucalyptus 和 OpenStack 的更多信息。

5.1 历史根源

任何一个现代的计算机都有一系列基本的资源：CPU 数据寄存器、内存寻址机制、I/O 和网络接口。控制电脑的程序是由与指令对应的二进制代码序列来操控这些资源，例如把一个寄存器与另一个寄存器相加的（ADD）操作。

另外，还有很重要的切换上下文（寄存器的内容和其他的一些状态信息）的操作指令，使计算机停止一个程序并开始另一个程序。这些状态管理指令以及 I/O 指令都称为特权指令，并且通常只能直接被操作系统运行，因为你不想让用户能够获得其他计算过程的相关状态信息。

操作系统有能力让用户程序（封装为进程）运行一些非特权指令。但是一旦用户程序试图执行 I/O 操作或者特权指令，操作系统就会俘获这些指令，检查请求，如果请求被证明是可接受的，那么操作系统就会运行程序，来执行该操作的一个安全版本。这种提供一个指令的版本让操作看起来是真实运行的，但是实际上是在软件中做处理的过程叫作**虚拟化**。其他类型的虚拟化，如虚拟内存，是在操作系统引导下直接被硬件处理的。

在十九世纪六十年代后期，七十年代早期，IBM 和其他的一些公司创造了很多虚拟化的变种，并且证明他们能够虚拟化整台电脑 [104]。这就导致了 hypervisor 这个概念的诞生：一个代表多个不同的操作系统管理硬件虚拟化的程序。每一个这样的操作系统实例运行在自己完整的虚拟机上，hypervisor 保证它与运行在同一台电脑上的其他操作系统完全隔离。可以用一个简单的方式来思考它。操作系统通过资源共享允许多个用户进程同时运行。在操作系统背后的 hypervisor 允许多个操作系统共享实际的物理硬件并且并发运行。现今有很多的 hypervisor，例如 Citrix Xen、Microsoft Hyper-V、VMWare ESXi。我们将运行在 hypervisor 管理程序上的访客操作系统称为虚拟机。一些 hypervisor 管理程序作为一个进程运行在宿主机器操作系统之上，例如 VirtualBox 和 KVM，但是，对我们的使用目的来说它们之间的区别很小。

虽然这些技术背景对于我们的头脑是有好处的，但对于了解如何在云中创建和管理虚拟机并不重要。这一章的剩余部分我们会深入了解使用虚拟机来完成科学研究的机制。我们假设你熟悉 Linux，所以示例主要关注如何创建 Linux VM，选择 Linux 并不意味着 Windows 不可用。事实上，在本书中所讨论的三个公有云都允许在 Windows 系统上运行虚拟机，和创建 Linux 的一样简单。所以你如果需要 Windows 虚拟机为你来做一些事情，那么你尽管放心，我们所展示的所有东西都适用于 Windows。如果有例外，我们会指出来。

三个公有云和 NSF Jetstream 云各自都有门户网站，可以引导你完成创建和管理虚拟机实例所需的步骤。如果你从来没有使用过云，从这里开始没问题。我们有选择地介绍一些界面，并描述如何开始使用每个界面。

5.2 亚马逊的弹性计算云

我们首先描述如何在 Amazon 的弹性云计算服务上创建虚拟机实例以及如何连接存储到虚拟机。

5.2.1 创建虚拟机实例

我们从 Amazon 门户网站 aws.amazon.com 开始，可以登录或创建一个账户。图 5-1 显示了登录时看到的内容。我们感兴趣的是虚拟机，因此点击“EC2”或“启动虚拟机”。这会呈现给我们一系列的界面，以及如何启动基本的“Amazon Linux”实例的说明。然后可以指定想要的主机服务实例类型，它决定了我们的虚拟机使用的核的数量、所需的内存大小和网络性能。总共有数十种选择，按从小到大排序，定价也是相应的（以下会详细介绍）。

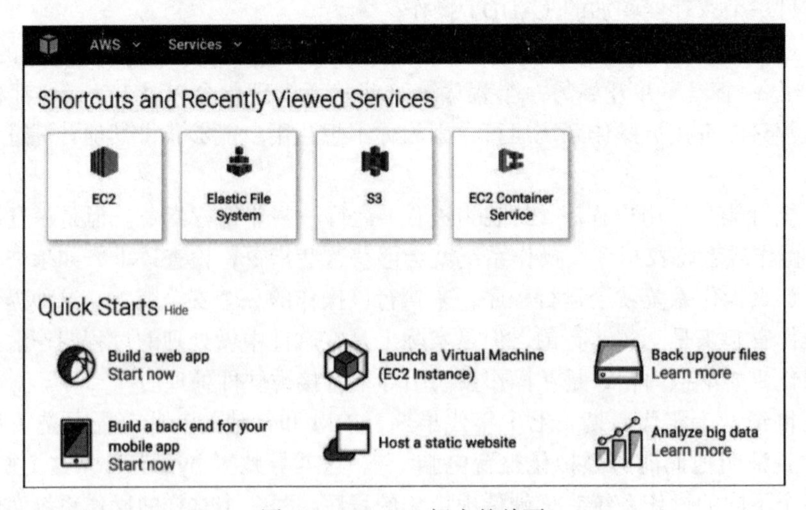

图 5-1　Amazon 门户的首页

启动过程中的一个重要步骤是提供一个密钥对：用于访问运行实例的加密密钥。如果这是你的 EC2 首次体验，你可能会在这个过程的早期被要求创建一个密钥对。你应该这样做，给它取个名字，记住它。然后你将私钥文件下载并存放在你的笔记本电脑上的可以再次访问到的安全位置。相应的公钥存放在 Amazon 上。在你启动你的实例之前，它会询问你要使用哪个密钥对。选择之后，公钥会加载到实例中。其他的重要选择涉及存储选项和安全组。我们稍后再讲这些。一旦你启动了你的实例，可以监视其状态，如图 5-2 所示，你将看到有两个停止的实例和一个新启动的实例。状态检查显示，新实例仍在初始化。过了一会儿，其状态发生变化，显示一个绿色的复选标记，表示该实例已准备好启动。

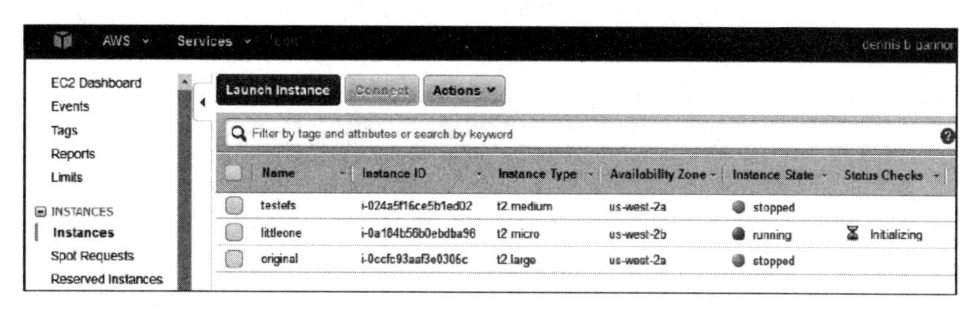

图 5-2 门户实例视图

要连接到你的实例，你需要使用安全的 shell 命令。Windows 使用的工具称为 PuTTY。你需要一个名为 PuTTYgen 的配套工具将下载的私钥转换成可以被 PuTTY 使用的私钥。当你启动它，你使用 ec2-user@IPAddress，其中 IPAddress 是你可以在“门户实例视图”中找到的 IP 地址。PuTTY SSH 选项标签页有一个 Auth 标签，允许你上传转换后的私钥。在 Mac 或 Linux 机器上，可以直接进入 shell 并执行：

```
ssh -i path-to-your-private-key.pem ec2-user@ipaddress-of-instance
```

以下列表使用 Python Boto3 SDK 来创建 Amazon EC2 虚拟机实例。代码很简单：它创建一个 ec2 资源。这样做需要你的 aws_access_key_id 和 aws_secret_access_key，除非你已经把它们存储在你的 .aws 目录中。然后它使用 create_resources 函数请求创建实例。

```
import boto3
ec2 = boto3.resource('ec2', 'us-west-2')
ec2.create_instances(ImageId='ami-7172b611', 't2.micro',
                     MinCount=1, MaxCount=1)
```

ImageId 参数指定要启动的虚拟机镜像，MinCount 和 MaxCount 参数指定所需的实例数。（在本例中，需要五个实例，但如果只有一个可用的话，我们也接受。）还有一些其他可选参数可用于指定实例。例如，实例类型：你想要一个小的虚拟计算机，只有有限的内存和计算能力，还是一个大虚拟机，有很多核和大量的存储？（我们后面会讨论，为后者你将支付更多。）创建了实例后，我们定义并调用 show_instances 函数，它会使用 instances.filter 获取并显示正在运行的实例的列表。最后一行则将结果展示出来：

```
# A function that lists instances with a specified status
def show_instance(status):
    instances = ec2.instances.filter(
        Filters=[{'Name':'instance-state-name','Values':[status]}])
    for instance in instances:
```

```
        print(instance.id, instance.instance_type,
               instance.image_id, instance.public_ip_address)

show_instance('running')
('i-0a184b56b0ebdba98', 't2.micro', 'ami-7172b611', '146.137.70.71')
```

Notebook 7 提供了更多的例子，例如如何挂起并终止实例、检查实例状态和连接虚拟磁盘卷。

5.2.2　连接存储

我们现在讨论可以连接到虚拟机的三种类型的存储，如第 2 章所述：实例存储、弹性块存储和弹性文件系统。**实例存储**是每个虚拟机实例自带的。它很容易访问，但是当你销毁一个虚拟机时，保存在其实例存储中的所有数据都将消失。

我们分配独立于 VM 的弹性块存储（EBS）存储。然后将独立于虚拟机的弹性块存储连接到正在运行的虚拟机。EBS 卷是持续的，因此可以用于我们想要维持的比虚拟机的生命更长的数据库和其他数据集合。此外，它们可以被加密，因此可用于保存敏感数据。要创建 EBS 卷，转到 EC2 管理控制台的卷标签页，并点击“创建卷”。你将看到一个对话框，如图 5-3 所示，你可以在其中选择卷的大小（这里为 20GB）、加密状态、快照 ID 和可用区域。

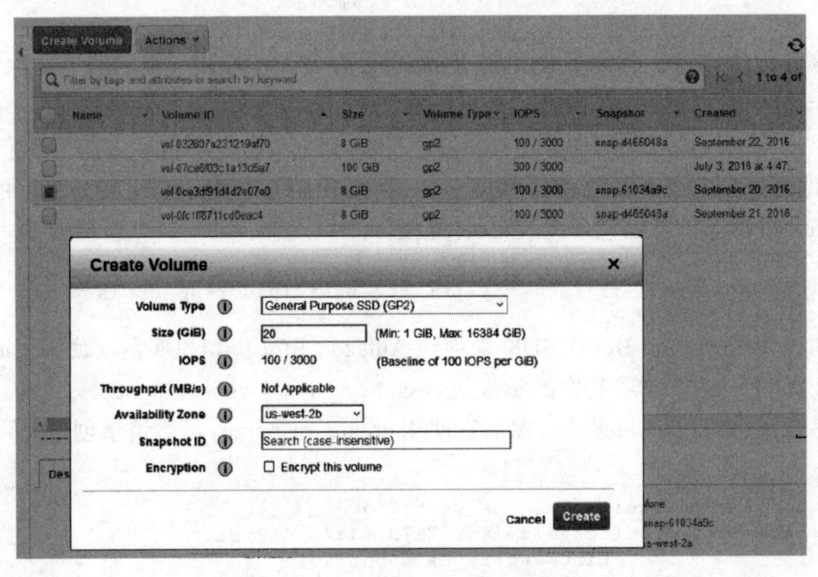

图 5-3　创建一个 EBS 卷

我们选择了 us-west-2b 可用区域，因为要附加卷到之前创建的实例。进行附加的最简单方法是，通过点击卷管理控制台中的“操作”标签。但是，你也可以在 Python 中做大部分的附加和挂载。首先让我们看看当前卷的列表。以下是 IPython 会话的记录：

```
In [3]: vols = ec2.volumes.filter(Filters=[])
In [4]: for vol in vols:
            print(vol.id, vol.size, vol.state)
    ('vol-032807a231219af70', 8, 'in-use')
    ('vol-0bdd0584d0833e691', 20, 'available')
    ('vol-07ce6f03c1a13d5a7', 100, 'in-use')
    ('vol-0ce3df91d4d2e07e0', 8, 'in-use')
    ('vol-0fc1ff8711cd0eac4', 8, 'in-use')
```

可以看到在上面的门户会话中创建的 20GB 卷是可用的，所以把它附加到我们的实例：

```
In [5]: vol = ec2.Volume('vol-0bdd0584d0833e691')
In [6]: vol.attach_to_instance(InstanceId='i-0a184b56b0ebdba98',
                               Device='/dev/xvdh' )
        {u'AttachTime': datetime.datetime(2016,9,23,18,15,49,308000,
                                           tzinfo=tzutc()),
         u'Device': '/dev/xvdh',
         ... more attach metadata not shown ...
        }
```

我们接下来必须挂载卷，为了这个任务，不能使用 Boto3：必须登录到实例并向实例 OS 发出命令。如果有很多实例，我们可能希望在 Python 中编写这个任务。可以使用 ssh 命令将挂载命令提供给实例。首先定义一个辅助函数调用 ssh 并传递一个脚本，如下所示：

```
In [7]: def myexec( pathtopem, hostip, commands):
    ssh = subprocess.Popen(['ssh', '-i', pathtopem,
             'ec2-user@%s'%hostip, commands ],
        shell=False, stdout=subprocess.PIPE, stderr=subprocess.PIPE)
    result = ssh.stdout.readlines()
    if result == ['error']:
        error = ssh.stderr.readlines()
        print >>sys.stderr, "ERROR: %s" % error
        return "error"
    else:
        return result
```

此函数需要你的私钥的路径、实例的 IP 地址和命令脚本字符串。要做挂载，可以如下调用此函数。首先在我们的新虚拟设备上创建一个文件系统。然后在根级别创建一个目录数据，然后在其上挂载该设备。为了验证工作是否完成，调用 df 显示可用空间。

```
In [8]: command = 'sudo mkfs -t ext3 /dev/xvdh\n \
                   sudo mkdir /data\n \
                   sudo mount /dev/xvdh /data\n \
                   df\n '
In [9]: myexec('path-to-pem-file', 'ipaddress', command)
    [output from the mkfs command ... ]
    'Filesystem     1K-blocks    Used Available Use%Mounted on\n',
    '/dev/xvda1       8123812 1211120   6812444  16% /\n',
    'devtmpfs          501092      60    501032   1%/dev\n',
    'tmpfs             509668       0    509668   0%/dev/shm\n',
    '/dev/xvdh       20511356   45124  19417656   1% /data\n'
```

现在已经成功地在新实例上创建并挂载了我们的 20 GB EBS 卷。EBS 存储的一个缺点是它一次只能挂载到一个实例上。我们也可以把它从一个实例上分离出来，数据还在上面，之后可以将它们重新连接到同一可用性区域中的另一个实例。

如果你想要多个实例共享一个卷，那么你可以使用第三种类型的实例存储，称为**弹性文件系统**（Elastic File System），它实现了网络文件系统（NFS）标准。这需要几个额外的步骤来创建和挂载，如附带的 Jupyter 笔记本所示：

> **你想付多少钱？**在为云计算付费方面，公有云服务提供了令人难以置信的选择。例如在 Amazon，从每小时不到一分钱的纳实例，到几美元一小时的大存储或图形处理单元（GPU）系统都有。这只是对于**按需实例**，你需要时可以请求并按小时支付的实例。**预定实例**提供更低的成本（节约高达 75%），如果你预定一到三年的话。**现货实例**允许你出价来

竞标闲置的 Amazon EC2 计算能力。你指定你准备的出的价格，如果亚马逊有未使用的实例，并且你的出价高于当前出价，你就得到你要求的机器——附带条件是，如果你的出价在实例的生命周期内被超过了，实例会终止并且任何在执行的工作都会丢失。现货价格差异很大，但你这样做可以节省很多的钱，特别是在你的计算不紧急的情况下。

让事情更复杂的是不同实例类型的价格，特别是对于现货实例，在不同的亚马逊地区可能也有所不同。因此，真正具有成本意识的云用户可能会试图搜索不同的实例类型和地区，以找到对特定应用程序最佳的价钱。如果你需要自己去这样做的话，将会花很多时间，但研究人员已经为此开发了工具。例如，瑞恩·查德（Ryan Chard）开发了一种成本感知弹性获取程序，作为相对更简单一点的办法，它可以将成本降低高达 95%[90]。

5.3 Azure 虚拟机

Microsoft 的虚拟机服务在 2008 年被发布为 Windows Azure，并在 2010 年对公众发布，在 2012 年扩展到支持 Linux 及其 Python API，在 2014 年更名为 Microsoft Azure。与其他公有云一样，通过门户启动和管理 Azure 上的虚拟机是很简单的。如图 5-4 所示，你有许多虚拟机可以选择。对我们来说特别感兴趣的是“ Linux 数据科学虚拟机”，其中包含 R 服务器、Anaconda Python、Jupyter、Postgres 数据库、SQL Server、Power BI 桌面和 Azure 命令行工具，以及许多机器学习工具。

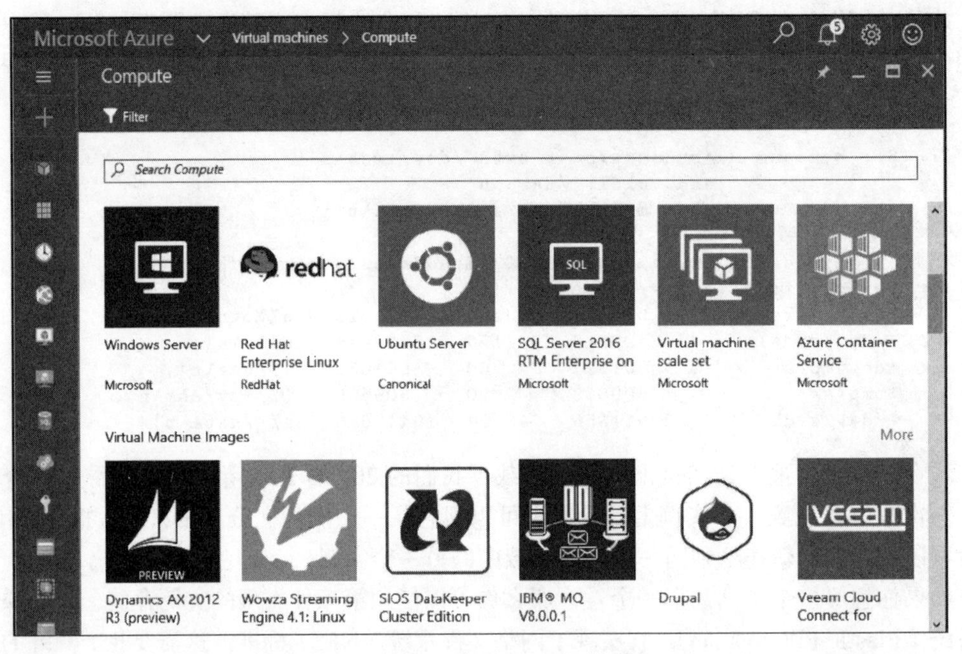

图 5-4 Azure 门户 VM 启动页面

与 Amazon 一样，人们可以编写一个 Python 脚本用 Azure Python SDK 来启动这个虚拟机，我们在第 3 章中介绍过。然而，另一个用于 Azure Python 虚拟机管理的 SDK：Hyungro Lee 的简单 Azure（Simple Azure）[179]，允许你按如下所示启动数据科学虚拟机。（一旦状态检查返回“成功”，你的镜像就已经在运行并且你可以连接到它。）

```
import simpleazure.simpleazure as sa
a = sa.SimpleAzure()
a.get_config()  # loads your credentials
img = a.get_registered_image(name="Azure-Data-Science-Core")
a.set_image(image = img)
a.set_location("West Europe")
a.create_vm()

#now check status
vars(a.get_status())
```

使用 Simple Azure，还可以轻松启动一个 IPython 集群并从 Jupyter 进行控制。详细信息在 Simple Azure 的文档[179]中提供。

5.4 谷歌云虚拟机服务

你可以用类似 Azure 和 Amazon 的方式从 Google 的云门户创建虚拟机实例。命令行界面也可以用来管理虚拟机，但 Google Cloud Python SDK 没有提供从 Python 脚本启动虚拟机的方式。相反地，Google 提供了一个独特的运行系统，在云中运行 Python 应用程序，称为 AppEngine。AppEngine 应用程序通常是自动扩展的 Web 服务，这种能力对一些科学应用很有用。我们推迟讨论 Google 的计算产品到第 7 章，在那里会讨论 Google 的 Kubernetes 和云容器服务。

5.5 Jetstream 虚拟机服务

Jetstream 云使用名为 Atmosphere 的 Web 界面，允许用户以类似于公有云所支持的方式选择并运行虚拟机镜像。主要区别在于可用的镜像列表中包含了专门为科学界打包的很多镜像。下面是几个例子：

- 具有 MATLAB 的 CentOS 6 系统，预先安装了具有 Jetstream 可用的许可证的工具。
- Bio-Linux 8，向 Ubuntu Linux 14.04 LTS 基础版添加了超过 250 种生物信息学软件包，提供约 50 个图形应用程序和几个百个命令行工具。
- 具有准确物种 TRee 算法（ASTRAL）的种系生物学软件包。
- CentOS RStudio，其中包含了 Microsoft R Open 和 MKL（Rblas）。
- Wrangler iRODS 4.1 和易于在 XSEDE 资源上生成 iRODS 客户端环境的设置脚本。
- Docker，启动 Docker 容器的平台。
- EPIC 建模与模拟，基于 Ubuntu 14.04.3 的显式星球等熵坐标（EPIC）的大气模型。

许多 Ubuntu 和 CentOS 发行版也提供各种各样的软件开发工具。

Galaxy 是生物信息学工具包的黄金标准，可用且广泛用于 Jetstream。Galaxy 服务器预配置了数百种工具和常用的参考数据集。负责 Galaxy（银河）主服务器的约翰·霍普金斯大学的银河工作组，能够将用户作业分流到 Jetstream 上运行的实例。在任意一个时间，大约有 200 个 Galaxy 虚拟机实例运行在 Jetstream 上。Galaxy 项目 wiki[20]描述了如何部署最新的 Galaxy 镜像。

要在 Jetstream 上创建虚拟机，你必须首先通过 XSEDE 分配过程（www.xsede.org/allocations）请求一个账户和分配。一旦分配好后，你可以登录系统的门户网站，看到一个描述你的配置的页面。顶部的横栏如图 5-5 所示。

图 5-5　Jetstream Atmosphere 的顶层页面的横栏

你应该首先在横栏中选择“项目”标签页，这样就可以访问你当前的项目或创建一个新项目。一旦你有一个项目，你可以选择它，你将看到项目中创建的实例、数据卷和镜像的列表。通过选择“新”(NEW) 按钮，你可以搜索你最感兴趣的镜像。

图 5-6 显示了用 Jetstream 搜索功能找到一个安装了 Docker 的镜像。一旦你选择一个镜像并点击“启动实例”按钮，系统将提示你进行机器配置。然后你可以在项目页面上监视你的部署，如图 5-7 所示，我们看到两个暂停的小实例和一个新的中等大小的实例。

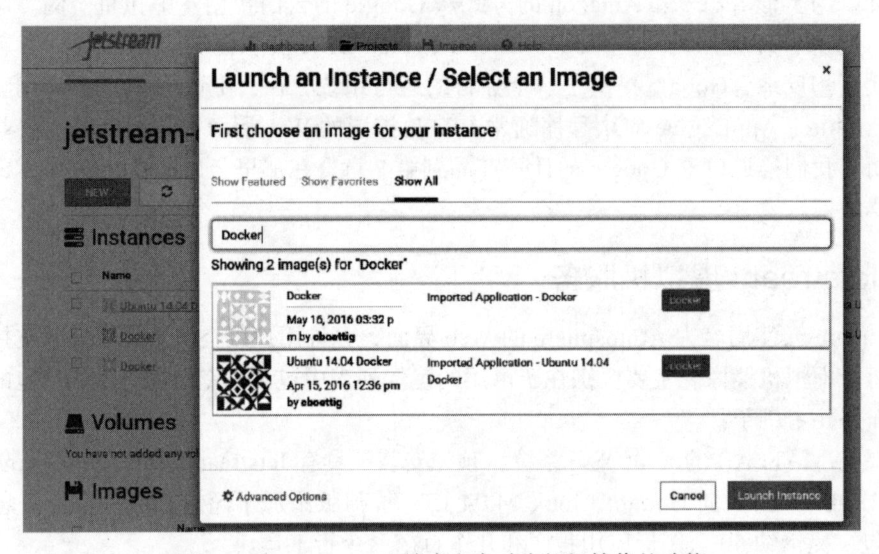

图 5-6　在 Jetstream 上搜索和启动虚拟机镜像的功能

jetstream-docker

NEW

Instances

Name	Status	Activity	IP Address	Size	Provider
Ubuntu 14.04 Docker	Suspended	N/A	N/A	M1.small	Jetstream - Indiana University
Docker	Suspended	N/A	N/A	M1.small	Jetstream - Indiana University
Docker	Active	Networking	129.114.16.142	M1.medium	Jetstream - TACC

图 5-7　显示虚拟机部署进程的项目页面

5.6　小结

本章描述了如何在我们选择的云上配置和启动单个虚拟机。每个系统都提供一个使配置更容易的门户。公有云还提供可用于程序化创建和管理虚拟机的命令行 SDK。Amazon、

Azure 和 OpenStack 也有 Python SDK。Google 为其 AppEngine 提供了一个 SDK，这里我们不做具体的阐述。我们发现 Amazon Python SDK 用于启动虚拟机并管理存储的功能比较全面。Azure SDK 也是这样，但 Simple Azure 软件包（建立在标准的 Azure SDK 上）使得在 Azure 上启动虚拟机尤其简单。Jetstream 的 Atmosphere Web 界面让启动虚拟机变得很容易。也可以使用适用于 OpenStack 的 CloudBridge Python SDK，请参阅 Notebook 6。

5.7　资源

这里描述的所有代码示例都打包成了 Jupyter 笔记本，在第 17 章中描述。

第 6 章

Cloud Computing for Science and Engineering

使用和管理容器

一沙一世界。

——William Blake，《天真的预言》

容器已经成为替代虚拟机封装云应用程序的最有趣、最通用的方案之一。它们能让你无需修改源代码或重新编译 Windows PC、Mac 或者任何云上的应用就能运行。在这一章中，我们将看看它们的发展历史，以及使它们发挥作用的关键思想，当然还有如何在云上使用它们。我们专注于 Docker，一种最知名和使用最广泛的容器技术，它很容易下载和安装，并且是免费的。

首先讨论容器的一些基本知识。我们将展示如何安装 Jupyter 和 Docker，还会介绍一些被容器化的科学应用。然后我们将提供一个简单的例子，说明如何创建你自己的容器，并在云中和你的笔记本电脑上运行。

6.1 容器的基础知识

人们过去认为最好的（在很多情况下也确实是）封装软件用于云中部署的方法是创建虚拟机镜像。该镜像可以与其他人共享，例如将其放在 Amazon 镜像库或是微软镜像仓库中。然后，任何人都可以在适当的数据中心部署和运行该镜像。然而，并非所有虚拟化工具都是相同的，因此要在 Azure 或者其他云上运行 Amazon 的虚拟机是一个很大的问题。关于这种情况的优点和缺点有无穷多的争论，通常都会变成这样的论断："这是又一种奸诈的供应商绑定"。为了解决这个问题，人们想了很多的办法。

同时，很多人也意识到，Linux 内核有一些很好的功能，可以用来限制和封装进程的资源使用：特别是控制组和命名空间隔离。这些功能允许在宿主文件系统之上叠加新的私有虚拟文件系统组件，以及特定的分区进程空间，以便应用程序使用以虚拟化方式存储在叠加文件系统中的库运行。从实用角度来说，运行在容器中的程序看起来像在自己的虚拟机中运行，但不需要打包完整的操作系统。被包含的应用程序使用宿主 OS 的资源，甚至可以控制专用于每个容器的资源量：例如，CPU 百分比以及内存和磁盘空间量。

到 2013 年中期，一家名为 dotCloud 的小公司发布了一个工具，提供了更好的部署封装应用程序的方法。该工具成为了 Docker，dotCloud 公司也变成了 Docker 公司（docker.com）。微软也想出了如何在 Windows 中做同样的事情。还有其他的容器技术存在，但在本书中我们主要关注 Docker。

Docker 允许应用程序以容器方式提供，其中封装了应用程序的所有依赖关系。该应用程序看到的是完整的私有进程空间、文件系统和网络接口，与同一宿主操作系统上的其他容器中的应用程序是隔离的。Docker 隔离提供了一种组织大型应用程序的方法，以及运行容器并让它们相互通信的简单方法。当 Docker 安装在 Linux、Windows 10 或 Mac 上时，它运行在一个名为 Alpine 的基础 Linux 内核上，每个容器实例都基于这个内核。后面会讲到，其他操作系统功能建立在该基础之上。这种分层是跨云的容器可移植性的关键。

Docker 旨在支持各种分布式应用程序。现已广泛应用于互联网行业，包括被 Yelp、Spotify、百度、Yandex、eBay 等大型企业使用。重要的是，Docker 得到了主要的公有云供应商的支持，包括 Google、Microsoft、Amazon 和 IBM。

要了解如何构建和使用容器，必须了解容器中的文件系统是如何层叠在现有宿主服务之上的。其关键则是**联合文件系统**（UFS，更准确地说，先进的多层统一文件系统（AuFS））和一种称为写时复制的特殊属性，允许系统在多个容器中重用很多数据对象。

Docker 镜像由联合文件系统中的层级组成。镜像本身只是由一些只读目录堆叠起来的。其基础是一个简化的 Linux 或 Windows 文件系统。如图 6-1 所示，容器需要的其他工具，层叠在该基础之上，每个工具都在其自己的层中。当容器运行时，在最上层再叠加一个可写的文件系统。

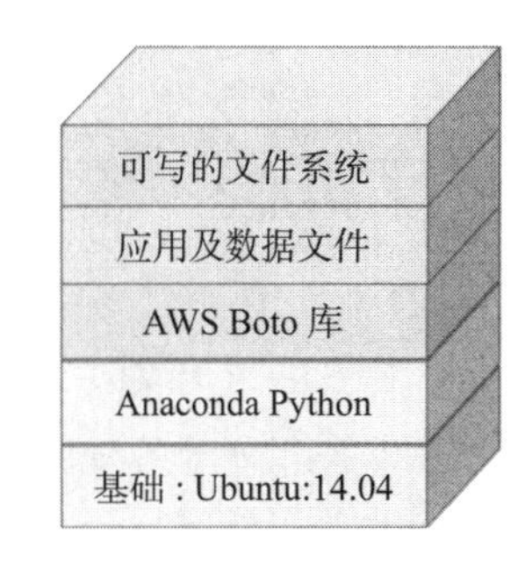

图 6-1　Docker 联合文件系统在一个标准的基础上分层

当容器中的应用程序执行时，它使用可写层。如果需要修改只读层中的对象，则将这些对象复制到可写层中。如不需要，它将使用与其他容器实例共享的只读层中的数据。因此，在运行容器时通常只有一小部分容器镜像需要实际加载。因此，容器的加载和运行速度比虚拟机快得多。事实上，启动容器通常需要不到一秒钟，而启动虚拟机可能需要几分钟。

除了容器镜像中的文件系统层级之外，还可以将宿主机目录作为文件系统加载到容器的操作系统中。通过这种方式，容器可以与宿主共享数据。多个容器也可以共享这些已加载的目录，并可以将它们用于共享数据的基本通信。

6.2　Docker 和 Hub

Docker 网站 Docker.com 提供了在 Linux、Mac 或 Windows 10 PC 上安装 Docker 所需的工具。该网站还链接到 Docker Hub，这是一个公共资源，你可以在其中存储自己的容器，并搜索并下载数百个公共容器。

在笔记本电脑上用 Docker 安装 Jupyter。首先你必须在机器上安装 Docker。虽然在 Linux、Mac 或 PC 上的细节有所不同，但安装 Docker 是一个简单的过程，类似于安装新的浏览器或其他桌面应用程序，你可以按照 Docker.com 网站的下载和安装说明来操作。Docker 没有图形界面：它基于命令行 API。因此，你需要在机器上打开“powershell”或“terminal”窗口。这之后 Docker 的命令在 Linux、Mac 或 PC 上都是相同的。

一旦你安装了 Docker，你可以通过执行 docker ps 命令来验证它是否正在运行，该命令会告诉你哪些容器正在运行。你将看到以下输出，因为还没有容器在运行。

```
C:\> docker ps
CONTAINER ID  IMAGE  COMMAND  CREATED  STATUS  PORTS    NAMES
C:\>
```

我们使用 docker run 命令启动 Jupyter。以下示例使用支持的许多参数中的两个。第一

个标志 -it 会导致打印出一个 URL，里面有一个可用于连接到新的 Jupyter 实例的令牌。第二个参数 -p 8888:8888 将容器的 IP 栈中的端口 8888 绑定到本机上的端口 8888。最后，该命令指定容器的名称，即在 Docker Hub 中可以找到的容器 Jupyter/scipy-notebook。

```
C:\> docker run -it -p 8888:8888 jupyter/scipy-notebook
Copy/paste this URL into your browser when you connect for the
first time, to login with a token:
  http://localhost:8888/?token=b9fc19aa8762a6c781308bb8dae27a...
```

重新运行 docker ps 命令，会显示我们刚刚创建的 jupyter notebook 正在运行（让人有点困惑的是两个输出行都换行了）。

```
C:\> docker ps
CONTAINER ID    IMAGE                    COMMAND               CREATED
STATUS           PORTS                    NAMES
6cb4532fa0b     jpyter/scipy-notebook   "tini--start-note"   6 seconds ago
up 5 seconds     0.0.0.:8888->8888/tcp   prickly_meitner
C:\>
```

当你第一次对某一容器执行此命令时，它需要搜索并下载容器文件系统的各种元素，这可能需要几分钟的时间。因为容器 jupyter/scipy-notbook 在 Docker Hub 中，它会找到该容器并开始下载它。一旦下载完成就将启动容器。容器镜像现在是在本地的，因此，下次运行它时，只需要几秒钟就可以开始。

docker ps 输出包括一个自动生成的实例名称，在本例中是 prickly_meitner。要杀死实例，运行 docker kill prickly_meitner 即可。

Docker 有很多标准的功能值得了解。标志 -it 将容器的标准 I/O 连接到运行 docker 命令的 shell。我们在启动 Jupyter 时用过该命令这也是为什么我们可以看到输出。如果你不想在运行时与容器进行交互，可以使用标志 -d 使其在后台模式下运行。

Docker 机制还允许容器访问宿主机上的磁盘卷，以便容器中的进程可以保存文件（当一个容器被终止时，它的文件系统也会消失），或访问你本地的数据集合。要在笔记本电脑上将本地目录挂载为 Docker 容器的文件系统上的卷，用 -v localdir:/containername 标志。（如果你在 Windows 10 上运行，则需要访问 Docker 设置，并允许 Docker 查看和修改 C 盘。）

以下命令说明了 -it 和 -v 标志的用法。首先在 Mac 上使用 docker 命令来启动一个 Linux Ubuntu 容器，把 Mac/tmp 的目录挂载为 /localtmp。由于用了 -it，我们将看到新启动的 Ubuntu 容器的命令提示符。然后在容器中运行 df 来列出其文件系统，其中包括 /localtmp。

```
docker run -it -v /tmp:/localtmp ubuntu
root@3148dd31e6c7:/# df
Filesystem      1K-blocks       Used  Available Use% Mounted on
none             61890340   41968556   16754860  72% /
tmpfs             1022920          0    1022920   0% /dev
tmpfs             1022920          0    1022920   0% /sys/fs/cgroup
osxfs           975568896  143623524  831689372  15% /localtmp
/dev/vda2        61890340   41968556   16754860  72% /etc/hosts
shm                 65536          0      65536   0% /dev/shm
root@3148dd31e6c7:/#
```

请注意，当连接到新容器时，我们以 root 身份执行。运行 Jupyter 总是会有一些安全挑战，特别是你在具有公共 IP 地址的机器上运行时。你需要使用 HTTPS 和密码，尤其是在云中的远程虚拟机上运行它。我们可以通过在 run 命令上使用 -e 标志来将环境标志传递给

Jupyter 来配置这些选项。例如，-e GEN_CERT = yes 告诉 Jupyter 生成一个自签名 SSL 证书，并使用 HTTPS 而不是 HTTP 进行访问。要告诉 Jupyter 使用密码，需要做更多的工作。启动 Python 并给出以下命令创建散列密码：

```
In [1]: import IPython
In [2]: IPython.lib.passwd()
Enter password:
Verify password:
Out[2]: 'sha1:db02b6ac4747:fc0561c714e52f9200a058b529376bc1c7cb7398'
```

记住你的密码并复制输出的字符串。假设我们还想将一个本地目录 c:/tmp/docmnt 加载到容器内的本地目录 docmnt 中。Jupyter 有一个名为 jovyan 的用户，工作目录是 /home/jovyan/work。那么运行 Jupyter 的完整命令就是：

```
$ docker run -e GEN_CERT=yes -d -p 8888:8888 \
     -v /tmp/docmnt:/home/jovyan/work/docmnt \
      jupyter/scipy-notebook start-notebook.sh \
      --NotebookApp.password='sha1:.... value from above'
```

此命令通过 HTTPS 和你的新密码启动 Jupyter。当容器启动后，你可以通过宿主机的 IP 地址和端口 8888 用 HTTPS 连接到它。由于你为此站点创建的是自签名证书，你的浏览器可能会抱怨这不是有效的网页。你可以接受该风险，然后你会看到如图 6-2 所示的页面。

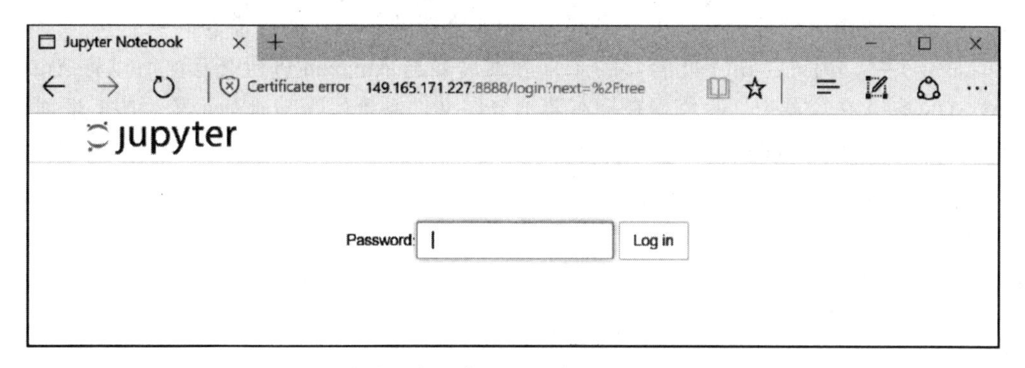

图 6-2　接受安全异常后，浏览器中的 Jupyter 视图

6.3　容器用于科学

有大量的科学应用已经容器化，而且数量日增。以下是 Docker 库中的几个科学应用。

- 无线电天文学工具，包括 LOFAR、PyImager 和 MeqTree 的容器。
- 对于生物信息学，有非常流行的 Galaxy 工具包，包含很多种形式，而且还有汉堡大学的基因组工具包。
- 对于数学和统计学，有 R 和 Python，它们与 NumPy 打包在一起，其他库也以各种组合形式存在。
- 对于机器学习，有用 Julia 和许多版本的 Spark 编写的完整的 ML 算法集合，还有 Vowpal Wabbit 工具和 scikit-learn Python 工具。
- 对于地理空间数据，有一个带有 geoserver 的容器。
- 对于数字存档和数据管理，有 DSpace 和 iRODS 的容器。

- iPlant 联盟开发了 Agave 科学即服务平台（agaveapi.co），它的很多组件现在都容器化了。
- UberCloud 项目（theubercloud.com）提供了很多容器化的科学和工程应用。

在上述各种情况下，你都可以在几秒钟内在安装了 Docker 的 Linux、Mac 或 PC 上启动软件的运行实例。那么能说我们已经解决了所有的云中的科学与工程问题吗？不幸的是还没有。如果要运行一个共享大量工作负载的 Docker 容器集群，该怎么办？或者是需要一个很大的 Spark 部署？我们在第 7 章中讨论这些主题。

Binder 代表了容器的另一个极好的用途。Binder 允许你从 GitHub 中拿出一个 Jupyter Notebook，并自动构建一个容器，当在 GitHub 调用时能够在一个 Kubernetes 集群上启动。（我们在 7.6.5 节中描述了 Kubernetes。）

6.4　构建你自己的容器

创建你自己的容器镜像并将其存储在 Docker Hub 中是十分简单的。假设你已经有一个 Python 应用程序，能够启动一个 Web 服务器，等待你提供输入，然后用该输入可以打开并显示一个图像。现在让我们把这个小服务器及其镜像数据构建为一个容器。我们使用基于 Bottle 框架的 Python 应用程序来创建 Web 服务器。（此示例的所有代码可在本书的网站的"**附加**"（EXTRAS）标签页中找到。）假设所有图像都作为 jpg 文件存储在名为 images 的目录中。我们将使用这个容器作为其他科学 Python 容器的基础，所以需要确保它包含所有标准的 SciPy 工具。另外，由于此容器的未来版本需要与 Amazon 进行交互，所以将 Amazon Boto3 SDK 包含在容器中。我们现在拥有容器分层文件系统所需的所有元素。接下来创建一个名为 Dockerfile 的文件，如下所示。

```
FROM jupyter/scipy-notebook
MAINTAINER your name <yourname@gmail.com>
RUN pip install bottle
COPY images /images
COPY bottleserver.py /
ENTRYPOINT ["ipython", "/bottleserver.py" ]
```

第一行指定我们想要建立在 jupyter/scipy-notebook 之上，它是在 Docker Hub 上得到良好维护的容器。也可以从更低级别开始，比如基本的 Ubuntu Linux。但是，除了 Boto3 和 Bottle 之外，jupyter/scipy-notebook 有我们需要的所有东西，所以运行 pip install 来添加这些层。接下来添加图像，最后是 Python 源代码。ENTRYPOINT 行告诉 Docker 容器运行时要执行的操作。我们现在可以使用 docker build 命令构建容器。结果如图 6-3 所示。

```
> docker build -t="yourname/bottlesamp" .
Sending build context to Docker daemon 264.2 kB
Step 1 : FROM jupyter/scipy-notebook
 ---> 3e6809ce29ee
Step 2 : MAINTAINER Your Name <you@gmail.com>
 ---> Using cache
 ---> 5f09a5508c7b
Step 3 : RUN pip install boto3
 ---> Using cache
 ---> 74cfec535986
Step 4 : RUN pip install bottle
```

图 6-3　Docker build 命令的输出

```
 ---> Using cache
 ---> d5a33c1b900a
Step 5 : COPY images /images
 ---> Using cache
 ---> 8cff8cd7c147
Step 6 : COPY bottleserver.py /
 ---> ebcb834dcc23
Removing intermediate container 8b3415f5ab12
Step 7 : ENTRYPOINT ipython /bottleserver.py
 ---> Running in c6d63ce5b327
 ---> c0ba12fd36d8
Removing intermediate container c6d63ce5b327
Successfully built c0ba12fd36d8
```

图 6-3 （续）

第一次运行 docker build 时，它会下载用于 jupyter/scipy-notebook、Boto3 和 Bottle 的所有组件，这将需要一分钟左右的时间。在下载完这些组件之后，它们会缓存在本地机器上。请注意，所有 pip install 被运行并叠加到文件系统中。连 Python 代码都被解析以检查错误（请参阅步骤 7）。由于这个预安装，当容器运行时，一切需要的组件都已经就绪了。

```
Docker run -d -p 8000:8000 yourname/bottlesamp
```

你可以创建一个免费的 Docker 账户，并将你的容器保存到 Docker Hub，如下所示。现在你就可以将容器下载到云端并在那运行了。

```
docker push yourname/bottlesamp
```

6.5 小结

容器为封装科学应用程序提供了一种极好的工具，你可以将它们部署在任何云端。我们展示了如何用 docker run 命令在任何支持 Docker 的笔记本电脑或云虚拟机上部署 Jupyter。还有很多的其他科学应用程序都被打包为容器，从标准生物信息学工具如 Galaxy 到 Matlab 商业软件，而且可以很容易地下载和使用。

我们还展示了如何从最基本的层构建一个容器，以及将你自己的应用程序及其依赖项层叠在其上。容器可以运行在一个核的一小部分上，或者控制多核服务器上的多个核。容器可以将宿主系统中的目录作为卷挂载，单个宿主机上的多个容器可以共享这些卷。本节中没有讨论的一个名为 Docker-compose 的工具，可以允许容器通过消息相互通信。我们将在第 7 章中描述如何在大型集群上协调数百个容器。

6.6 资源

我们在这里只涵盖了一部分 Docker 的功能。幸运的是，有许多优质的在线资源可以查阅。在关于 Docker 的许多本书中，我们特别喜欢 The Docker Book [249] 和最近的 Docker: Up & Running [192]。还有其他用于构建和执行容器的技术。singularity [177]（singularity.lbl.gov）已经吸引了 HPC 社区的兴趣。

弹 性 部 署

我定睛在一大片云上，当它离开我的视线时，我希望我能有幸跟它一起走。

——Sylvia Plath，《瓶中美人》

公有云是从零开始构建的，允许客户根据他们的需求弹性扩展他们部署的服务。在产业界对弹性扩展最常见的需求是让服务能够支持成千上万的并发用户。例如，一个在线流媒体网站最初可以部署在单个 VM 实例上。随着业务的增长，在高峰时段可能需要扩展到使用几百甚至上万个服务器，然后在业务需求较小的时候服务器的数量又能缩减。

正如我们将在第 14 章讨论的，这种多用户的伸缩对一些研究人员也很有用。然而，科学家和工程师面临的更迫切的需求往往是运行更大型的仿真或处理更多的数据。为此，他们需要能够快速方便地访问 10、100 或 1000 台服务器，然后在这些服务器上高效地运行并行程序。在本章中，我们将描述如何在云中开展不同形式的并行计算，以及如何使用云中的一些软件工具来完成这个工作。

在本书第三部分中谈到数据分析、流媒体和机器学习这些格外需要大规模计算服务的话题时，我们将回顾这些工具。

7.1 云中并行计算的范式

我们在本章中介绍五种常用的用于云弹性部署的并行计算范式。

第一种是高度同步的**单程序多数据**（SPMD）计算。这个范式是超级计算机应用程序的主要计算方式，通常是科学程序员遇到云时第一个想要尝试的方案。我们将展示如何在云中使用 SPMD 编程模型，并指出需要注意哪些方面以获得良好的性能。

第二种范式是**多任务并行计算**，在这种模式下一个大任务队列可以以任何顺序执行，每个任务的结果存储在数据库或文件中，或者用于创建一个新任务并添加到队列中。这种计算模式被早期的并行计算研究人员称为“尴尬的并行计算”[131]；我们更喜欢称其为“快乐的并行计算”。这种模式跟云很搭配。

第三种范式是**批量同步并行计算**（BSP），BSP [139] 实际上是分析并行算法的模型。它基于执行的进程或线程，彼此独立地进行计算，然后在同步点交换数据。这种模式下进程需要在同步点等待以和其他进程交换数据。BSP 的一个例子是 Google 著名的 MapReduce 风格，这种编程风格现在在 Hadoop 系统被广泛使用。

第四种范式是**图形执行模型**，其中计算由一个有向的，通常是无环的任务图表示。执行从图形的源节点开始。当一个节点的所有入边表示的任务成功完成时，这个节点将被调度执行。可以通过手工构建任务图，也可以由编译器从更传统的可以直接或间接地描述图结构的程序中生成图。我们在第 8 章和第 9 章中描述图形执行系统，包括数据分析工具 Spark 和 Spark Streaming、Apache Flink、Storm 和 Google Dataflow 系统。图形执行模型也用于机器学习工具，如 Google TensorFlow 和 Microsoft Cognitive Toolkit 系统，我们在将在第 10 章中讨论这些。在许多情况下，图形节点的执行涉及对一个或多个分布式数据结构的并行操作。如果图只是节点的线性序列，则这种执行就成为 BSP 并发的一个实例。

第五个范式是**微服务**和 Actor 机制。在并行编程的 Actor 模型中，计算由许多进行消息通信的 Actor 执行。每个 Actor 都有自己的私有存储空间，在收到一个消息时就开始执行一些操作。根据该消息的内容，Actor 可以改变其内部状态，然后发送消息给其他 Actor。你可以将 Actor 实现为简单的 Web 服务。如果再将服务在很大程度上限制为无状态的，这就是微服务的概念，微服务是大型云应用的主要设计范式。微服务通常实现为容器实例，它们依赖于强大的容器管理基础设施，如 Mesos [154] 和 Kubernetes [79]，我们将在后面的部分中介绍这些内容。

我们将在下面讨论如何在云环境中实现这些范式，看看 GPU 加速器对云中科学的影响，并研究如何构建传统的高性能计算（HPC）集群。然后，我们转向更多以云为中心的系统，这些系统已经发展为可扩展的数据分析系统。最后一组包括用于管理大型微服务集合的 Mesos 和 Kubernetes，以及 MapReduce 风格的计算系统，如 Hadoop 和 Spark。

7.2 SPMD 和 HPC 风格的并行

科学家和工程师经常问的问题是“我可以在云中执行传统的高性能计算（HPC）吗?”，答案曾经是“不行”：事实上，2011 年美国能源部的报告 [223] 和 2012 年美国国家航空航天局（NASA）的报告 [196] 都认为云并不符合 HPC 应用的要求。然而，随着云供应商部署了高速节点和专门的处理器间的通信硬件，事情发生了变化。现在在配置了适当数量处理核的云系统上，HPC 应用可以有很棒的性能。我们接下来讨论。

7.2.1 云中的消息传递接口

消息传递接口（MPI）仍然是科学与工程中大规模并行计算的标准。该规范允许可移植的和模块化的并行程序，它的实现则可以让通信进程频繁地和高速地交换消息。Amazon（aws.amazon.com/hpc）和 Azure（azure.microsoft.com/en-us/solutions/big-compute）都在其数据中心提供了专用的 HPC 风格的集群硬件，这些硬件可以帮助 MPI 应用程序实现高性能。周期计算（Cycle Computing）2015 年的报告中提到：“对于大多数工作任务，当处理器在 256 个核以下时，我们看到 MPI 应用程序在 EC2 和在超级计算机上运行的性能相当，对于某些非紧密耦合的工作任务，甚至可以达到 1024 个核。” [156] 获得良好性能的关键在于配置更加先进的网络，我们将在下面讨论如何在 Amazon 和 Azure 上创建虚拟集群。

7.2.2 云中的 GPU

图形处理单元（GPU）被用作超级计算机的加速器已经有大约 10 年时间。很多一流的超级计算应用程序现在依靠具有 GPU 的计算节点来给密集的线性代数计算提供大幅加速。巧合的是，这种类型的计算方式对于训练**深度神经网络**（NN）来说非常重要，这些技术是机器学习这个技术行业中的一个核心关注点。因此，GPU 正在进入云服务器也并不奇怪。

当前系统中最常见的 GPU 来自 NVIDIA，并在名为 CUDA 的系统中使用单指令多数据（SIMD）模型进行编程。实际上，SIMD 操作是阵列操作，其中每条指令都会应用于整个数据数组。例如，2017 年，NVIDIA 最先进的 K80 GPU 拥有 4 992 个 CUDA 内核，具有双

GPU设计，提供高达2.91teraflops（10^{12}次浮点运算/秒）的双精度计算性能和8.73teraflops的单精度计算性能。亚马逊、微软和IBM已经将具有K80支持的服务器用于其公有云。亚马逊EC2 P2实例最多包含八个NVIDIA特斯拉K80加速器，每个运行一对NVIDIA GK210 GPU。Azure NC24r系列具有四个配置了224GB内存、1.5TB固态硬盘（SSD）和高速网络的K80。有了这些，你就不需要配一个特大集群来创建一个满足petaflop（10^{15}次浮点运算/秒）计算的虚拟机。

用于质子疗法的MPI云计算。该示例说明了专用的节点类型（在这个例子中是具有10G/秒通信带宽的配置了GPU的节点）可以让云计算为时间敏感的医疗应用提供神奇的计算能力。它还涉及使用MPI进行实例间通信，使用Apache Mesos用于获取和配置虚拟集群，以及Globus用于医院和云之间的数据移动。

Chard及其同事已经成功使用云计算来重建了用于质子癌治疗的三维质子计算机断层扫描（pCT）图像[91]：参见图7-1。在典型的临床使用模式中，质子首先用于在线位置验证扫描，然后对准癌细胞。验证扫描的结果必须快速返回。

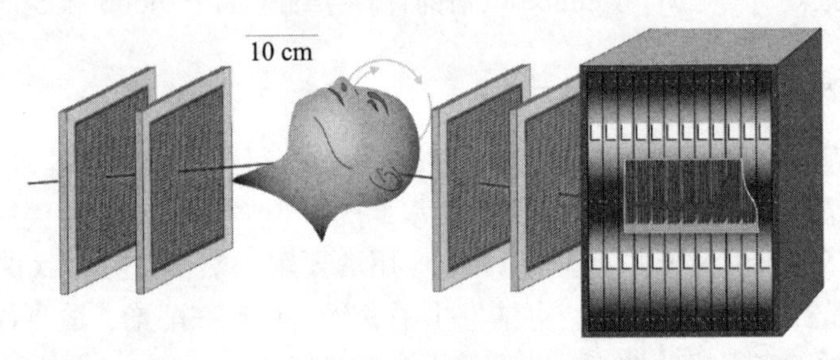

图7-1　质子计算机断层扫描成像。质子从左至右穿过传感器平面，扫描整个目标，最后停止在右侧的探测器上

单个重建可能需要分析大约20亿个50字节的质子历史，因而输入数据集有大约100GB。重建过程很复杂，涉及多个过程和多个阶段。首先，每个参与进程将质子历史的一个子集读入存储器，并执行一些初步的计算以去除异常的历史。然后，滤波反投影用于估计初始重建方案，基于它对穿过目标的质子估计最可能的路径（MLP）。每个质子的MLP的像素点集会指定一组非线性方程中的非零系数，然后必须迭代地求解以构建影像。该求解过程需要大块的时间，可以通过使用GPU以及通过缓存MLP路径（20亿个历史影像高达2TB）来加速，以避免重新计算。

Chard等使用由Karonis及其同事开发的高性能的、基于MPI的并行重建代码来进行处理这个问题，在配备了60个GPU的计算节点的独立集群上运行时，可以在七分钟内重建有二十亿条历史记录的影像[167]。他们将此代码配置到满足计算性能和内存要求，并配备了GPU的Amazon虚拟集群的计算实例上运行。它们在每个实例上部署了可以运行pCT软件加上相关依赖关系（例如用于实例间通信的MPI）的虚拟机镜像。

开发这种pCT重建服务的动机是为来自很多医院的pCT数据提供快速的数据处理周期，临床使用质子治疗有这样的要求。因此，pCT服务还包含一个调度器组件，负责接受来自客户医院的请求，并获取和配置适当大小的虚拟集群（大小取决于要处理的质子历史数量），然后将重建任务分配给这些集群。为此他们使用Apache Mesos调度器（7.6.6节），还有Globus传输服务（3.6节）进行数据移动。

> 使用 Amazon 现货实例的 pCT 服务每个影像的重建仅需 10 美元。（有关现货实例的讨论，请参见 5.2.2 节。）这是一个革命性的新功能，想象一下相对的替代方案是每个医院的质子治疗系统都需要获取，安装和操作一个专用的 HPC 集群。

7.2.3　在 Amazon 云上部署 HPC 集群

一个很有用的在 Amazon 云上构建 HPC 集群的工具是 Amazon 的 CloudFormation 服务，它可以自动部署复杂的相关服务的集合，例如多个 EC2 实例、负载均衡器、连接这些组件的特殊子网络以及可以应用到整个集群的安全组策略。具体的部署由一个包含了所有必需参数的模板来指定。当在模板中所有必需的参数值都设定了时，你就可以按照模板启动多个相同的实例部署。你可以创建新的模板，也可以修改现有模板。

我们不在这里深入探讨那些复杂的内容，而是考虑一个特殊的例子：CfnCluster（CloudFormation Cluster）。此工具是一组 Python 脚本，你可以在 Linux、Mac 或 Windows 计算机安装和运行，它可以调用 CloudFormation，如以下的命令所示，以构建私有的、自定义的 HPC 集群。

```
sudo pip install cfncluster
cfncluster configure
```

配置脚本会问你一堆问题，包括以下的几个。

1. 你的集群模板的名称（例如“mycluster”）
2. 你的亚马逊访问密钥
3. 部署集群的地区
4. 虚拟私有云（VPC）的名称
5. 要使用的密钥对的名称
6. 虚拟私有云（VPC）ID 和子网 ID

以下命令将启动基本集群，如图 7-2 中所示。这个过程通常需要大约 10 分钟。

```
cfncluster create mycluster
```

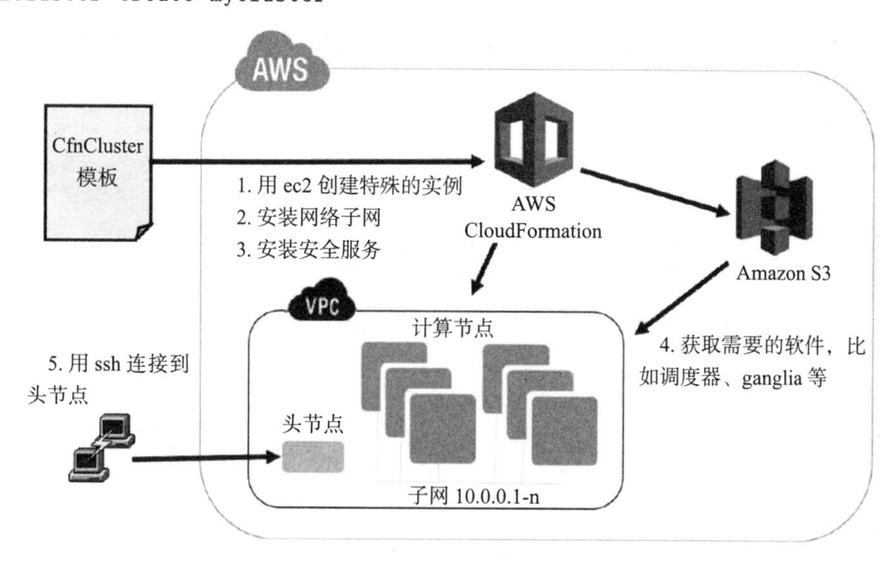

图 7-2　使用一个 CfnCluster 的模板启动一个私有 HPC 集群涉及的 CloudFormation 步骤

请注意，你尚未指定要使用多少计算节点或系统镜像的类型。所以会使用默认设置，默认值为两个小型计算节点，其中包含一个头节点。当你打开 EC2 控制台时你会看见。你可以使用 ssh 连接到头节点。

创建（create）命令返回一个 Ganglia URL。Ganglia 是一个常用的集群监控工具。在进入该链接之后，你将转到 HPC 集群的 Ganglia 视图。新集群的默认设置支持自动伸缩计算节点和 gridEngine 调度程序。如果你的任务是运行大量非 MPI 批处理作业，此组合可以很好地完成你的任务。自动伸缩功能保证计算节点在不使用时关闭，在负载增加时启动新节点。

现在让我们部署一个配置了更好的计算节点和更好的调度器的新集群。下面的命令删除你当前的部署。

```
cfncluster delete mycluster
```

要创建可用于 MPI 程序的新的和改进的部署，请转到你 PC 上的 ~/.cfncluster 目录并编辑文件 config。寻找一个名为 [cluster mycloud] 的部分，并在该部分添加或编辑以下四行。

```
compute_instance_type = c3.xlarge
initial_queue_size = 4
maintain_initial_size = true
scheduler = slurm
```

我们在这里选择的计算实例的类型很重要。c3.xlarge 实例类型支持 Amazon 的**增强型网络**（enhanced networking），这意味着它在硬件上运行，并配有支持单根 I/O 虚拟化（SR-IOV）的软件。正如我们在 13.3.2 节更详细地讨论的，该技术通过允许虚拟机直接访问物理网络接口卡（NIC）来减少延迟并提高带宽。

这里不需要指定虚拟机镜像，因为默认配置已经包含了 HPC MPI 风格计算所需的所有库。我们还指定了所有的计算节点都一直驻留，不通过自动伸缩进行管理，你还希望使用 Slurm 作为调度器。我们发现这些选项使得交互性的基于 MPI 的计算变得更加容易使用。当你现在发出如下所示的 create 命令时，CloudFormation 将会部署具有这些配置的 HPC 集群。

```
cfncluster create mycluster
```

现在让我们在新的集群上运行 MPI 程序。第一步是使用我们创建集群时使用的密钥对，用 ssh 登录到头节点。在 PC 上可以使用 PuTTY 工具登录，在 Mac 上可以使用命令行中的 ssh。用户是 ec2-user。首先你需要设置一些路径信息。在头节点的命令提示符下，执行以下三行命令。

```
export PATH=/usr/lib64/mpich/bin:$PATH
export LD_LIBRARY_PATH=/usr/lib64/mpich/lib
export I_MPI_PMI_LIBRARY=/opt/slurm/lib/libpmi.so
```

你接下来需要知道计算节点的本地 IP 地址。创建一个名为 ip-print.c 的文件，并在其中放入以下 C 代码。

```
#include <stdio.h>
#include <mpi.h>
#include <stdlib.h>

main(int argc, char **argv)
{
   char hostname[1024];
```

```
    gethostname(hostname , 1024);
    printf("%s\n", hostname);
}
```

作业调度器 Slurm 有一个命令 srun，你可以使用它来在整个集群中运行此程序的副本：

```
mpicc ip-print.c
srun -n 16 /home/ec2-user/a.out > machines
```

编辑文件 machines。如果你的计算节点少于 16 个，你会看到多个 10.0.1.x 这个格式的 IP 地址，其中 x 是 1 到 255 之间的数字。删除重复项，每个节点都需要有一个，每行一个节点。如果（表示机器数量的）数字太小，请尝试使用较大的参数值。（查看这些私有 IP 地址的另一个方法是去 EC2 控制台，看看每个正在运行的名为 Compute 的服务器的详细信息，这种情况下你需要为每个实例执行一次这个操作，所以如果你有很多实例，上面的方法更快。）

现在让我们运行在图 7-3 中的简单 MPI 程序来测试集群。调用这个 ring_simple.c。该程序从 MPI 节点 0 开始运行，并将数字 -1 发送到 MPI 节点 1。MPI 节点 1 向节点 2 发送 0，节点 2 向节点 3 发送 1，依此类推。使用下面的命令编译并运行它。

```
mpicc ring.c
mpirun -np 7  -machinefile ./machines /home/ec2-user/a.out
```

```
#include <mpi.h>
#include <stdio.h>
#include <stdlib.h>
#include <time.h>

int main(int argc, char** argv) {
  // Initialize the MPI environment
  MPI_Init(NULL, NULL);
  // Find out rank, size
  int rank, world_size, number;
  MPI_Comm_rank(MPI_COMM_WORLD, &rank);
  MPI_Comm_size(MPI_COMM_WORLD, &world_size);
  char hostname[1024];
  gethostname(hostname, 1024);

  // We assume at least two processes for this task
  if (world_size < 2) {
    fprintf(stderr, "World size must be >1 for %s\n", argv[0]);
    MPI_Abort(MPI_COMM_WORLD, 1);
  }

  if (rank == 0) {
    // If we are rank 0, set number to -1 & send it to process 1
    number = -1;
    MPI_Send(&number, 1, MPI_INT, 1, 0, MPI_COMM_WORLD);
  }
  else if (rank > 0 && rank < world_size) {
    MPI_Recv(&number, 1, MPI_INT, rank-1, 0, MPI_COMM_WORLD,
             MPI_STATUS_IGNORE);
    printf("Received number %d from process %d on node %s\n",
           number, rank-1, hostname);
    number = number+1;
    if (rank+1 < world_size)
      MPI_Send(&number, 1, MPI_INT, rank+1, 0, MPI_COMM_WORLD);
  }
  MPI_Finalize();
}
```

图 7-3　用来测试集群性能的 MPI 程序 ring_simple.c

假设在四个节点上运行了七个进程，你应该得到如下结果。

```
Warning: Permanently added the RSA host key for IP address '10.0.1.77' tc
the list of known hosts.
Warning: Permanently added the RSA host key for IP address '10.0.1.78' to
the list of known hosts.
Warning: Permanently added the RSA host key for IP address '10.0.1.76' to
the list of known hosts.
Warning: Permanently added the RSA host key for IP address' 10.0.1.75' to
the list of known hosts.
Received number -1 from process 0 on node ip-10-0-1-77
Received number 0 from process 1 on node ip-10-0-1-75
Received number 1 from process 2 on node ip-10-0-1-78
Received number 2 from process 3 on node ip-10-0-1-76
Received number 3 from process 4 on node ip-10-0-1-77
Received number 4 from process 5 on node ip-10-0-1-75
Received number 5 from process 6 on node ip-10-0-1-78
```

我们观察到 mpirun 命令在整个集群中将 MPI 节点进行了均匀分布。现在你已准备好在你的虚拟私有 MPI 集群上进行一些真正的 HPC 计算。比如可以测量消息传送时间。我们将 C 程序转换成计算当节点呈环形连接时，消息绕这个环传送 1000 万次的时间。我们发现发送消息并在目的地收到消息的平均时间约为 70 微秒。这虽然不是衡量消息延迟的标准方法，但是这个结果与其他云集群实现的时间是一致的。这个速度与传统的超级计算机相比，至少要慢 10 倍，但请注意，这里使用的底层协议是 IP，而且我们不使用任何特殊的集群网络，如 InfiniBand。本例完整的代码可以在 GitHub 中获取，相关链接在本书的网站的“EXTRAS”标签页中可以找到。

7.2.4　在 Azure 上部署 HPC 集群

本节我们描述了在 Azure 上构建 HPC 集群的两种方法。第一个是使用 Azure 的服务部署编排服务 Quick Start。像 Amazon CloudFormation 一样，这种方式基于模板。模板存储在 GitHub 中，可以直接从 GitHub 页面调用。例如，图 7-4 显示了创建 Slurm 集群的模板起始页面。

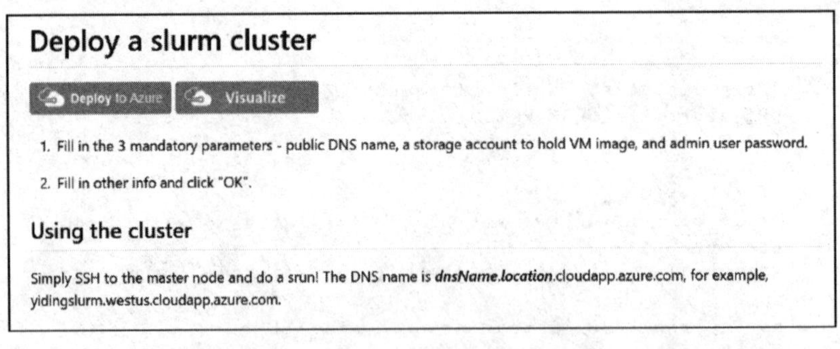

图 7-4　Azure Slurm 的开始界面 [8]

当你单击“部署到 Azure”按钮时，你将进入 Azure 登录页面，然后直接进入 Web 界面以完成 Slurm 集群部署。此时，你可以配置集群的新资源组的名称、计算节点的数量和类型以及有关网络的一些详细信息。有关如何构建 Slurm 集群并在该集群上启动作业的更多详细信息，请参阅 Microsoft 教程 [200]。

在 Azure 上进行 HPC 计算的第二种方法是 Azure Batch，它支持对能够处理大量批处理作业的大型虚拟机池的管理，例如下一节描述的多任务并行作业或大型 MPI 计算。如下

图 7-5 所示，使用此服务涉及四个主要步骤。

1. 将应用程序二进制文件和输入数据上传到 Azure 存储。
2. 定义你要使用的计算虚拟机池，指定所需的 VM 大小和操作系统镜像。
3. 定义一个作业，一个用于在 VM 池中执行任务的容器。
4. 创建加载在作业中，并在 VM 池中执行的任务。

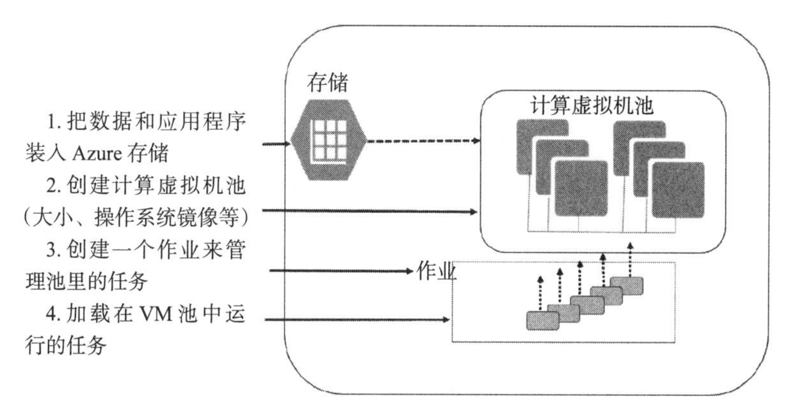

图 7-5 创建并执行一个 Azure 批处理任务的步骤

任务通常只是在每个节点上执行的命令行脚本。通常，第一个任务会在所有节点上执行，这个任务通常涉及加载你的输入数据和应用程序，并执行各个虚拟机的其他所需的初始化。下一个任务可以是你的 MPI 工作。你可以指定此任务在上一个任务完成时才开始。最后的任务通常负责将你的输出数据移回 Azure Blob 存储。

7.2.5 集群的进一步扩展

我们上面指出，紧密耦合的 HPC 应用程序可以扩展到不太大的集群。为什么不能进一步扩展呢？有很好的理由可以解释这个问题。超级计算机架构的设计特别强调处理器互连网络的性能。他们使用专门的硬件功能和通信协议来保证亚微秒级的低消息延迟。另一方面，云数据中心最初是使用基于以太网交换机的标准 Internet TCP/IP 的网络构建的，带宽更多分配给了集群和外部用户之间的访问而不是服务器之间的访问。

一个称为网络**二等分带宽**的量是指一定时间段内从一半超级计算机流向另一半超级计算机的数据流量的度量。超级计算机中使用的网络具有极高的二分带宽。而云数据中心的二等分带宽较低。最近，大多数公有云供应商已经重新设计了他们的网络，以利用软件定义的网络和更好的网络拓扑结构来实现更高的性能，Google 最近宣布成功构建了具有超过 1 个 PB/秒（10^{15} 比特 / 秒）的二等分带宽的网络，正如他们所指出的，“足以让 100 000 台服务器以 10Gb/s 的速率交换信息”[250]。此外，微软和亚马逊数据中心部署的 HPC 子集群现在由更复杂的 InfiniBand 以及自定义网络进行补充。因此，在云上运行延迟敏感型的应用程序正变得越来越可行。

然而，还需要考虑云服务商和用户之间的服务级协议（SLA）的性质。超级计算机可以提供特定的处理器类型、网络带宽、网络二等分带宽和延迟这些确定的指标，允许用户以较大的确定性预测应用程序的性能情况。然而，使用云数据中心构建云中 HPC 子集群时，这些资源的具体指标就不那么明确。换句话说，SLA 比较复杂，不太可能像超级计算机那样扩展到大型部署。

7.3　多任务并行计算

假设你需要分析很多数据样本。每个分析任务的执行独立于所有其他任务。这种计算风格很简单。将所有数据样本放在云中的队列中，然后启动大量的工作虚拟机或容器。我们称这个为**多任务并行计算**，但它也被称为**任务集并行**和**主从并行**。每个工作进程重复不断地从队列中抽取样本、处理数据、并将结果存储在一个共享表中，参见图 7-6。

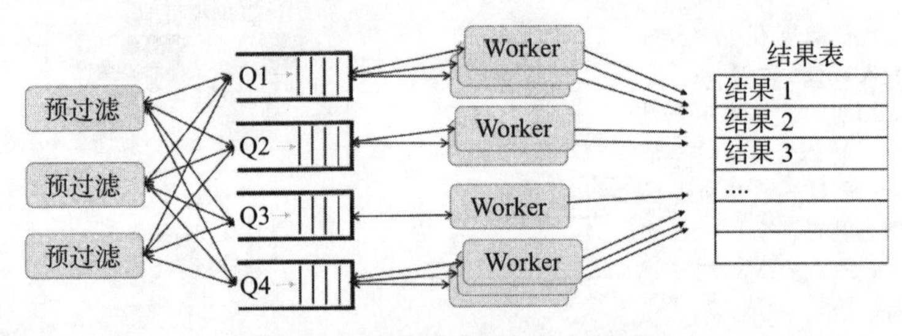

图 7-6　简单的多任务执行模型

这方面一个很好的示例应用是基因组学，基因组学分析操作中经常需要处理大量 DNA 序列。Wilkening 等分析了云对于这个任务的适用性 [260]。西雅图儿童医院在 Azure 上使用了同样的方法来处理 NCBI BLAST 代码（医学图书馆的资料库）[33]。14.4 节详细介绍了基于云的 Globus Genomics，提供了许多基因组的计算流程 [187]。我们将在本章后面介绍一个多任务示例的详细实现。

该策略需要一种高效的机制，即多个工作进程 worker 可以使用这些机制来从队列中拉取任务，并将结果放入一个表格。我们还需要一种启动和停止任务的方法。我们在下面描述一个使用资源管理器来为多任务并行协调工作进程活动的简单 Python 框架。

7.4　MapReduce 和批量同步并行计算

一个稍为复杂的并行方法是基于被称为批量同步并行（BSP）的概念。当工作任务必须定期同步和彼此交换数据时，这种方法很重要。BSP 计算中的同步点被称为 barrier，因为在所有计算达到同步点之前不允许继续进行计算。

MapReduce 是 BSP 计算的一个特例。这个概念很简单。假设你有一系列数据对象 X_i，i = 1, …，n，并且你要对每个元素应用函数 $f(x)$。假设结果是类似实数这样的结合环的值，因此可以对对象进行组合，希望计算 $\sum_{i=1}^{n} f(x_i)$。我们将 f 这个操作 map（映射）到数据上，然后通过执行 reduce 操作来计算总和。虽然这个概念来自 20 世纪 60 年代的 Lisp 编程，但是由 Google 工程师 Dean 和 Ghemawat [108] 在 2004 年的一篇论文使其在大数据分析中也流行起来，当 Yahoo！发布了一个称为 Hadoop 的 MapReduce 的开源实现之后这种用法变得无所不在。

MapReduce 计算从分布式的数据集合开始，这些集合被分成非重叠的块。然后，它将所提供的函数使用 map 过程映射到每个数据块上。接下来它应用 reduce 过程，reduce 的过程就是 barrier 同步发挥作用的时候，它将 map 操作的结果以树状的方式组合，通过几个阶段的操作直到产生结果，如图 7-7 所示。

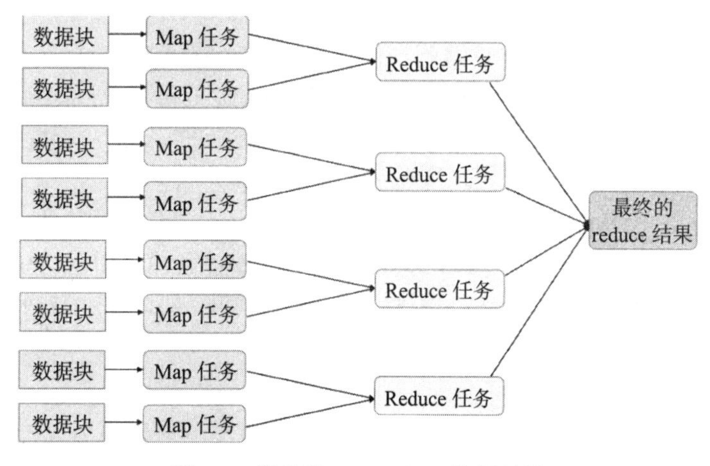

图 7-7　简单的 MapReduce 执行过程

即使在 Hadoop 发布之前，人们就已经将 MapReduce 应用于解决生物科学问题 [129,246,203]，图像分析 [188] 和其他 [135]。Hadoop 是一个广受欢迎的可以在任何云和集群上运行的 MapReduce 的实现。Hadoop 现在是 Apache YARN 项目的一部分，我们将在第 8 章中介绍它。

7.5　图数据流的执行和 Spark

MapReduce 模型可以被认为是执行一个任务的有向无环图，可以很容易对这个理念进行延展。可以把计算定义为一些函数组成的图，以数据流形式执行直到到达特定的评估点。图中的每个函数节点代表对分布式数据结构的函数的并行调用，如图 7-8 所示。在这个层次上，执行本质上是 BSP 风格，评估点是 barrier 同步点。

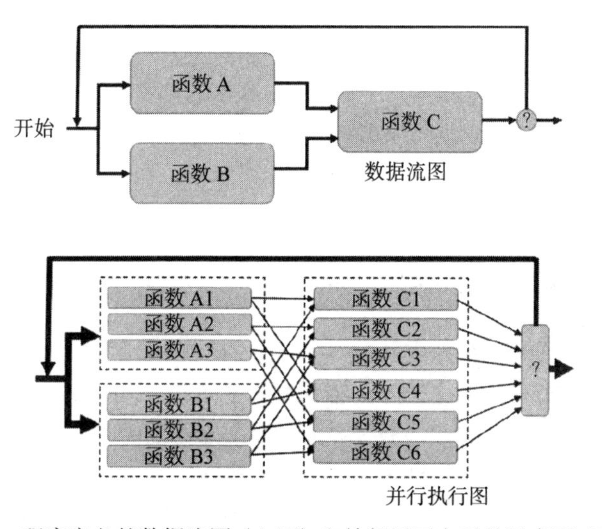

图 7-8　程序定义的数据流图（上面）和并行展开之后的示意图（下面）

数据流图在高级控制程序中定义，然后将其编译为并行执行图。控制流程从控制程序开始，当图被评估时，控制权被传递给分布式执行引擎。在控制点，分布式数据结构被转换回可由控制程序访问的结构。例如，如果算法涉及迭代操作，则循环控制是在控制程序中，这是程序的并行部分的同步点。

Spark（spark.apache.org）是这种计算风格的一个典型例子。在 Spark 中，控制流程序是 SQL、Scala 或 Python 的一个版本，因此，你可以轻松地使用 Jupyter Notebook 执行 Spark 程序。我们在这本书中提供了很多这种计算的例子。Spark 最初是在伯克利的 AMPLab 开发的，现在由 Databricks 等公司提供支持。Databricks（databricks.com）提供了用于在 Amazon 上部署和启用 Spark 集群的在线开发环境和平台。

Spark 也是微软 HDInsight 工具包的一部分，Amazon 弹性 MapReduce 也支持 Spark。Microsoft 文档 [21] 介绍了如何在 Azure 的 Linux 或 Windows 环境上用 Jupyter Notebook 部署 Spark。由于 Spark 主要用于数据分析，因此我们在第 8 章具体介绍 Spark 示例。

7.6 代理和微服务

云旨在托管提供可伸缩服务的应用程序，例如 Web 服务器或移动应用程序的后端。此类应用程序接受远程客户端的连接，并根据客户端请求执行一些计算并返回响应。如果并发请求服务的客户端的数量增长太大，从而导致一个服务器不能满足需求，系统应该自动产生新的服务器实例来分担负载。另一种情况是处理来自远程传感器事件的应用程序，目的是通知控制系统如何响应，就像当地质传感器检测到地面发生显著震动时发出地震警报一样。在这种情况下，应用程序的云部分可能涉及多个组件：传感器信号解码器、模式分析集成器、数据库搜索和报警系统接口。另一个例子是处理大量文本数据的大规模数据分析系统：例如，Web 搜索索引。

这里的并行编程的风格就像分布在云中的虚拟网络上的通信进程或服务的异步群组，如图 7-9 所示。各个进程可能是无状态的，例如简单的 Web 服务。或是有状态的，如 Actor 编程模型。关于这点有一些很好的例子 [56]，但在公有云中使用的案例是微软研究院的奥尔良系统 [72]。

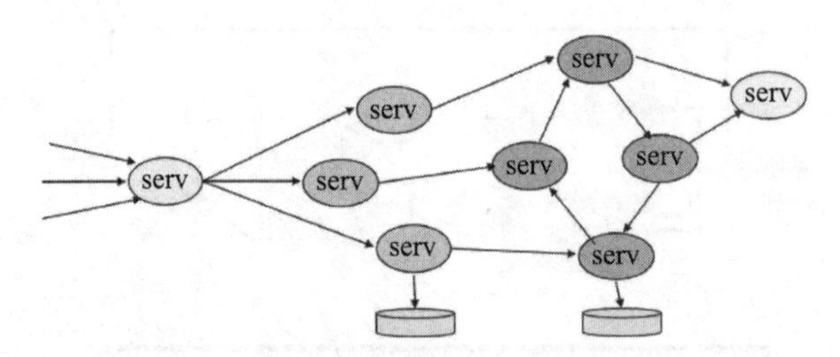

图 7-9 一组在通信的微服务器或 Actor 的概念视图

最近这个异步群体风格已经被重新定义为一个称为微服务的新范例。微服务解决的问题是如何设计和构建一个安全、可维护、高容错和可扩展的大型异构应用程序。这个问题对于需要支持数千个并发用户的大型在线服务特别重要。该应用程序必须在维护和升级时也保持每天 24 小时都可用。（这个任务与称为 DevOps 的软件工程方法密切相关，它集成了产品交付、质量测试、功能开发和版本迭代多个过程，以提高软件的可靠性和安全性，并提供更快的开发和部署周期。从程序员的角度来看，这是一个“你建立它，所以现在你运行它”的哲学。系统一部分的更新发生在系统运行时，所以开发人员与管理系统的 IT 专业人员紧密集成。）

对于这个挑战，微服务的解决方案是将应用程序分成带有简单，轻量级通信机制的小型独立服务组件。微服务范式设计规则规定每个微服务必须能够独立于其他微服务进行管理、复制、扩展、升级和部署。每个微服务必须具有单个功能，并在限定的上下文中操作，也就是说，对其他服务的责任和依赖程度有限。如果可能，微服务应该重用现有的可信赖的服务，如数据库、缓存和目录。所有微服务都应该被设计成能够经受不停的故障和恢复。微服务系统使用的通信机制有很多：它们包括 REST Web 服务调用、RPC 机制（如 Google Swift）和高级消息队列协议（AMQP）。许多公司已经在采用微服务理念提供服务，包括 Netflix、Google、Microsoft、Spotify 和 Amazon。

7.6.1 微服务和容器资源管理器

接下来，我们将介绍使用容器集群构建微服务的基本思想。要构建一个实质性的微服务应用程序，你需要构建一个可以管理大量分布式通信服务的平台。下面描述的微服务是容器的实例，我们使用资源管理器来启动和停止实例，创建新版本的实例，并且弹性调整实例的数量。由于开源运动和公有云的兴起，有许多很好的用于构建和管理容器化的微服务的工具。我们将在本节介绍 Amazon ECS 容器服务、Google Kubernetes、Apache Mesos 和 Azure 上的 Mesosphere。

7.6.2 在集群中管理身份

在用微服务的概念设计应用程序时必须考虑的一个问题是如何将你的权限传递给一组容器化的，几乎无状态的服务。例如，如果某些微服务需要访问你拥有的事件队列，而其他需要与你创建的数据库进行交互，那么你需要将部分权限传递给这些服务，以便这些服务进程可以代替你进行操作。我们在 3.2 节讨论了这个问题，在那里详细介绍了如何管理 Amazon 密钥对。

一个解决方案是将这些值作为运行时参数通过加密通道传递给远程运行的应用程序或微服务上。然而，这个解决方案有两个问题。首先，微服务被设计为在不需要的时候被关闭，并且在需求量高时启动新的微服务。你需要让每个微服务重启时自动获取凭证。其次，通过传递这些凭据，你可以将你所有的权限都授予远程服务。这是你的微服务，所以你有权这样做，但你可能更喜欢仅传递有限的权限：例如，仅授予对任务队列的访问权限，但不允许访问数据库。

公有云供应商有更好的解决方案：**基于角色的安全**。这意味着你可以创建专门的安全实体（称为**角色**），通过这种机制授权个人、应用程序或服务访问各种你权限内的云资源。就像在下面提到的那样，你可以在容器的部署元数据中添加对角色的引用，以便每次容器实例化时该角色得到应用。（我们将在 15.2 节中更详细地讨论基于角色的访问控制。）

7.6.3 简单的例子

与前几章一样，我们在这里提供了一个例子，并展示了如何使用不同的资源管理器来实现这个例子。几种类型的科学应用可以从微服务架构中受益。一个常见的特征是它们将持续运行并对外部事件做出反应。在第 9 章中，我们将描述一个这样的应用程序的详细示例：对来自在线仪器和实验的事件进行分析。在本章中，我们考虑以下的简单例子。

> **科学文件分类**。当科学家向科学杂志发送技术论文时，这些论文的摘要通常会作为新闻条目流入互联网，可以通过 RSS 订阅这些资讯。高质量流式科学数据的主要来源是

arXiv（arxiv.org），这是一个拥有超过一百万个文档的集合。其他来源包括公共科学图书馆（PLOS one），科学杂志社与自然杂志社，以及在线新闻来源。我们已经从 arXiv 下载了一小部分记录集合，每个记录都包含一个论文标题，一个摘要，以及一些由资料管理员确定的科学主题。在以下部分中，我们将介绍如何构建一个简单的在线科学文档分类器。我们的目标是建立一个系统，从各种资料来源提取文件摘要，然后使用一组微服务将这些摘要分类为物理、生物学、数学、金融和计算机科学这些主题，另外一组则将摘要分类为子主题区域，整个过程如图 7-10 所示。

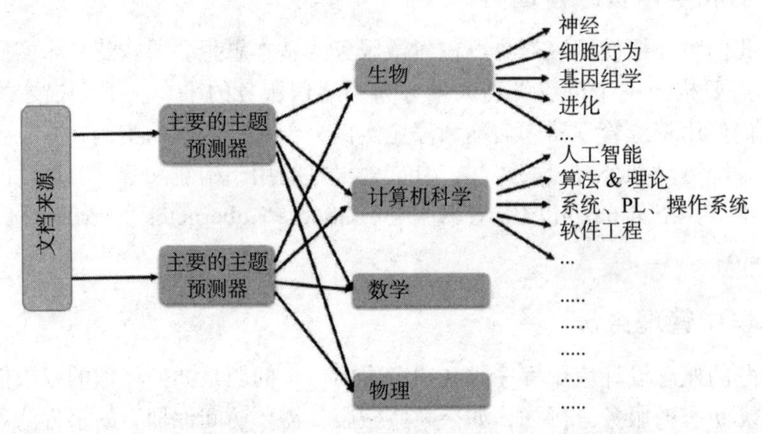

图 7-10　在线科学文献分类器示例，显示了生物学和计算机科学两个类和其子类别

我们在这里描述的初始版本规模很小。在该系统的第一阶段即初始文档分类阶段，我们将文档从 Jupyter Notebook 发送到基于云的消息队列。分类器微服务从队列中提取文档、执行分析，并将结果推送到 NoSQL 表中，如图 7-11 所示。这是一个简单的多任务系统。

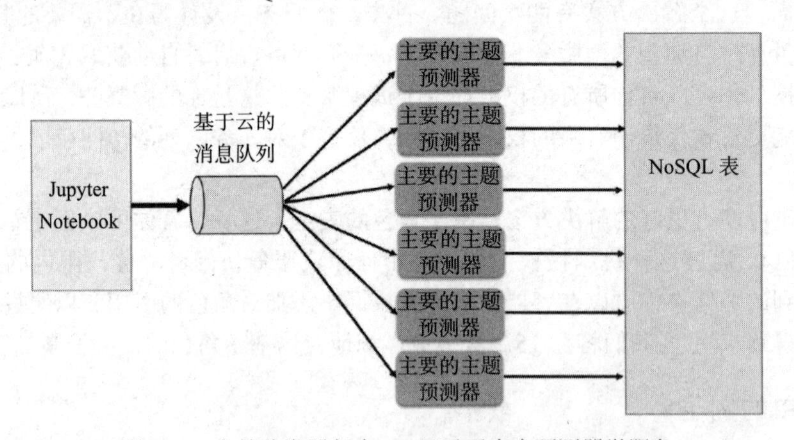

图 7-11　文档分类器版本 1，显示了多个预测器微服务

7.6.4　Amazon EC2 容器服务

Amazon EC2 容器服务（ECS）是管理服务器集群的系统，这些服务器基于 Docker 容器启动和管理微服务。它包括三个基本组件。

- 一组或多组 EC2 实例，每组都是称为**集群**的逻辑单元。你至少需要有一个默认集群，集群的数量可以按照需求添加。

- **任务定义**，用于指定应用程序中容器的信息，例如任务需要使用多少个容器，它们要使用什么资源，容器之间如何链接，以及每个容器要使用的宿主机端口。
- Amazon 托管的 Docker **镜像库**。将镜像存储在这里使得镜像被需要的时候可以更快加载，也可以使用第 6 章讨论的公共 Docker Hub 库。

首先说明一下一个可能引起误解的地方。Amazon 将集群中的 EC2 VM 实例称为容器实例。但这些不是 Docker 容器。之后我们将 Docker 容器添加到这些虚拟机中，但是使用 ECS 术语描述时，那些（Docker）容器将被称为任务和服务。

在创建集群之前，你可以在 Amazon 身份和访问管理（IAM）系统中创建两个角色，以解决我们刚才讨论的身份管理问题。AWS 管理控制台的“安全”子区域中的 IAM 链接将引导你到 IAM 仪表盘（Dashboard）。在左侧选择角色。从那里，你可以选择创建新角色。将其命名为 containerservice，然后选择角色类型。你需要两个角色：一个用于容器服务（实际上是指集群中的 VM），另一个用于我们实际部署的 Docker 服务。向下滚动角色类型列表，查找 Amazon EC2 容器服务角色（Amazon EC2 Container Service Role）和 Amazon 容器服务任务角色（Amazon Container Service Task Role）。为 containerservice 选择容器服务角色并保存。现在创建第二个角色，称之为 mymicroservices。这次，选择 Amazon 容器服务任务角色。当你回到仪表盘，它应该如图 7-12 所示。

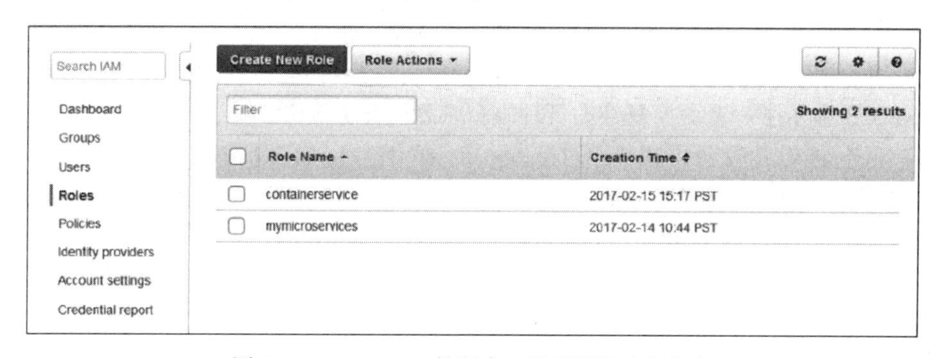

图 7-12 AWS IAM 控制台，显示了两个新角色

左侧的面板是角色链接。选择你的 containerservice 角色，然后单击角色。你现在应该能够为你的角色添加各种访问策略。附加策略按钮会显示你可以附加的超过 400 个访问策略的列表。添加三个策略：AmazonBigtableServiceFullAccess，AmazonEC2ContainerServiceforEC2role 和 AmazonEC2ContainerServiceRole。

接下来，为 mymicroservices 角色添加 AmazonSQSFullAccess 和 AmazonDynamoDBFullAccess 这两个策略以使用 Amazon 简单队列服务（SQS）和 DynamoDB。最后，在列出策略的页面顶部，你应该看到角色 ARN Amazon 资源名称（Amazon Resource Name），它的格式如下：arn:aws:iam::01234567890123:role/mymicroservices。复制并保存这个字符串。

现在可以很容易地创建一个集群。从 Amazon ECS 控制台开始，只需单击创建集群，然后给它一个名称。你接下来需要指定你想要的 EC2 实例类型，并提供实例数量。如果你需要使用 ssh 访问集群中的节点，那么还需要添加加密密钥对，不过这不是管理容器所必需的。你可以使用此页面上的所有默认值，但是当你到达容器实例 IAM 角色页面时，应该会看到“containerservice”这个角色。选择此项，然后选择创建。你应该很快看到集群控制台上列出的集群，现在容器实例正在集群中运行。

我们接下来描述创建任务定义和启动服务所需的步骤。在这里只列出了重要的部分，程序完整的实现在 Notebook 9 中。我们使用以下示例代码来说明这个方法。调用函数 register_task_definition 会在一个名为 predict 的家族中创建一个任务定义，使用标准网络模式，把上面提到的 Role ARN 作为 taskRoleArn（亚马逊资源名称）。

```
import boto3
client = boto3.client('ecs')
response = client.register_task_definition(
    family='predict',
    networkMode='bridge',
    taskRoleArn= 'arn:aws:iam::01233456789123:role/mymicroservices',
    containerDefinitions=[
        {
            'name': 'predict',
            'image': 'cloudbook/predict',
            'cpu': 20,
            'memoryReservation': 400,
            'essential': True,
        },
    ],
)
```

这个代码的其余部分用于定义容器。它使用 predict 命名创建的任务定义，指定了一个 Docker 公共镜像池 cloudbook/predict 里面的一个镜像，并声明计算任务需要 20 个计算单元（在核上可用的 1024 个当中选出）和 400 MB 内存。这是我们能得到的最简单的任务定义了。在 Notebook 中显示了一个更为复杂的管理端口映射的任务定义。

给定任务定义之后就可以调用 create_service 函数，如下所述，它将创建一个名为 predictor 的服务，该服务将使用 cloudbook 集群上的八个微服务运行。注意任务定义名称是 predict:5。你可能会经常修改任务定义的各个属性。每次执行 register_task_definition 调用时，它将使用版本标记创建该任务的新版本。后缀“:5”表示这是第五个版本。

```
response = client.create_service(
    cluster='cloudbook',
    serviceName='predictor',
    taskDefinition='predict:5',
    desiredCount=8,
    deploymentConfiguration={
        'maximumPercent': 100,
        'minimumHealthyPercent': 50
    }
)
```

我们的调用要求至少 50% 的请求实例被准许。第一次创建这个服务时，大概需要一分钟的时间来下载来自公共镜像库的 2 GB Docker 镜像，并将其加载到我们的集群虚拟机中。在随后的运行中，只需几秒钟即可启动该服务，因为该映像已经下载到了本地。如果现在查看 EC2 控制台中的集群，可以看到如图 7-13 所示的状态。

接下来，我们将描述 cloudbook/predict 服务以及它如何与消息队列一起使用。Amazon SQS 服务的使用很简单。图 7-14 显示了该预测微服务的一个缩略版本。（缺少第 3 章中关于如何设置 DynamoDB 表的详细信息的部分，以及将在第 10 章中简要描述的机器学习模块。）完整的代码可以从本书网站的“EXTRAS”选项卡中访问。

我们使用队列服务的消息属性系统在每个消息中传递文章的标题、摘要和源。（arXiv 数据的源字段提供足够的信息来训练预测器，但是我们不这样使用它，而是将其附加到预测中，以便通过查看表中存储的数据来评估模型的准确性。）

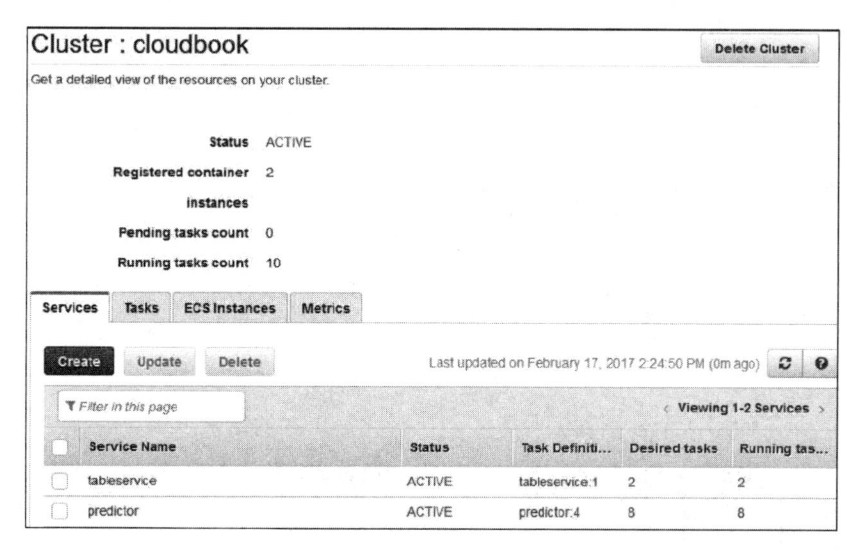

图 7-13 运行中的八个预测器实例和两个表服务实例

```
import boto3, time
from socket import gethostname
from predictor import predictor
hostnm = gethostname()

# Create an instance of the ML predictor code
pred = predictor()

# Create instance of Amazon DynamoDB table (see chapter 3)
sqs = boto3.resource('sqs', region_name='us-west-2')
queue = sqs.get_queue_by_name(QueueName='bookque')

i = 0
while True:
    for message in queue.receive_messages(
            MessageAttributeNames=['Title', 'Abstract','Source']):
        timestamp = time.time()
        if message.message_attributes is not None:
            title = message.message_attributes.
                            get('Title').get('StringValue')
            abstract = message.message_attributes.
                            get('Abstract').get('StringValue')
            source = message.message_attributes.
                            get('Source').get('StringValue')
            predicted = pred.predict(abstract, source)

            metadata_item =
               {'PartitionKey': hostnm, 'RowKey': str(i),
                'date' : str(timestamp), 'answer': source,
                'predicted':  str(predicted), 'title': title}
            table.put_item(Item=metadata_item)
            message.delete()
            i = i+1
```

图 7-14 预测微服务的缩略代码

将消息发送到队列的代码也很简单。我们在 Notebook 10 中提供完整的代码。首先将数据加载到三个数组中，然后使用 Amazon SQS 的 send_message 函数发送 100 条消息，如下所示。

```
queue = sqs.get_queue_by_name(QueueName='bookque')
abstracts, sites, titles = load_docs("path-to-documents",
                                     "sciml_data_arxiv")
for i in range(1330,1430):
    queue.send_message(MessageBody='boto3', MessageAttributes ={
            'Title':{ 'StringValue': titles[i],
                      'DataType': 'String'},
            'Source':{ 'StringValue': sites[i],
                      'DataType': 'String'},
            'Abstract':{ 'StringValue': abstracts[i],
                      'DataType': 'String'}
        })
```

表 7-1 显示了使用八个预测器微服务实例执行此操作时的结果

表 7-1　DynamoDB 表处理 100 条消息后的视图。Answer 列引用了可用于验证预测的 arXiv 源

PartitionKey	RowKey	Answer	Date	Predicted	Title
e0bfabe3d880	0	gr-qc	148...	Physics	Superconducting dark eng ...
e0bfabe3d880	1	physics.optics	148...	Physics	Directional out-coupling of il ...
e0bfabe3d880	2	q-bio.PI	148...	Bio	A guide through a family of p ...
e0bfabe3d880	4	math.PR	148...	Math	Critical population and error ...
e0bfabe3d880	5	physics.comp	148...	Phys	Coupling all-atom molecular ...
e0bfabe3d880	7	hep-th	148...	Pyysics	Nonsingular Cosmology from ...

作为进一步的细化，我们可以如图 7-15 所示，将微服务执行的工作划分给两个微服务：一个从队列中抽取任务并对其进行分析，另一个用于存储结果。然后，我们可以混合匹配不同的输入队列和输出服务：例如，从 Amazon 队列中抽出，在 Jetstream 上进行分析，并存储在 Google Bigtable 中。我们在代码库中提供了一个这样操作的版本（请参见 7.9 节）。

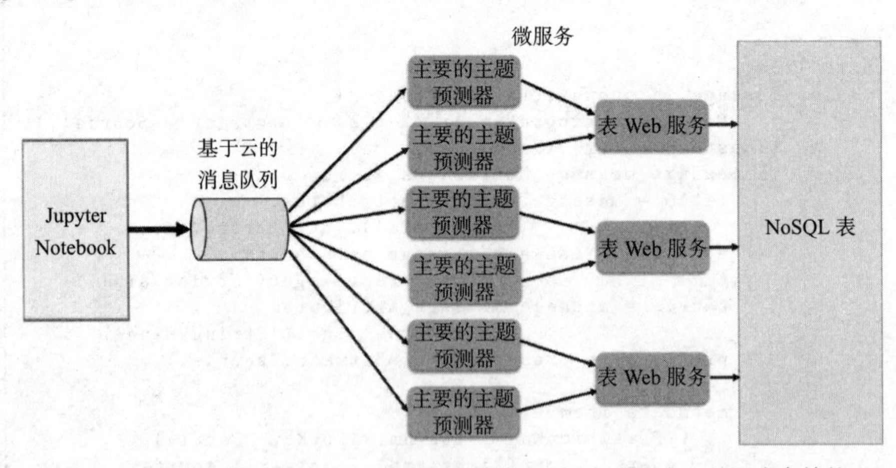

图 7-15　图 7-11 中文档分类器的版本 2，将微服务分为主题选择器服务和处理表存储的 Web 服务

因为将记录放入表比运行数据分析预测器便宜得多，所以可以通过复制预测器组件来提高吞吐量。例如，在我们的 Amazon 版本的实现中，我们将程序运行在一个有两个服务器的集群中，每个服务器有一个（用于存储的）表服务和多个预测器实例。我们通过配置使表服

务在固定的 TCP/IP 端口监听通信；因此，每个服务器不能有多于一个的表服务。每个预测器服务简单地将其结果发布到本地主机的该端口上，从而提供简单的服务发现形式。使用 20 个预测器和两个表服务，系统就可以跟上我们往队列里保存数据的速度来对文档进行分类。(为了进一步扩展，可能需要在每个服务器上部署多个表服务，也需要更复杂的服务发现方法。)

7.6.5 Google 的 Kubernetes

Google 多年来一直使用微服务的设计方式运行其主要服务。最近，Google 开放源代码发布了其名为 Kubernetes 的底层资源管理器的一个版本。这项服务既可以安装在第三方云端，也可在 Google Cloud 内访问。在 Google Cloud 上创建 Kubernetes 集群很容易。选择"容器引擎"(Container Engine)。在"容器集群"(Container clusters) 页面上，有一个链接可以让你创建集群。(使用免费账户，你无法建立大型集群：你只能使用大约四台双核服务器。) 填写表单并提交，你很快就会有一个新的集群。单击表单顶部蓝色横幅中的图标 > _，将创建一个自动使用你的账户登录的"Cloud Shell"实例。接下来，你必须使用你的云端 shell 来和新的集群进行认证。选择你的容器并点击它右边的"连接"(connect) 按钮以获得代码，将代码粘贴到云 shell，之后的结果应该如图 7-16 所示。

图 7-16 Kubernetes 控制台和连接到一个小集群的云 shell

你通过输入命令行调用到云 Shell 的命令行，与在我们的小型集群上运行的 Kubernetes 进行交互。Kubernetes 与其他容器管理工具有着不同的、有趣的体系结构。Kubernetes 的基本调度单位是 pod，一个 pod 是一组一个或多个 Docker 风格的容器，以及由该 pod 中的容器共享的一组资源。启动时，pod 驻留在单个服务器或虚拟机上。此方法对于 pod 中的容器来说有若干优点。因为 pod 中的容器都运行在同一个虚拟机上，所以它们都共享相同的 IP 和端口空间，从而通过诸如 localhost 的常规手段找到对方。它们还可以共享 pod 的本地存储卷。

首先，让我们使用一个简单的单容器 pod 来运行笔记本。使用 Kubernetes 控制命令 kubectl 来运行以下语句。

```
# Launch Jupyter and expose its port 8888
kubectl run jupyter --image=jupyter/scipy-notebook --port=8888
# To make visible externally, attach a load balancer
```

```
kubectl expose deployment jupyter --type=LoadBalancer
# Get service description
kubectl describe services jupyter
```

然后，你可以从第三个命令生成的服务描述的“LoadBalancer Ingress:”字段获取Jupyter的IP地址。（如果该地址没有立即显示，请重新运行命令。）

要复制上一节中的示例，我们需要一个队列服务和其调用接口。像亚马逊一样，Google拥有优秀的消息队列服务，Google Cloud pub/sub，支持推送消息给订阅者和从订阅者那里拉取消息。这里我们选择通过将队列服务放在不同的云上，来演示如何在Internet上分配计算，而不是使用此服务。具体来说，我们在Jetstream上运行的虚拟机上部署了一个开源队列服务RabbitMQ（rabbitmq.com）的实例。然后我们使用一个称为Celery的Python包与队列服务进行通信。

Celery是一个用于Python程序的分布式远程过程调用系统。在Celery的视图中，你有一组在远程计算机上运行的工作进程和一个调用在远程计算机上的功能的客户端进程。工作人员和客户通过运行在Jetstream上的消息代理进行协调。因为Celery是一个远程过程调用系统，我们通过创建使用Celery对象任务注释的函数来定义其行为。

当创建Celery对象时，必须提供一个名称和对正在使用的协议的引用，在本例中，我们使用高级消息队列协议（AMQP)。我们可以使用如下的命令运行预测器：命令行参数提供指向特定RabbitMQ服务器的链接。

```
>celery worker -A predictor -b 'amqp://guest@brokerIPaddr'
```

我们的解决方案代码如图7-17所示，其中包含了与第3章中描述的Google Cloud Datastore服务交互所需的组件。运行此示例所需的资源可以在本书网站上的“EXTRAS”选项卡找到。

```
from celery import Celery
from socket import gethostname
from predictor import predictor
from gcloud import datastore
clientds = datastore.Client()
key = clientds.key('booktable')
hostnm = gethostname()
import time
app = Celery('predictor',broker='amqp://guest@brokerIPaddr', \
             backend='amqp')
pred = predictor()

# Define the functions that we will call remotely
@app.task
def predict(abstract, title, source):
    prediction = pred.predict(statement, source)
    entity = datastore.Entity(key=key)
    entity['partition'] = hostname'
    entity['date'] = str(time.time())
    entity['title' ] = title
    entity['prediction'] = str(prediction)
    clientds.put(entity)
    return [prediction]
```

图7-17　使用了Kubernetes的一个文档分类器的实现

可以根据需要创建这个微服务的多个实例。如果我们创建多个实例，它们均摊处理预测请求的负载。要从客户端程序调用远程过程调用，我们使用 apply_async 函数调用。这涉及创建一个存根版本的函数来定义它的参数。例如，以下是预测器的一次调用示例：.

```
from celery import Celery
app = Celery('predictor', broker='amqp://guest@brokerIPaddr',\
             backend='amqp')
@app.task
def predict(statement):
    return ["stub call"]
res = predict.apply_async(["this is a science document ..."])
print(res.get())
```

我们在这里列出了对 RabbitMQ 代理的引用，以便可以在 Jupyter 笔记本中运行这段代码。apply_async 调用立即返回一个 future 类型的对象。

要获得实际的返回值则必须等待，这可以通过调用 get() 来实现。如果要发送一个预测数千个文档分类的请求，我们可以如下这样做。

```
res = []
for doc in documents:
   res.append(predict.apply_async([doc])

# Now wait for them all to be done
predictions = [result.get() for result in res]
```

此语句将远程过程调用分发到消息代理。接下来所有的 worker 进程参与处理这个请求。返回的结果是一个 future 类型的对象的列表。如图所示，当这些对象到达就可以立即解析它们。

接下来，必须要求 Kubernetes 创造和管理 worker 集合。首先，我们必须将 worker 打包为 Docker 容器 cloudbook/predictor，并将其推送到 Docker Hub。正如在 Amazon 容器 ECS 服务中所做的一样，我们必须创建一个任务描述，如下所示。

```
apiVersion: batch/v1
kind: Job
metadata:
    name:predict-job
spec:
    parallelism: 6
    template:
        metadata:
        name: job-wq
    spec:
        containers:
            - name: c
            image: cloudbook/predictor
            args: ["amqp://guest@brokerIPaddr"]
        restartPolicy: OnFailure
```

我们将此文档打包到一个文件 predict-job.json 中。请注意，此任务描述包含了 Amazon ECS 任务描述符和 Amazon ECS 服务参数的元素组合。现在我们可以让 Kubernetes 通过以下命令来启动 worker 工作组。一旦它们运行起来，Kubernetes 保持它们运行以防发生故障，现在工作组已经准备好响应请求。

```
kubectl create -f predict-job.json
```

7.6.6　Mesos 和 Mesosphere

Mesosphere（来自 Mesosphere.com）是基于原来用于管理集群的 Berkeley Mesos 系统的分布式计算机操作系统（DCOS）。我们在这里介绍如何在 Microsoft Azure 云端安装和使用 Mesosphere。Mesosphere 有四个主要组成部分：

1. Apache Mesos 分布式系统内核。

2. Marathon 初始化系统，它可以监控应用程序和服务，并像 Amazon ECS 和 Kubernetes 一样自动修复任何故障。

3. Mesos-DNS 服务发现工具。

4. ZooKeeper 是高性能协调服务，用于管理已安装的 DCOS 服务。

当 Mesosphere 被部署时，它有一个主节点，一个备份主节点和一组运行服务容器的工作节点。Azure 支持上面列出的 Mesosphere 组件以及名为 Docker Swarm 的另一个容器管理服务。Azure 还提供了一套 DCOS 命令行工具。例如，要查看 Marathon 所管理的全套应用程序，我们可以使用命令 dcos marathon app list，其结果如图 7-18 所示。

```
> dcos marathon app list
  ID              MEM    CPUS   TASKS   HEALTH   DEPLOYMENT   CONTAINER   CMD
  /nginx           16    0.1    1/1     ---        ---          DOCKER    None
  /rabbitsend3    512    0.1    0/0     ---        ---          DOCKER    None
  /spark         1024     1     1/1     1/1        ---          DOCKER    /sbin/init.sh
  /storm-default 1024     1     2/2     2/2        ---          DOCKER    ./bin/run-
                                                                          with-marathon.sh
  /zeppelin      2048     1     1/1     1/1        ---          DOCKER    sed ...
```

图 7-18　DCOS 命令行实例

Mesosphere 还提供了优质的交互式服务管理控制台。当你通过 Azure Container Services 在 Azure 上启动 Mesos 时，控制台会显示你的服务运行状况、当前 CPU 和内存分配情况以及当前的故障率。如果你接下来选择服务视图，然后选择 Marathon 控制台，你将看到 Marathon 正在管理的应用程序的详细信息，如图 7-19 所示。你会看到，之前的一次会话中我们已经运行过一个 NGINX 实例、一个 Spark 实例、两个 Storm 实例和一个 Zeppelin 实例。

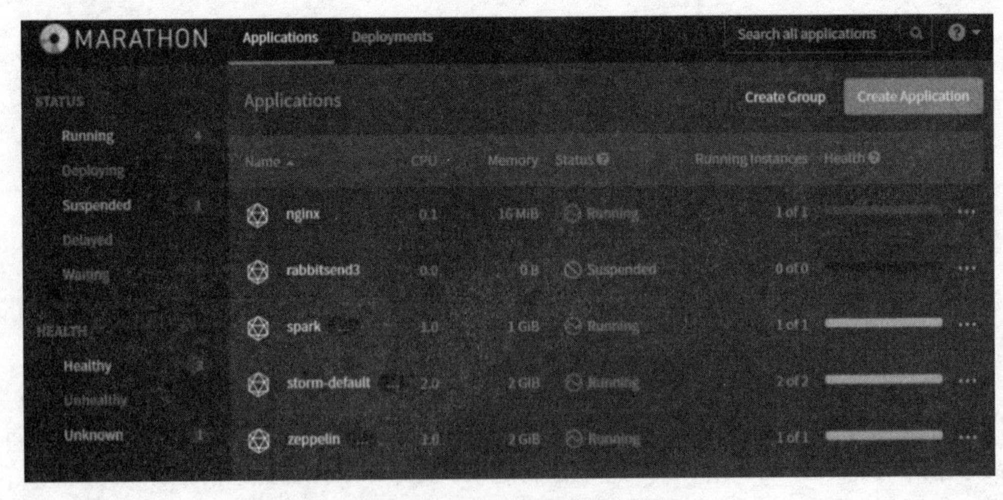

图 7-19　Marathon 控制台视图

由 Docker 容器组成的应用程序的启动过程类似于 Amazon ECS 和 Kubernetes 中应用程

序的启动过程。我们首先需要建立一个任务描述JSON文件，如下所述，它指定容器的类型、要使用的Docker文件、所需的实例数以及其他信息。

```
{
   "container": {
      "type": "DOCKER",
      "docker": {
          "image": "cloudbook/predictor"
       }
    },
   "id": "worker",
   "instances": 1,
   "cpus": 0.2,
   "mem": 512,
}
```

接下来，使用以下命令将此描述文件发送到Marathon。

```
dcos marathon app add config.json
```

请注意，此任务描述文件仅指定一个实例。你可以发出以下命令将实例数量增加到九个。

```
dcos marathon app update worker env='{"instances":"9"}'
```

我们现在返回到文档分类器示例。我们基于图7-10中的概念完成了一个完整分类器的版本。实际的实现将预测器服务分为两部分：核心文档分类器和将数据推入Azure表的服务。这里我们再一次地使用RabbitMQ作为消息代理，如下图7-20所示。

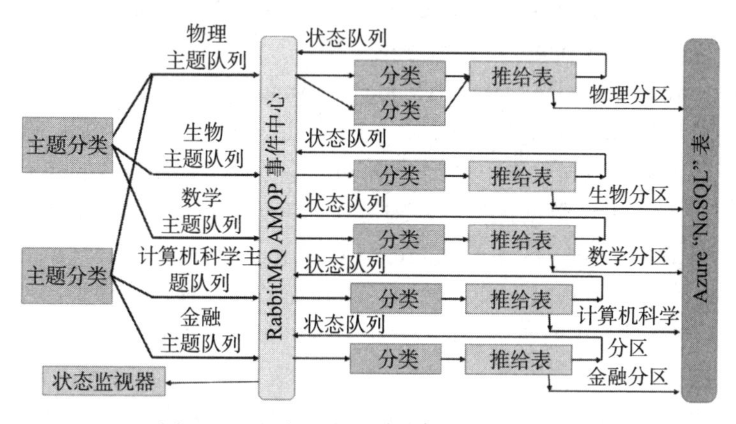

图7-20 包含所有学科领域的分类器的图

在这个例子中，首先划分了几个最重要的主题。并且根据结果，将文档推送到专门针对主题的队列中。我们为每个主题队列分配了分类器的实例，实例的数量由主要主题队列的大小确定。（物理学总是比其他主题有更多的文档。）子区域分类器是基于与主题分类器相同的代码库。它们通过加载特定于该主题及其子区域的训练数据模型来指定自己的行为。该系统的成果在线发布在文献[133]，将系统性能表现为分类器实例数量的函数。最后的结果可以用这样的一句话总结：使用九台服务器并对每个分类器实例随时间计算其加速值，系统在使用16个分类器实例的时候可以达到8.5倍的加速。

一个有用的Azure DCOS容器服务工具提供了系统状态的视图。图7-21显示了运行八个分类器服务时每个服务器上的负载。请注意，有一台服务器有两个实例，还有两个服务器为空。这种明显的不平衡是一个特征，而不是一个错误：在运行的一个时刻，两个服务已经崩溃，导致 DCOS 将失败的实例迁移到其他节点。

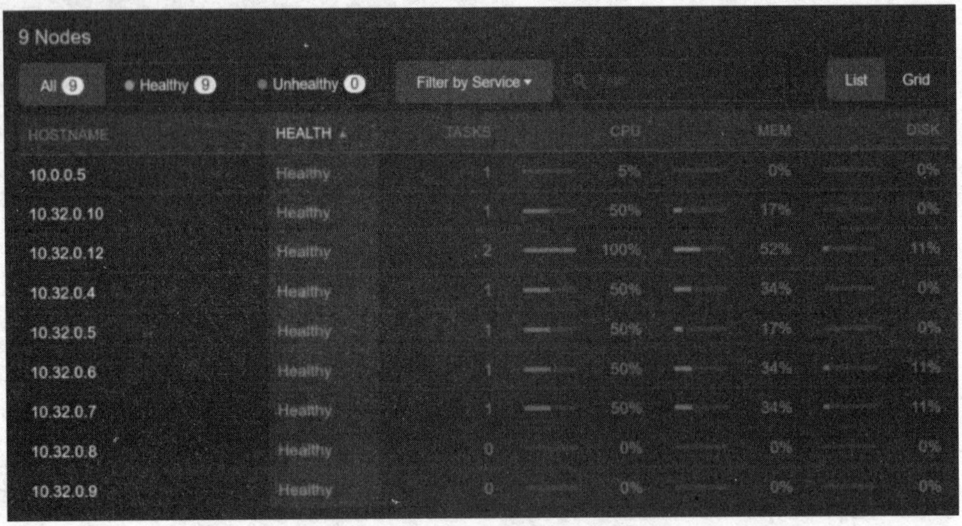

图 7-21　显示了集群中所有服务器负载的 DCOS 系统状态信息

7.7　HTCondor

HTCondor（research.cs.wisc.edu/htcondor）高吞吐量计算系统是基于云的科学计算中特别成熟的技术。以下是 HTCondor 应用程序的示例。

Globus Genomics 系统 [187] 使用 HTCondor 在 Amazon 云上调度大量生物信息流水作业。作为如何构建可扩展 SaaS 的示例，我们在 14.4 节更详细地描述了该系统。GeoDeepDive（geodeepdive.org）是 NSF EarthCube 项目的一部分，它是用于使用 HTCondor 对大量文本集合进行大量分析以进行文本和数据挖掘的基础设施。Pegasus [109] 是一个用于管理 HTCondor 之上的大型科学计算的工作流系统。Google 与 Fermilab 的 HEPCloud 项目之间的合作使用 HTCondor 来处理来自高能物理实验的数据。Google Cloud 抢占式虚拟机提供了 16 万个虚拟内核和 320TB 内存，每小时只需 1400 美元。通过将数据存储在 Google 云存储中，并且让 HTCondor 在虚拟机上生成的任务使用 gcfuse 读取数据，gcfuse 可以将存储数据桶挂载到 Linux 文件系统上。程序的输出通过美国能源部的 ESnet 网络返回给 Fermilab。

7.8　小结

数字计算机的发展让计算成为了继实验和理论之外的科学发现和工程设计的第三大范式。超级计算机成为了重要的实验室仪器。在此之后的 40 年中，超级计算机的力量快速增长。现在，科学正在迅速演变成数据驱动的科学。关于数据密集的科学发现正在演变为数据驱动发现的**第四范式** [153]。

那些依赖于理解在线用户需求的公司需要使用云技术来处理相关的数据分析工作。因此，数据科学和机器学习现在是最需要的技术专业 [215]。为了满足“大数据”分析的需求，云构建者正在按照超级计算机厂商所开创的道路，快速演进云数据中心的架构。

学会利用云的大规模的并行性是使用云进行分析的第一步。Hadoop 的批量同步数据并行和图驱动的并行执行是标准的方法，可以抽取足够的并发性，从山一样大的数据中挖掘知识。运行和管理大规模在线系统还需要新的并行方法，使其更容易部署和维护数千个进程。容器和微服务架构已经成为新的云软件工程范式的基础。

随着公有云的发展，客户要求更好更简单地使用云来做规模越来越大的计算。作为回应，公有云供应商提供了本章讨论的那些服务。一些客户需要传统的 HPC 功能来运行旧版 HPC MPI 代码。正如我们所说明的，亚马逊和微软现在有了可以根据客户需要构建中型 HPC 集群的服务。尽管这种集群的性能和最新的超级计算机的性能水平相比还有很大差距，但这些云解决方案可以快速部署，针对特定任务提供服务，在使用完之后关闭就行，所有这些都可以减少成本。

其他云客户需要较少的紧耦合计算。Amazon、Azure 和 Google 拥有出色的易于使用和管理的横向扩展容器管理服务。由于机器学习在技术行业的重要性也在增长，对训练大量深度神经网络的需求也在增长。这一需求推动了基于 GPU 的云计算的增长。最初只是一些云供应商在内部使用 GPU 来做深度学习，现在已经成为任何人都可以使用的一类新资源。将多 GPU 服务器与构建自定义 HPC 集群的能力相结合，可以部署真正强大的按需计算平台。

在接下来的章节中，我们会回到规模扩展的主题，因为它与数据分析、机器学习和事件处理都相关。

7.9 资源

我们推荐 Sebastien Goasguen [140] 关于如何用 Python 部署和管理 Kubernetes 的优秀教程。微软最近发布了 AzureBatch Shipyard [6] 这个用于管理容器集群的开源工具。

除了文本中介绍的 Notebook 9 和 Notebook 10 之外，7.2.3 节的关于 Amazon CfnCluster 的示例中的 C 程序的源代码在本书网站的“附加”（EXTRAS）选项卡可以找到，在那里还可以看到 Amazon 科学文档分类示例的源代码和数据，以及 7.6.5 节的简单 Docker 示例的源代码。

对云数据中心网络发展感兴趣的读者，我们建议阅读 Greenberg 等人对建立云数据中心网络面临的挑战的回顾 [145]，以及 Google 工程师介绍用于组织 Google 数据中心网络技术的两篇非常好的论文 [160, 236]。

第三部分

Cloud Computing for Science and Engineering

云　平　台

第四部分　构建你自己的云
基础知识
使用 Eucalyptus
使用 OpenStack

第五部分　安全及其他主题
安全服务和数据
解决方案
历史，批评，未来

第三部分　云平台
数据分析
Spark 和 Hadoop
公有云工具
流数据
Kafka、Spark、Beam
Kinesis、Azure Events
机器学习
scikit-learn、CNTK
TensorFlow、AWS ML
数据研究门户
DMZ 和 DTN，Globus
科学网关

第一部分　管理云中的数据
文件系统
对象存储
数据库（SQL）
NoSQL 和图
仓库
Globus 文件服务

第二部分　云中的计算
虚拟机
容器——Docker
MapReduce——Yarn 和 Spark
云中的 HPC 集群
Mesos、Swarm、Kubernetes
HTCondor

愿你的大山高耸入云。

——Edward Abbey

正如我们在第 1 章中指出的那样，云计算不仅仅是一台虚拟计算机，更是一个丰富的服务生态系统，在构建复杂的应用程序时可以节省所需的专业知识、时间和金钱。例如，你想建立一个应用程序来监视环境传感器，并在一组特定的传感器指示有异常行为时提醒你。或者你需要探索一个大样本图像数据档案，找到样本来训练深度神经网络，以便分析更大的档案。或者你负责建立一个系统，向世界各地的合作者提供大量的基因组数据。这些任务的每一项听起来都是艰巨的任务，但我们会看到，云服务可以让它们变得超乎想象的容易。

在这方面，云起到平台的作用：一个可以让你开发、运行和管理应用程序，而无需设置、运行和维护原本需要的硬件和软件基础设施来承载这些应用程序的环境。在环境传感器的例子中，你可以接收、排队和处理事件，而无需编写复杂的软件来执行这些任务，这些软件在常规情况下都是需要的。此外，你的应用程序可以自动扩展以处理更多的事件，而不需要你去实现专门的负载平衡逻辑。你还需要访问控制？归档？审计？数据分析？这些功能中的每一个都很容易获得。

平台的概念对于科学和工程来说并不陌生。很多人使用 Matlab、Mathematica、SPSS、SAS、R 或 Python，它们每个都能提供简化某些类别应用程序开发的功能。当托管在云上时，这些同样的工具可以成为协同信息处理的实验室。

一般来说，云平台包含一组软件组件，由云供应商运营，软件开发人员可以将它们集成到自己的应用程序中，通过如 REST API 调用这样的方法。许多系统满足这个广泛的定义，而且有大量的系统已经以某种方式被用在科学和工程方面。(科学家和工程师是很有进取心的！) 例如，Facebook 提供了一套编程接口和工具，开发人员可以使用它们来与 Facebook 维护的个人关系和信息的“社交图”进行集成。研究人员使用此平台的功能来实现协作平台，甚至点对点的资源共享系统，如社交存储云，让 Facebook 好友在他们的电脑上共享存储空间 [88]。Twitter 和 Salesforce 平台也有类似的用途。

云平台的功能在数量上非常庞大，在这里无法一一列举。我们专注于四类云平台服务：

- **数据分析**，使用 Hadoop 和 YARN 工具以及 Spark 实现。我们展示了如何在 Amazon Elastic MapReduce、Azure HDInsight 以及 Google 的 Cloud Datalab 上使用数据分析。我们也会考察数据仓库工具，如 Azure Data Lake 和 Amazon Athena。
- **流式数据**服务，已经完全集成为公有云全景的一部分。Amazon Kinesis 及其分析工具，还有 Azure Event Hubs 和 Stream Analytics，都易于使用且功能强大。开源社区也开发了丰富的工具集合来监控和分析流数据。
- **机器学习**服务，结合开放源代码库和交互式的基于云的开发环境提供令人兴奋的新功能。由于极其庞大的数据集合和强大的计算平台的存在，深度学习正在彻底改变这一领域。
- **Globus 平台服务**，提供身份、组和研究数据管理功能，能简化应用程序以及集成分布在各处的人员和数据的系统开发，比如研究数据管理门户。

云中的数据分析

科学是把我们足够了解的东西解释给计算机。艺术则是除此之外我们所做的一切。

——Donald Knuth

我们今天所知道的公有云最初是作为内部使用的数据中心被创建的，以支持电子商务、电子邮件和网络搜索等服务，这些服务都涉及大量数据集合的收集。为了优化这些服务，一些公司对这些数据进行了大量的分析操作。在这些数据中心变成公有云之后，为这些分析任务开发的工具渐渐演变成了现在的云服务和开源软件。大学和很多公司也为越来越多的优秀开源工具做出了贡献。这个由大量贡献者支持的集合组成了一个庞大的软件生态系统。

关于云数据分析的话题非常多并正在不断演进，这些内容本身就很容易形成完整的（书的）一卷。此外，正如在第 7 章中所观察到的，科学和工程本身正在迅速发展成为数据驱动的数据密集型发现和设计的第四范式[153]。我们调查一些重要的云数据分析方法，并像在本书中其他地方所做的那样，给出了一些你可以自己尝试的实验示例。

我们从首要的主流云数据分析工具 Hadoop 开始，描述其最初的发展和集成 Apache YARN 项目的过程。不同于描述传统的 Hadoop MapReduce 工具，我们聚焦于更现代化和灵活的 Spark 系统。亚马逊和微软都将一些版本的 YARN 集成到了其标准服务中。我们会描述如何使用 Spark 与 Amazon 版的 YARN 和 Amazon Elastic MapReduce，会使用这些工具来分析维基百科数据作为示例。我们还提供了使用 Azure 版本的 YARN、HDInsight 的示例。

接下来我们将转向真正的大量数据集合的分析主题。我们会介绍 Azure Data Lake（数据湖），并说明 Azure Data Lake Analytics（数据湖分析）和与其类似的 Amazon Athena 分析平台的使用。最后，我们描述一个来自 Google 的称为 Cloud Datalab 的工具，它用于探索美国国家海洋和大气管理局的数据。

8.1 Hadoop 和 YARN

我们已经在第 7 章介绍了 Hadoop 和 MapReduce 概念。现在是更进一步介绍的时候了。当 Hadoop 刚出现的时候，人们普遍把它当作解决很多大数据分析问题的工具。Hadoop 并不总是高效的，但是对于分布在大型服务器集群上的极大数据集合来说，Hadoop 是一个很好的工具。

Hadoop 分布式文件系统（HDFS）是关键的 Hadoop 构成部分。使用 Java 编写的 HDFS 是完全可移植的，并且基于标准的网络 TCP 套接字进行通信。部署时，它有一个用于记录数据位置的**名字节点**（NameNode），以及一个用于保存分布式数据结构的**数据节点**（DataNode）集群。在 HDFS 中每个文件被分解为许多个大小为 64 MB 的块，它们分布在 DataNode 上，同时有多个副本以提高系统的容错性。如图 8-1 所示，NameNode 会记录每个文件块和副本的位置。

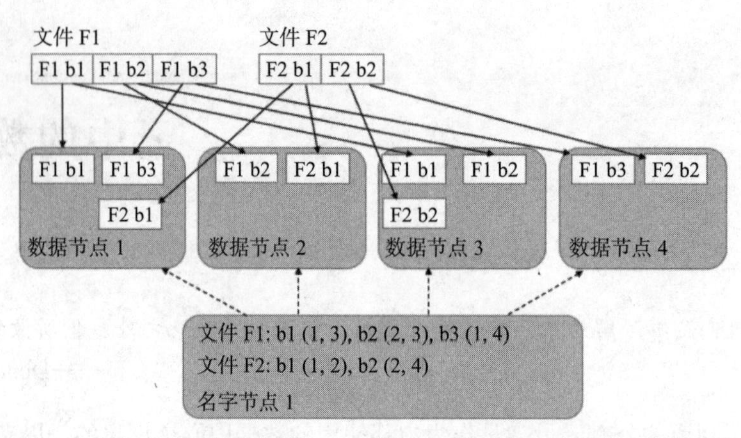

图 8-1 有两个文件和四个数据节点的 Hadoop 分布式文件系统。名字节点中存储了两个文件的分区和副本信息

HDFS 不是一个 POSIX 文件系统：它一次写入之后就可以多次读取，但只保证最终的数据一致性。然而，命令行工具使其可以以类似于标准 Unix 文件系统的方式使用。例如，以下命令在 HDFS 中创建一个“目录”，从网站上下载一个维基百科的副本，将这些数据推送到 HDFS（在 HDFS 中这些数据将被分块、复制和存储），并列出目录。

```
$hadoop fs -mkdir /user/wiki
$curl -s -L http://dumps.wikimedia.org/enwiki/...multisream.xml.bz2\
    | bzip2 -cd |hadoop fs -put - /user/wiki/wikidump-en.xml
$hadoop fs -ls /user/wiki
  Found 1 items
  -rw-r--r-- hadoop 59189269956 21:29 /user/wiki/wikidump-en.xml
```

Hadoop 和 HDFS 最初仅支持 Hadoop MapReduce 任务。然而，其生态系统迅速发展到包括其他工具。此外，原始的 Hadoop MapReduce 工具不能支持一些重要的应用程序类别，例如需要迭代应用 MapReduce [81] 或重用分布式数据结构的应用程序。

Apache YARN（另一个资源协调工具）的出现意味着 Hadoop 生态系统完成了向完整分布式工作管理系统的演变。它具有可以和每个工作节点中的节点管理器进程通信的资源管理器和调度器。应用程序连接到资源管理器，然后资源管理器为该应用程序实例分配一个应用程序管理器。如图 8-2 所示，应用程序管理器与资源管理器交互以获取服务器集群上的工作节点的“容器”。该模型允许多个应用程序同时在系统上运行。

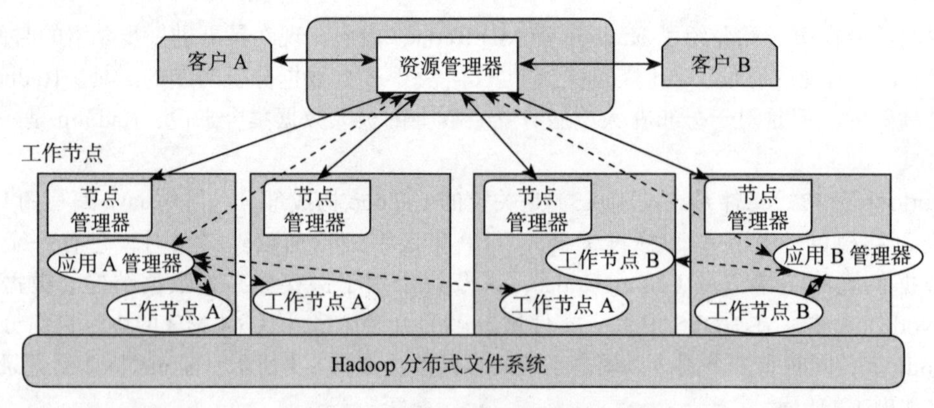

图 8-2 YARN 分布式资源管理器架构

YARN 在许多方面与第 7 章所述的 Mesos 系统相似。主要区别在于 YARN 旨在调度 MapReduce 式的作业，而 Mesos 旨在支持更一般的计算模式，包括容器和微服务。目前这两种系统都被广泛使用。

8.2 Spark

Spark 的设计旨在解决最初的 Hadoop MapReduce 计算范式的局限，特别是它的线性数据流结构，程序从磁盘读取输入数据、对数据进行函数映射（map），对映射的结果执行 reduce 操作，并将 reduce 的结果存储在磁盘上。它支持更通用的图执行模型，也允许迭代执行 MapReduce 操作以及更高效的数据重用。Spark 是交互式的，它比纯 Hadoop 快得多。Spark 可以运行在 YARN 和 Mesos 上，既能运行在笔记本电脑中，也能运行在 Docker 容器中。下面我们对 Spark 进行简单介绍，并介绍一些涉及其数据分析的示例。

Spark 的核心概念是**弹性分布式数据集**（RDD），它是分布在很多服务器上并映射到磁盘或内存的数据集合，提供了分布式共享内存的一种限制形式。Spark 使用 Scala 实现，Scala 是一种解释型、静态类型的对象 – 功能型语言。Spark 有一个 Scala 编写的并行操作库，这个库使用类似于在 Hadoop 中使用的 Map 和 Reduce 操作对 RDD 进行转换（transformation）。（该库还有一个很好的 Python 绑定。）更准确地说，Spark 有两种类型的操作：将 RDD 映射到新的 RDD 的**转换**和将值返回给主程序的**行动**（action）——通常是 read-eval-print-loop，比如调用 Jupyter。

8.2.1 一个简单的 Spark 程序

我们通过使用 Spark 实现一个简单的程序来介绍 Spark 的使用，这是一个利用如下公式计算 π 的近似值的程序：

$$\lim_{n->\infty}\sum_{i=1}^{n}\frac{1}{i^2}=\frac{\pi^2}{6} \tag{8-1}$$

我们的程序如图 8-3 和 Notebook 11 所示，使用 map 操作来对 i 的 n 个值的每一个计算 $\frac{1}{i^2}$，然后使用 reduce 操作对这些计算的结果求和。该程序创建一个一维的整数数组，然后将其转换为分割成两部分的 RDD。（数组不大，我们在双核 Mac Mini 上运行这个例子。）

在 Spark 中，分区分配给 worker。并行性是通过并行地在每个分区上应用 Spark 运算符的计算部分来实现的，此外，每个 worker 使用多个线程。对于行动，如 reduce 操作，大部分在每个分区上完成，然后如果需要就跨分区。Spark Python 库利用 Python 使用 lambda 运算符创建匿名函数的功能。这些函数的代码生成后，可以用 Spark 的工作调度程序发送给 worker，在每个 RDD 分区上执行。在这个示例里，我们用了一个简单的 MapReduce 计算。

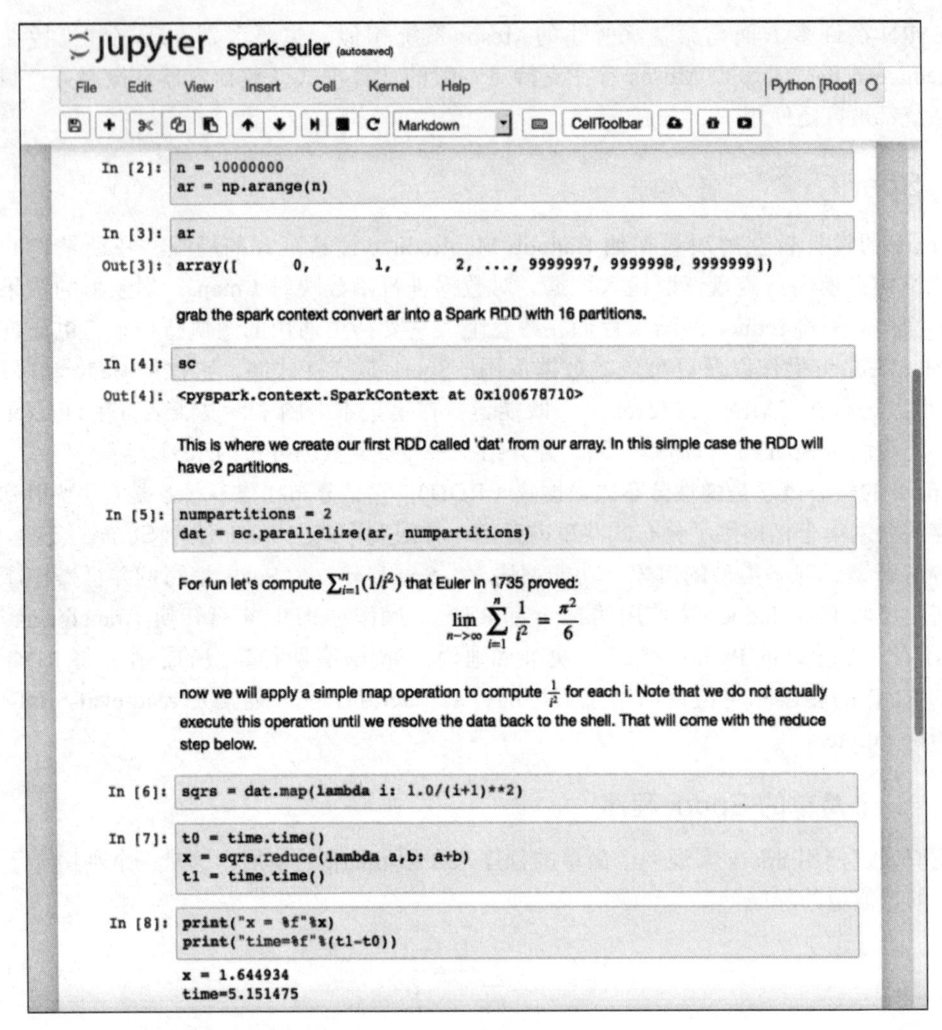

图 8-3　使用 Spark 进行计算

8.2.2　一个更有趣的 Spark 程序：k 均值聚类

现在考虑一个更有趣的使用 k 均值聚类算法的例子 [150]。假设你有一个平面上的 10 000 个点，并且想要找到这个点集的 k 个互不相交的子集的质心，一共是 k 个新点。也就是说，每个点都需要被划分到与它最接近的那个质心所代表的集合中去。我们在 Notebook 12 中给出了这个问题的 Spark 解决方案。

使用数组 kPoints 来保存 k 个质心。用随机值初始化这个数组，然后应用迭代的 MapReduce 算法，重复以下两个步骤，直到质心点与上次的位置移动很小：

- 对于每个点，找到它最接近的质心的索引，并将点划分到这个质心点所在的集合。
- 对于每个点集，计算该集合中所有点的质心，并用新质心代替 kPoints 中的原质心。

首先定义以下函数，对于给定点 p，计算在 kPoints 中 p 最接近的质心的索引。

```
def closestPoint(p, kPoints):
    bestIndex = 0
    closest = float("+inf")
```

```
    for i in range(len(kPoints)):
        tempDist = np.sum((p - kPoints[i]) ** 2)
        if tempDist < closest:
            closest = tempDist
            bestIndex = i
    return bestIndex
```

10 000 个点的坐标保存在一个数组 data 中。我们使用以下映射表达式创建一组元组（j，（p，1））作为一个新的 RDD，其中 j 是 data 中每个点 p 最接近的质心的索引。

```
data.map( lambda p: (closestPoint(p, kPoints), (p, 1)))
```

使用（p，1）元组这种形式是常用的 MapReduce 理念。我们想为每个 j 计算其中所有元组（p，1）的总和，以获得下面这种形式的元组：

$$\left(j,\ \left(\Sigma p, \Sigma 1\right)\right)$$

为此，我们使用 reduceByKey 操作如下。

```
reduceByKey(lambda x, y : (x[0] + y[0], x[1] + y[1]))
```

上面（p，1）中 1 使用 map 运算求和之后的结果是集合中 j 个元组的计数，所以可以通过将 p 的和除以此计数来计算每个点集的质心。k 个点集的质心是一个大小为 k 的 RDD，可以将其用作下一次迭代的 kPoints。这个过程的完整代码如下。

```
tempDist = 1.0
while tempDist > convergeDist:
    newPoints = data \
           .map( lambda p: (closestPoint(p, kPoints), (p, 1))) \
           .reduceByKey(lambda x, y : (x[0] + y[0], x[1] + y[1])) \
           .map(lambda x : (x[0], x[1][0]/ x[1][1])) \
           .collect()

    tempDist = sum(np.sum((kPoints[i] - y) ** 2)  \
                   for (i, y) in newPoints)
    for (i, y) in newPoints:
        kPoints[i] = y
```

总结：先执行一个 map 操作，接下来执行 reduce-by-key 操作，然后是另一个 map 操作，最后收集新的 kPoints 的值，同时使程序回到 read-eval-print-loop 迭代。每个 Spark 操作都在 RDD 所在的核的集群上执行。事实上，这个 Python 程序的作用是编译产生了一个图，再由 Spark 引擎执行。

需要注意的是这个例子只是为了说明一些标准的 Spark 术语，而不是最好的 k 均值算法。Spark 的机器学习算法库有更好的实现。

8.2.3 容器中的 Spark

在笔记本电脑上运行容器式版本的 Spark 是非常简单的。你还可以轻松地在具有多个核的远程虚拟机上运行 Spark：只要虚拟机上安装了 Docker，就可以按照 6.2 节中所述的过程安装，但要使用不同版本的 Jupyter。

```
docker run -e GEN_CERT=yes -d -p 8888:8888 \
         -v /tmp/docmnt:/home/jovyan/work/docmnt \
```

```
        jupyter/all-spark-notebook start-notebook.sh \
         --NotebookApp.password='sha1:....'
```

当开发 Notebook 12 上的 k 均值示例时，我们使用了具有 10 GB 内存和 4 个核 0、1、2、3 的主机上的容器，以及主机磁盘 /vol1/dockerdata。我们使用了如下方式创建这个容器。

```
docker run -e GEN_CERT=yes -d -p 8888:8888 --cpuset-cpus 0-3 -m 10G\
         -v /tmp/docmnt:/home/jovyan/work/docmnt \
        jupyter/all-spark-notebook start-notebook.sh \
         --NotebookApp.password='sha1:....'
```

8.2.4 Spark 中的 SQL

Python 和 Spark 也可以执行 SQL 命令 [64]。我们在 Notebook 13 中以简单的例子说明了这一功能。我们有一个逗号分隔值（CSV）文件 hvac.csv，带有一个标题行和三个数据行，如下所示。

```
Date, Time, desired temp, actual temp, buildingID
3/23/2016, 11:45, 67, 54, headquarters
3/23/2016, 11:51, 67, 77, lab1
3/23/2016, 11:20, 67, 33, coldroom
```

我们通过 Spark 上下文对象的 textFile 操作符将此文件加载到 Spark 中，并创建一个 RDD。我们通过去掉标题并将其余的内容映射到类型化的元组中去，将文本文件 RDD 转换为元组 RDD。我们创建一个 SQL 上下文对象和保存数据的结构的对象，然后创建了一个 SQL DataFrame [45]（参见 10.1 节）hvacDF 对象。

```
from pyspark.sql.types import *
hvacText = sc.textFile("/pathto/file/hvac.csv")
hvac = hvacText.map(lambda s: s.split(",")) \
                .filter(lambda s: s[0] != "Date") \
                .map(lambda s:(str(s[0]), str(s[1]),
                        int(s[2]), int(s[3]), str(s[4]) ))
sqlCtx = SQLContext(sc)
hvacSchema = StructType([StructField("date", StringType(), False),
                StructField("time", StringType(), False),
                StructField("targettemp", IntegerType(), False),
                StructField("actualtemp", IntegerType(), False),
                StructField("buildingID", StringType(), False)])
hvacDF = sqlCtx.createDataFrame(hvac, hvacSchema)
```

现在可以对数据执行 SQL 操作了。例如，可以使用 sql() 方法用以下命令提取包含 buildingID 列的新的 SQL RDD DataFrame。

```
x = sqlCtx.sql('SELECT buildingID from hvac')
```

更有趣的是使用 Jupyter 和 IPython **魔术运算符**（magic operator），它们允许你定义一些语言的小扩展。使用 Luca Canali 开发的运算符，可以创建一个魔术运算符，使我们能够以更自然的方式输入 SQL 命令，并将结果以表格的形式打印出来。使用这个新的魔术运算符 %% sql_show，我们可以创建一个由 buildingID、数据以及所需温度和实际温度之间的差值组成的表。

```
%%sql_show
SELECT buildingID ,
```

```
      (targettemp - actualtemp) AS temp_diff,
      date FROM hvac
WHERE date = "3/23/2016"

+------------+---------+---------+
|  buildingID|temp_diff|     date|
+------------+---------+---------+
|headquarters|       13|3/23/2016|
|        lab1|      -10|3/23/2016|
|    coldroom|       34|3/23/2016|
+------------+---------+---------+
```

我们在 Notebook 13 中提供了有关 SQL 魔术运算符的详细信息，以及 Canali 博客的链接。

8.3 Amazon Elastic MapReduce

过去在集群上部署 Hadoop 需要一个系统专家团队来完成。幸运的是，亚马逊、微软、谷歌、IBM 等公司的产品已经在很大程度上自动化了这项任务。亚马逊的 Elastic MapReduce（EMR）服务使得创建一个 YARN 集群变得非常简单。所有你需要做的只是从预先配置好的列表中选择你最喜欢的工具组合，指定所需的工作节点的实例类型和数量，设置常规的安全规则，然后单击“创建集群”（Create cluster）按钮。在大约两分钟内你的集群就开始运行了。

我们发现最具吸引力的配置包括 Spark、YARN 以及一个名为 Zeppelin（zeppelin.apache.org）的基于 Web 的交互式笔记本工具。Zeppelin 类似于 Jupyter，具有优秀的用户界面和图形功能，并与 Spark 高度集成。为了保持一致，我们在这里还是用 Jupyter。

当 EMR 集群开始运行时，它已经在运行一个基于 YARN 和 HDFS 的 Spark 实例。在 YARN 上安装并运行 Jupyter 需要一些额外的命令，这些命令可以在 Notebook 14 中看到。

为了展示在 EMR 上使用 Spark 的方法，我们使用了如图 8-4 所示的一个计算维基百科中名人姓名出现的频率的程序。我们首先从 S3 载入 2008 年至 2010 年的维基百科访问日志的小样本。由于此文件仅包含约 400 万条记录，所以我们的文本文件 RDD 最初只有一个分区。因此，我们接下来将 RDD 重新分为 10 个部分，这样可以在随后的步骤中更好地利用 Spark 运算的并行性。文本文件的每行包括一个 id、被访问的页面的名称以及一个访问次数，都用空格分隔。为了使这些数据更容易使用，我们使用空格作为分隔符将每行转换为数组。

```
# Define list of famous names
namelist = ['Albert_Einstein', 'Lady_Gaga', 'Barack_Obama',
    'Richard_Nixon','Steve_Jobs', 'Bill_Clinton', 'Bill_Gates',
    'Michael_Jackson','Justin_Bieber', 'Vladimir_Putin',
    'Byron', 'Donald_Trump', 'Hillary_Clinton', 'Nicolas_Sarkozy',
    'Werner_Heisenberg', 'Arnold_Schwarzenegger', 'Elon_Musk',
    'Vladimir_Lenin', 'Karl_Marx', 'Groucho_Marx']

# Transform a line into an array by splitting on blank characters
def parseline(line):
    return np.array([x for x in line.split(' ')])

# Filter out lines not containing famous name in the page title
def filter_fun(row, titles):
    for title in titles:
        if row[1].find(title) > -1:
```

图 8-4 计算维基百科中名人点击量的程序

```
            return True
    else:
        return False

# Return name of person in page title
def mapname(row, names):
    for name in names:
        if row[1].find(name) > -1:
            return name
    else:
        return 'huh?'

# ------ Load and process data -------------------------------------
# Load Wikipedia data from S3
rawdata = sc.textFile( \
        "s3://support.elasticmapreduce/bigdatademo/sample/wiki")

# Repartition initial RDD into 10 segments, for parallelism
rawdata = rawdata.repartition(10)

# Split each line into an array
data = rawdata.map(parseline)

# Filter out lines without a famous name
filterd = data.filter(lambda p: filter_fun(p, namelist))

# Map: Replace each row with (name, count) pair.
# Reduce by name: Add counts
remapped =filterd.map(lambda row:(mapname(row,namelist),int(row[2])))
                 .reduceByKey(lambda v1, v2: v1+v2)
```

图 8-4 （续）

要计算每个人的点击量，我们定义一个函数 mapname，这个函数返回页面标题中人的名称，并执行一个 map 操作，用一个新的（人名，点击量）对来替换每一行，我们按照人名执行 reduce 操作将每个人的点击量汇总。通过执行 RDD 定义的流水线操作，并用 take() 函数重新映射，我们可以查看按点击量排序后的列表，如下所示。

```
remapped.takeOrdered(20, key  = lambda x: -x[1])

[('Lady_Gaga', 4427),
 ('Bill_Clinton', 4221),
 ('Michael_Jackson', 3310),
 ('Barack_Obama', 2518),
 ('Justin_Bieber', 2234),
 ('Albert_Einstein', 1609),
 ('Byron', 964),
 ('Karl_Marx', 892),
 ('Arnold_Schwarzenegger', 820),
 ('Bill_Gates', 799),
 ('Steve_Jobs', 613),
 ('Vladimir_Putin', 563),
 ('Richard_Nixon', 509),
 ('Vladimir_Lenin', 283),
 ('Donald_Trump', 272),
 ('Nicolas_Sarkozy', 171),
 ('Hillary_Clinton', 162),
 ('Groucho_Marx', 152)]
 ('Werner_Heisenberg', 92),
 ('Elon_Musk', 21)]
```

在这个例子中我们发现，在 2008 年至 2010 年期间流行歌星甚至比未来的总统候选人更受欢迎，我们就不进一步研究这个问题了。

为了总结这个例子，我们加载完整的维基百科文件，并列出所有的主页面。使用 8.1 节中介绍的代码将完整的维基百科转储文件存储在 HDFS 中。转储是一个 64 GB 的文件，每行包含 XML 文件的一行数据。我们可以使用 hdfs:/// 前缀从 HDFS 直接加载它。该文件有超过 9 亿行。加载之后，它在 RDD 中有 441 个分区。

```
wikidump = sc.textFile("hdfs:///user/wiki/wikidump-en.xml")
wikidump.count()
927769981
wikidump.getNumPartitions()
441
```

通过过滤包含 XML 标签 <title> 的行来确定每个维基百科条目的标题。我们来看看 1700 多万条目中的前 12 个。

```
def findtitle(line):
    if line.find('<title>') > -1:
        return True
    else:
        return False

titles = wikidump.filter(lambda p: findtitle(p))
titles.count()
17008269
titles.take(12)

[u'      <title>AccessibleComputing</title>',
 u'      <title>Anarchism</title>',
 u'      <title>AfghanistanHistory</title>',
 u'      <title>AfghanistanGeography</title>',
 u'      <title>AfghanistanPeople</title>',
 u'      <title>AfghanistanCommunications</title>',
 u'      <title>AfghanistanTransportations</title>',
 u'      <title>AfghanistanMilitary</title>',
 u'      <title>AfghanistanTransnationalIssues</title>',
 u'      <title>AssistiveTechnology</title>']
 u'      <title>AmoeboidTaxa</title>',
 u'      <title>Autism</title>',
```

要使用这些数据进行更多操作，需要将所有页面的 1700 万个 XML 记录汇集到单个条目中。这是一个为有雄心的读者准备的练习！

8.4　Azure HDInsight 和数据湖

微软很久之前就有了一个称为 Cosmos 的 MapReduce 框架，它被用作许多内部项目（如 Bing 搜索引擎）的主要数据分析引擎。Cosmos 基于有向图执行模型，使用一种类似 SQL 的被称为 SCOPE 的语言编写。虽然 Cosmos 也被发布作为 Azure 用户通用的 MapReduce 工具，但因为客户对 Hadoop/YARN 生态系统非常感兴趣，所以公司决定保留 Cosmos 作为内部工具并支持 YARN 作为提供给客户的解决方案。

在 Azure 上有一个称为 HDInsight 的服务，它支持 Spark、Hive、HBase、Storm、Kafka 和 Hadoop MapReduce，并提供高达 99.9% 的可用性保证。相关编程工具已经集成到了 Visual Studio、Python、R、Java 和 Scala 以及 .Net 语言中。HDInsight 基于集成了 Azure 安

全的 Hortonworks 数据平台的发行版。所有常用的 Hadoop 和 YARN 组件，包括 HDFS 以及其他 Microsoft 业务分析工具（如 Excel 和 SQL Server），都被集成到了这个服务中。

已经安装了 Spark 和 Jupyter 时，要配置一个 HDInsight 集群很容易。与许多 Azure 服务一样，你可以使用预先配置好的模板。在网上可以获取完整的说明 [194]。单击文档中的"Deploy to Azure"链接可转到 Azure 账户界面并设置该脚本。你只需要填写一些标准的账户信息，例如集群的名称、登录 ID、SSH 的密码和主节点的密码。几分钟之内集群就会启动。转到 Azure 门户页面，查找你的新集群并单击名称，你将看到图 8-5 中的图像。

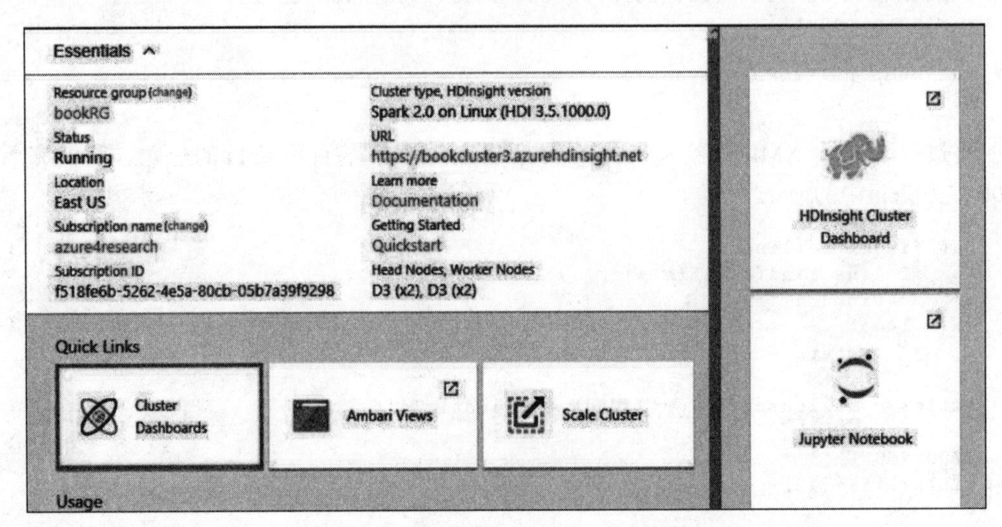

图 8-5 HDInsight 集群的 Azure 门户界面

单击 HDInsight Cluster Dashboard 图标可为你提供集群的实时状态数据，如内存、网络和 CPU 使用情况。单击 Jupyter 图标并完成身份验证之后将会转到 Jupyter 主页，在那里你可以选择 PySpark 或 Scala 笔记本。这两个目录中包含许多优秀的示例教程。

HDInsight 使用在标准 Azure Blob 存储上实现的 HDFS 版本。你可以使用以下命令加载文件。

```
newRDD = spark.sparkContext.textFile('wasb:///mycontainer/file.txt')
```

我们将在第 10 章介绍 HDInsight 机器学习示例中 Spark 的使用时继续另外一个 Spark 示例，此处不做赘述。

8.4.1 Azure Data Lake 存储

HDInsight 是 Azure Data Lake 的一部分，如图 8-6 所示。Data Lake 还包括 Azure Data Lake 存储这个用于存储 PB 级数据的数据仓库，这个数据仓库可以看成是 HDFS 在云中的一个巨大扩展版本。它是为大量吞吐量而设计的，没有 Azure Blob 500TB 的存储限制。它同时支持结构化和非结构化数据。Data Lake 存储的访问协议 WebHDFS 是 HDFS 的 REST API。因此，你可以使用与访问 HDFS 相同的命令从任何地方访问 Data Lake 存储。Python SDK [7] 允许使用 Jupyter 或你熟悉的 HDFS 命令的命令行工具访问这个存储，如下所示：

```
> python azure/datalake/store/cli.py
azure> help

Documented commands (type help <topic>):
========================================
cat   chmod  close  du   get    help  ls   mv    quit  rmdir
touch chgrp  chown  df   exists head  info mkdir put   rm
tail
azure>
```

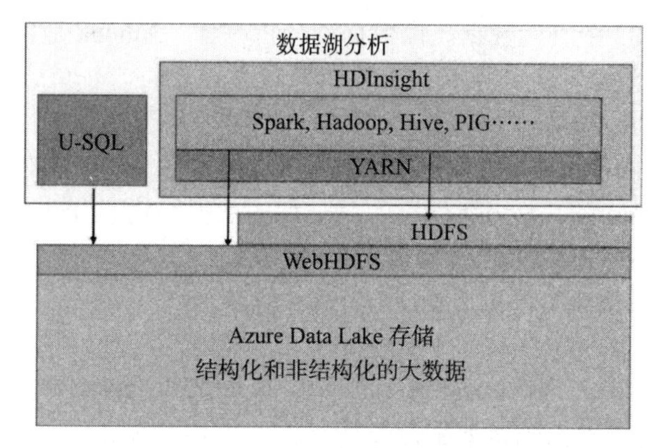

图 8-6　Azure Data Lake 的组件架构图

8.4.2　数据湖分析

Azure 数据湖分析服务由 HDInsight 和相关工具（Spark、Hadoop 等）组成，另外还提供了一个名为 U-SQL 的数据分析工具来编写大型分析任务脚本。U-SQL 结合了 SQL 查询和用 C #、Python 或 R 编写的声明性程序函数。U-SQL 用于大规模并行分析 TB 到 PB 级别的数据集。当你编写一个 U-SQL 脚本时，实际上是在构建一个图。如图 8-7 所示，该程序是可以嵌入常规声明性函数的查询图。

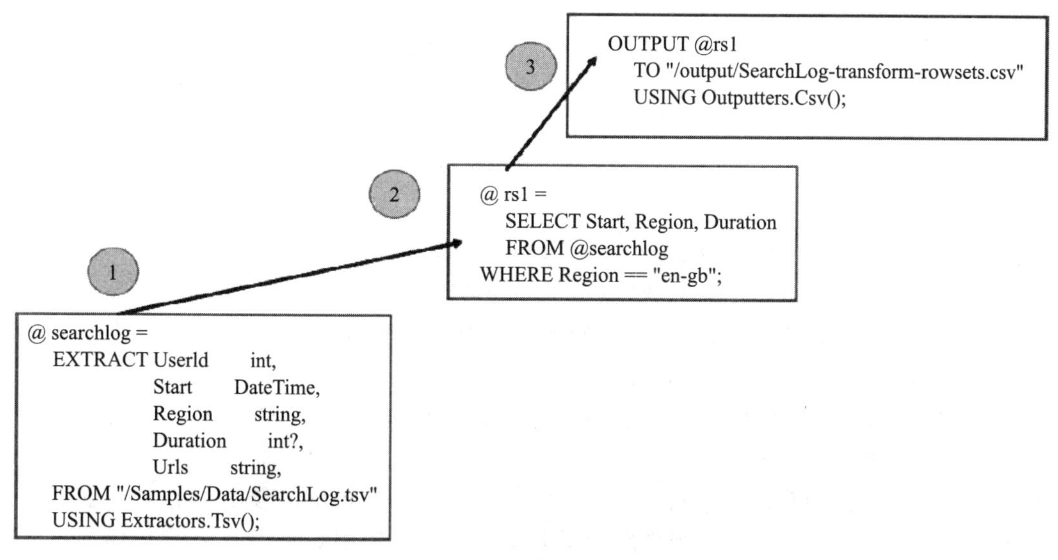

图 8-7　一个定义了查询图的 U-SQL 程序。第一步从文件中提取一个叫 searchlog 的对象。第二步从 searchlog 对象中选择 region 为 en-gb 的记录来组成 rs1 对象。最后一步将 rs1 对象转成 CSV 文件并保存

运行 U-SQL 作业时，你可以指定计算中每个查询任务的并行度。结果是有一个有向无环图，其中一些节点会根据你的建议并行化。你不需要显式分配虚拟机或容器，并且费用按照图中节点的总执行时间来计算。

8.5 Amazon Athena 分析

Athena 是 Amazon 分析工具箱新近扩充的一个工具，目的是允许用户无需启动虚拟机实例即可在 Amazon S3 中查询数据。像数据湖分析一样，Athena 是我们在第 4 章中简要介绍的无服务器计算概念的一个实例。

Athena 可以通过 Amazon 门户访问，该门户提供了基于标准 SQL 的交互式查询工具。首先将数据以几种标准格式之一放在 S3 中，包括文本文件、CSV 文件、Apache Web 日志、JSON 文件或诸如 Apache Parquet 之类的基于列的数据结构。（Parquet 文件将数据表的列存储在连续的位置，适用于高效压缩和解压缩到像 HDFS 这样的分布式文件系统，它们可以被任何 Hadoop 生态系统的工具包括 Spark 生成和使用。）

Athena 查询编辑器允许你定义数据的模式和从 S3 源中提取数据的方法。Athena 将 S3 中的数据视为只读的数据，所有的转换均在 Athena 内部的引擎和存储器中进行。一旦你定义了数据，就可以使用查询编辑器来浏览它们，并使用其他工具（如 Amazon QuickSight）来可视化运行结果。

Athena 的设计旨在使大型数据集的交互式分析变得更简单。由于这个服务是新发布的，我们暂不提供如何使用它来进行数据分析的例子，将来会做。

8.6 Google 云数据实验室

Google Cloud 提供了一个名为 BigQuery 的数据分析工具，它与 Athena 类似。最大的区别是，Athena 基于标准的 S3 Blob 存储，BigQuery 构建在特殊的数据仓库上。Google 在 BigQuery 仓库中托管了一些有趣的公共数据集，其中包括以下内容：

- 所有在 1879 年以后出生的美国公民的美国社会保险卡上的姓名（表格行只包含出生年份、州名、名字、性别以及当相同信息重复超过 5 次时的次数。这些信息中不包括社会保障号码）。
- 2009 年至 2015 年纽约市的所有出租车行驶记录。
- “黑客新闻”的所有故事和评论。
- 美国卫生部从 1888 年至 2013 年每个城市和州的疾病周记录。
- HathiTrust 和 Internet Book Archive 的公开数据。
- 美国国家海洋和大气管理局（NOAA）在 1929 年至 2016 年期间的 9000 个气象站的全球每日汇总天气（GSOD）数据。

Google 最新增加到 BigQuery 的是一款基于 Jupyter 的工具，名为**数据实验室**（Datalab）。（在撰写本文时，这仍然是一个“beta 测试”产品，所以我们不知道它的未来如何。）你可以在其门户网站或自己的笔记本电脑上运行 Datalab。要在笔记本电脑上运行 Datalab，你需要安装 Docker。当你启动了 Docker，并且使用 Google 云账户创建了一个项目，就可以使用简单的 Docker 命令启动 Datalab，如快速入门指南 [24] 所示。当容器启动并运行时，你可以在 http://localhost:8081 查看它。你会看到如图 8-8 所示的界面。

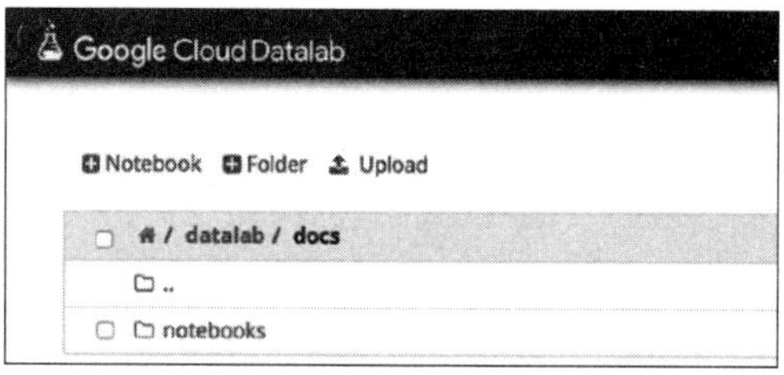

图 8-8 数据实验室的主页。你看见的这个页面是初始的笔记本目录结构。在文档里有一个叫 notebooks 的文件夹，里面保存了很多很好的例子

我们使用两个例子说明 Datalab 和公共数据集合的使用。我们不展示所有的细节，你可以在 Notebook 15 和 Notebook 16 中找到它们。

8.6.1 华盛顿和印第安纳州的风疹

Google BigQuery 存档中包含了长期以来国家和城市报告的疾病控制和预防中心（CDC）密切关注的那些疾病的数据集。一个有趣的病例是风疹（rubella）——一种也被称为德国麻疹的病毒。今天，美国通过疫苗接种计划消除了这种疾病的泛滥，除了那些在其他该疾病依然存在的国家染病的人群外，这种疾病在美国已经销声匿迹。但在 20 世纪 60 年代，风疹是一个重大问题，1964 年至 1965 年间美国估计有 1200 万例风疹病例，大量新生儿因此死亡或留下了生理缺陷。该疫苗于 1969 年推出，到 1975 年，该疾病就几乎消失了。图 8-9 中的 SQL 脚本是基于 Google BigQuery 示例（cloud.google.com/bigquery）的一个例子。它的目的是查找华盛顿和印第安纳州这两个相隔 2000 多英里[⊖]的州 1970 年和 1971 年的风疹病例。此代码还演示了 Datalab 内置的 SQL“魔术”运算符，它用于创建名为 rubella 的可调用模块。

```
%%sql --module rubella
SELECT  *
FROM (
  SELECT
    *,MIN(zrank) OVER (PARTITION BY cdc_reports_epi_week)AS zminrank
  FROM (
    SELECT
      *, RANK() OVER (PARTITION BY cdc_reports_state ORDER BY
             cdc_reports_epi_week ) AS zrank
    FROM (
      SELECT
        cdc_reports.epi_week AS cdc_reports_epi_week,
        cdc_reports.state AS cdc_reports_state,
        COALESCE(CAST(SUM((FLOAT(cdc_reports.cases))) AS FLOAT),0)
              AS cdc_reports_total_cases
      FROM
        [lookerdata:cdc.project_tycho_reports] AS cdc_reports
      WHERE
        (cdc_reports.disease = 'RUBELLA')
        AND (FLOOR(cdc_reports.epi_week/100) = 1970 OR
               FLOOR(cdc_reports.epi_week/100) = 1971)
        AND (cdc_reports.state = 'IN'
          OR cdc_reports.state = 'WA')
      GROUP EACH BY
        1,
        2) ww ) aa ) xx
WHERE
  zminrank <= 500
LIMIT
  30000
```

图 8-9 在华盛顿和印第安纳州的 CDC 报告文件中查找风疹记录

⊖ 1 英里 =1609.344 米。——编辑注

我们可以用Python语句调用此查询，将其结果捕获为Pandas DataFrame对象，并分离时间戳字段和数据值：

```
rubel = bq.Query(rubella).to_dataframe()
rubelIN = rubel[rubel['cdc_reports_state']=='IN']. \
                  sort_values(by=['cdc_reports_epi_week'])
rubelWA = rubel[rubel['cdc_reports_state']=='WA']. \
                  sort_values(by=['cdc_reports_epi_week'])
epiweekIN = rubelIN['cdc_reports_epi_week']
epiweekWA = rubelWA['cdc_reports_epi_week']
rubelINval = rubelIN['cdc_reports_total_cases']
rubelWAval = rubelWA['cdc_reports_total_cases']
```

现在需要对时间戳进行小的调整。疾病预防控制中心在每周提交报告，一年有52周。那么1970年第一个和最后一个星期的时间戳分别是197000和197051，下一周（1971年的第一个星期）是197100。为了获得看起来连续的时间戳，我们如下做一个小的"时光流逝"。

```
rrealweekI = np.empty([len(epiweekIN)])
realweekI[:] = epiweekIN[:]-197000
realweekI[51:] = realweekI[51:]-48
```

对epiweekWA应用相同的调整使我们可以绘制下面的图。图8-10显示了两年中华盛顿州和印第安纳州风疹疾病的情况。请注意，疫情在两州几乎同时发生，到了1971年年底，这种疾病几乎消失了。继续画出1972年和1973年的走势表明，这种疾病的爆发每年都在持续，但规模在迅速减少。

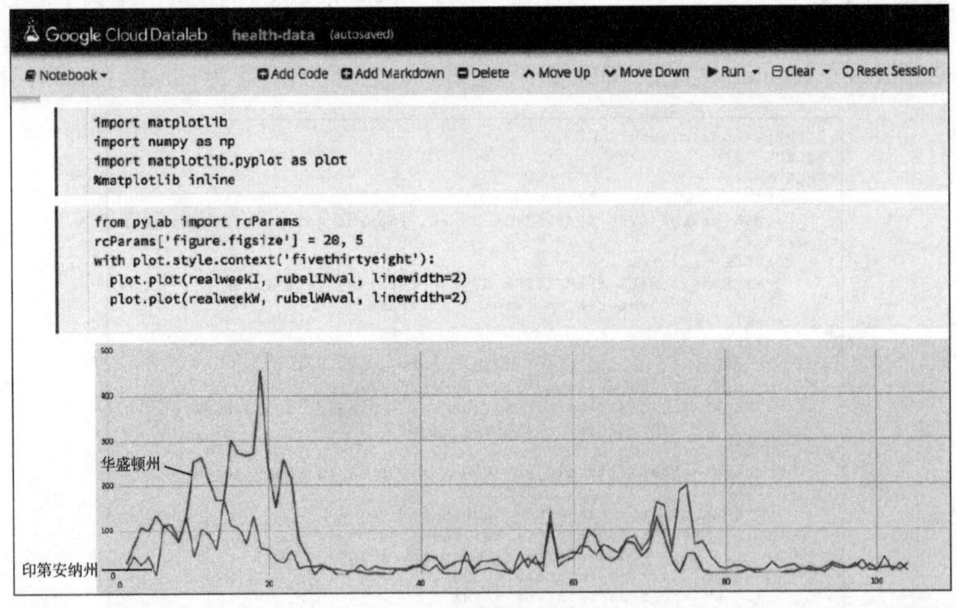

图8-10　1970年到1971年华盛顿州和印第安纳州的风疹病例走势图。横坐标是周次，纵坐标是病例的数量

8.6.2　寻找气象台的异常

从NOAA数据集中我们可以找到1929年至2016年期间9000个气象站的全球每日汇总天气（GSOD）数据。虽然并非所有气象站在这整个时期都正常运行，但这里仍然有非常丰

富的天气资料。为了演示，我们写了一个查询，查找华盛顿 2015 年最热的地点。这一年特别热，给国家带来了不寻常的干旱和火灾。我们的查询如下所示，查询中加入 2015 年的数据表。gsod2015 与 station 表用来确定州名称。我们按温度降序排序。表 8-1 显示了前 10 个结果。

```
%%sql
SELECT maxval, (maxval-32)*5/9 celsius, mo, da, state, stn, name
FROM (
  SELECT
    maxval, mo, da, state, stn, name
  FROM
    [bigquery-public-data:noaa_gsod.gsod2015] a
  JOIN
    [bigquery-public-data:noaa_gsod.stations] b
  ON
    a.stn=b.usaf
    AND a.wban=b.wban
  WHERE
    state="WA"
    AND maxval<1000
    AND country='US' )
ORDER BY
  maxval DESC
```

表 8-1　华盛顿州 2015 年报道的最热的温度

#	Max F	Max C	Mo	Day	State	Stn	Stn name
1	113	45	06	29	WA	727846	Walla Walla Rgnl
2	113	45	06	28	WA	727846	Walla Walla Rgnl
3	111.9	44.4	06	28	WA	727827	Moses Lake/Grant Co
4	111.9	44.4	06	29	WA	727827	Moses Lake/Grant Co
5	111.2	44	09	24	WA	720272	Skagit Rgnl
6	111.2	44	09	25	WA	720272	Skagit Rgnl
7	111	43.9	06	29	WA	720845	Tri Cities
8	111	43.9	06	28	WA	720845	Tri Cities
9	111	43.9	06	27	WA	720845	Tri Cities
10	109.9	43.3	06	28	WA	720890	Omak

结果和我们的预期大致是一样的。东部的瓦拉瓦拉（Walla Walla Rgnl）、摩西湖（Moses Lake）和三城（Tri Cities）这几个城市 2015 年的夏季特别热。但斯卡吉特区域（Skagit Rgnl）位于普吉特海湾附近的斯卡吉特山谷中，9 月份的气温为什么是 111 ℉？那里那么热，附近的地点的天气怎么样呢？我们可以在地图上查看气象站的位置了解附近有哪些气象站。查询很简单，但是需要一些尝试才能正确运行这个查询，因为数据库中州 SPOKANE NEXRAD 的纬度和经度有错误，成了蒙古的某个地方。

```
%%sql --module stationsx
DEFINE QUERY locations
  SELECT FLOAT(lat/1000.0) AS lat, FLOAT(lon/1000.0) as lon, name
  FROM [bigquery-public-data:noaa_gsod.stations]
  WHERE state="WA" AND name != "SPOKANE␣NEXRAD"
```

然后，我们可以调用 Cloud Datalab 的映射功能，如图 8-11 所示。我们发现一个叫 PADILLA BAY RESERVE 的气象站距离那里只有几英里远，下一个最接近的地方是

BELLINGHAM INTL。我们现在可以在这三个地点比较 2015 年的天气。首先，我们使用一个简单的查询来获取州的 ID。

```
%%sql
SELECT
  usaf, name
FROM [bigquery-public-data:noaa_gsod.stations]
WHERE
    name="BELLINGHAM␣INTL" OR name="PADILLA␣BAY␣RESERVE" \
          OR name = "SKAGIT␣RGNL"
```

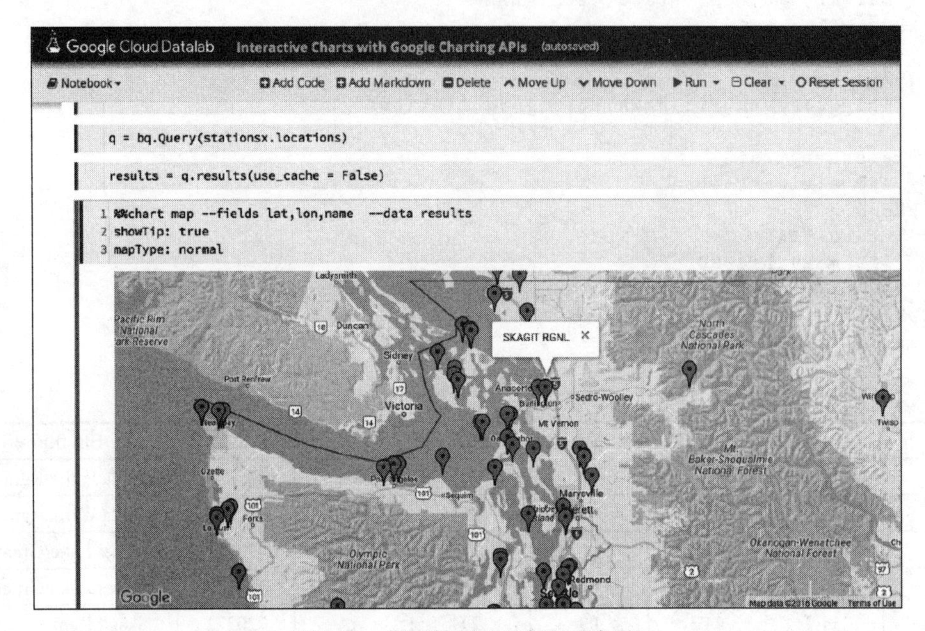

图 8-11 华盛顿州西北部的天气图

通过这些结果，我们可以构建一个参数化的 BigQuery 表达式：

```
qry = "SELECT max AS temperature, \
   TIMESTAMP(STRING(year) + '-' + STRING(mo) + '-' + STRING(da)) \
   AS timestamp FROM [bigquery -public -data:noaa_gsod.gsod2015] \
WHERE stn = '%s' and max <500 \
ORDER BY year DESC, mo DESC, da DESC"
stationlist = ['720272','727930', '727976']
dflist = [bq.Query(qry % station).to_dataframe() \
        for station in stationlist]
```

我们现在可以使用以下代码绘制三个站点的天气的折线图，从而产生如图 8-12 所示的结果。

```
from pylab import rcParams
rcParams['figure.figsize'] = 20,5
with plot.style.context('fivethirtyeight'):
   for df in dflist:
        plot.plot(df['timestamp',df['temperature'],linewidth=2)
plot.show()
```

我们可以清楚地看到斯卡吉特 9 月份的异常情况。我们还发现了 3 月份的一个问题，那时仪器似乎没有记录。除了这些，这三个地方的气温全年都很接近。

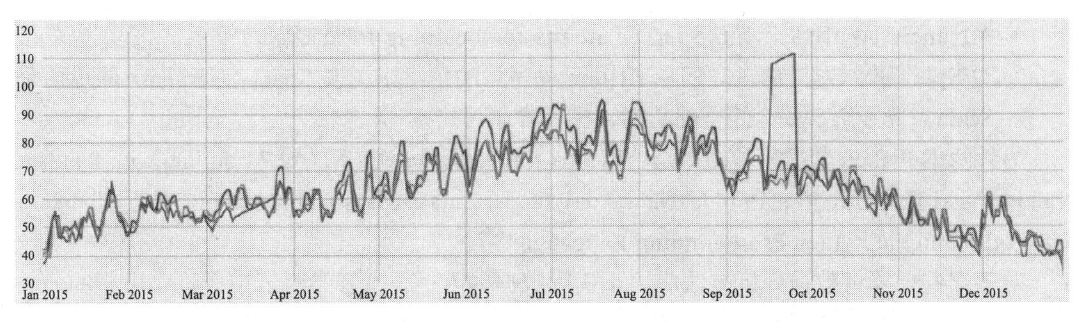

图 8-12　Skagit、Padilla Bay 和 Bellingham 的日最高温折线图

这些简单的例子对于 Datalab 来说是小菜一碟。例如，你还可以使用 Datalab 配合 TensorFlow 机器学习库，并且 Datalab 的绘图功能远远超过本文所展示的这些。此外，你还可以轻松地将自己的数据上传到仓库进行分析。

8.7　小结

大数据分析可能是最广泛使用的云计算服务。所有运行在线服务的公司，不管大小，都分析日志数据，以便了解用户的需求并学习如何针对性地优化其服务。此外，大量云托管的科学数据集，从天文学和宇宙学到地球科学和基因组学领域，正在持续增长。而最初在云中用于执行大规模数据分析的 MapReduce Hadoop 工具现在已经变成了一整套开源系统，这些开源系统不断得到改进和扩展，为用户提供了大量的功能，同时也引入了相当大的复杂性。

我们在这里只考察了一部分云中的数据分析服务。我们介绍了 YARN 的架构，然后重点讲解了 Spark，由于其强大的功能和灵活性，我们选择了 Spark。我们说明为什么 Amazon Elastic MapReduce 是托管 Spark 的绝佳平台。由于 EMR 基于 YARN，我们能够演示 Azure HDInsight 如何与 EMR 在能力上不相上下。然而，我们没有涵盖 YARN 生态系统的许多其他服务和工具：NoSQL 数据库 HBase [138] 和 HBase 上的关系层 Phoenix（phoenix.apache.org）；数据仓库和查询工具 Hive；用于编排 Hadoop MapReduce 工作的脚本工具 Pig [214]；为 Hadoop、Pig 和 Hive 提供工作流程管理的工具 Oozie [214] 等。

我们还简要介绍了 Amazon Athena 分析工具和 Azure 数据湖，这些服务支持对存储在大型数据仓库中的数据进行分析。Athena 提供了基于门户的工具，用于对存储在 Amazon S3 中的任何数据进行快速数据分析；数据湖分析提供了 U-SQL，这是一种用于在 Azure Data Lake 存储中编写基于图的并行分析程序处理 PB 级别数据的工具。这两个系统都基于无服务器计算范式。你不需要部署和管理虚拟机就可以执行查询，云平台负责管理它们运行需要的所有资源。我们将会在下一章更详细地解释这些问题。

8.8　资源

有许多优秀的书涵盖了本章讨论的主题的各个方面。特别是下面这些。

- Hadoop 2 Quick-Start Guide: Learn the Essentials of Big Data Computing in the Apache Hadoop 2 Ecosystem [114]。为 YARN 和完整的 Apache Hadoop 生态系统提供了很好的介绍。
- Python Data Science Handbook: Essential Tools for Working with Data [253]。为 Python 数据主题提供了极好的深入了解，包括 Pandas 数据可视化以及 Python 机器学习库。

- Advanced Analytics with Spark: Patterns for Learning from Data at Scale [229]。提供了对 Spark 的深入讨论。我们从 Python 程序员的角度来说明 Spark，但 Spark 的母语是 Scala。要了解 Spark 的全部功能，你需要学习这本书。

另外两本 Python 数据分析的书是：Python for Data Analysis：Data Wrangling with Pandas，NumPy，and IPython [193]；Python Data Analytics：Data Analysis and Science using Pandas，Matplotlib and the Python Programming Language [209]。

对于那些想要将数据分析方法应用于实际数据的人，公共和私有云中有许多可用的公共数据集，以下是 Google 云（cloud.google.com/public-datasets）上的一些数据集：

- GDELT Book Corpus：350 万数字化书籍。
- 开放图像数据：900 万个注释图像的 URL。
- NOAA GSOD 天气资料：从 1929 年到 2016 年 9000 个气象站的天气数据。
- 美国疾病监测数据：所有的美国城市对那些须申报疾病的报告。
- 2009 年至 2015 年的纽约市出租车和豪华轿车行车记录。

Amazon（aws.amazon.com/public-datasets）也提供了许多数据集，其中包括：

- Landsat 和 SpaceNet：地球上所有土地的卫星图像以及商业卫星图像。
- 从 2011 年到现在的 IRS 990 税务申报记录。
- 公共爬虫语料库，由超过 50 亿个网页组成。
- NEXRAD 天气雷达数据。
- 全球事件、语言和音频（GDELT）记录数据库，监听世界的广播、印刷和网络新闻。

私有的开放科学数据云（opensciencedatacloud.org/publicdata）也为研究人员提供了一些数据，其中包括以下内容。

- 芝加哥市公共数据集。
- EMDataBank：3-D 电子显微镜的资源。
- FlyBase：果蝇基因组学的高价值数据库。
- 一般社会调查：针对一系列人口、行为和态度问题的回答。
- 百万歌曲数据集：百万流行音乐曲目的数据和元数据。

此外，以上的所有三个云上都有各种基因组学和其他生命科学数据集，其中包括以下内容。

- 1000 个基因组数据集。
- Illumina Platinum Genomes，一系列给社区使用的高质量基因组数据集。
- 癌症基因组图谱（TCGA），是癌症基因组学的数据集。
- 来自 89 个国家的 3000 种大米的基因组序列。

将数据以流式传输到云端

一切皆流动。

——Heraclitus

虽然批量分析大数据集很重要，但数据的实时或近实时分析变得越来越重要。例如，控制复杂系统（如自动驾驶汽车或能源电网传感器）的仪器数据：这里，对于系统的驱动，数据分析是至关重要的。在某些情况下，时间越长，结果的价值就会迅速减小。例如，twitter 流的热门主题和主题标签在事件之后可能就没人感兴趣了。在其他情况下，如某些大型科学实验中，每秒钟到来的数据量如此之大，以至于不能被保留，实时分析或数据缩减是唯一处理方法。

我们将**数据流分析**定义为分析来自无边界流数据的活动。虽然很多人认为这是一个新话题，但它可追溯到 20 世纪 90 年代的对复杂事件处理的基础研究，这些研究在斯坦福大学、加州理工学院和剑桥大学 [87] 等地方进行。那些研究创造了一部分今天的系统的知识基础。下面我们将介绍一些最新的来自开源社区和公有云供应商的数据流分析方法。这些方法包括：Spark Streaming（spark.apache.org/streaming），衍生自下一章描述的 Spark 并行数据分析系统；Twitter 的 Storm 系统（storm.apache.org），由 Twitter 重新设计为 Heron [173]；来自德国平流层（Stratosphere）项目的 Apache Flink（flink.apache.org）；来自 Google 的 Cloud Dataflow（云数据流）[58]，成为了 Apache Beam（beam.apache.org），它运行在 Flink、Spark 和 Google Cloud 之上。源自大学的项目包括来自布兰迪斯大学、布朗大学和麻省理工学院的 Borealis，以及在科罗拉多州立大学的 Neptune（海王星）和 Granules（微粒）项目。其他商业开发的系统包括 Amazon Kinesis（aws.amazon.com/kinesis）、Azure Event Hubs [31] 和 IBM Stream Analytics [25]。

对仪器数据流的分析有时需要靠近数据源。相关的预分析工具正在出现，目的是找出应该发送到云的数据子集以进行更深入的分析。例如，Apache Edgent 边缘分析工具（edgent.apache.org）旨在运行在诸如 Raspberry Pi 这样的小型系统中。Kamburugamuve 和 Fox [165] 对许多流处理技术进行了调查，涵盖了这里未讨论的一些问题。

在本章的其余部分，我们使用示例来论证在科学领域数据流分析的必要性，讨论数据流分析系统必须解决的挑战，并描述一系列开源的和云供应商的系统的功能及其使用方式。

9.1 科学流案例

最近的很多研讨会已经对科学领域的许多有趣的数据流处理的案例进行了研究 [130]。我们在这里回顾一些代表性的案例。

9.1.1　广域地球物理传感器网络

如果要了解其底层的科学过程，减轻对生命和财产的破坏，许多的地球物理现象，从气候变化到地震和内陆洪水，都需要大量的数据收集和分析。科学家正越来越多地运行传感器网络，从许多地理空间位置提供大量的流数据。我们在这里给出三个例子。

南加州地震中心（scec.org）进行的地面运动研究涉及数千个传感器，以高采样率连续记录数个月[208]。收集这些数据的一个目的是改进地震模型，在这种情况下，数据传输速率不是主要问题。另一个目的是实时地震检测，包括收集地面运动数据，进行分析以确定可能的位置和危险等级，并且生成警报，用于例如停止火车等[174]。在这种情况下，交付和处理速度至关重要。

大地测量学推进地球科学和地球观测（GAGE）全球定位系统（GPS）[220]网络管理着来自近 2 000 个连续运行的 GPS 接收器的数据流，它们覆盖北极、北美和加勒比地域。这些数据用于地震、水文和其他现象的研究，如果数据是低延迟的，也可用于地震和海啸警报。

美国国家科学基金会资助的**海洋观测台计划（OOI）**[102, 34]在全球多个地点运行着一套综合的科学驱动平台和传感器系统，包括有线海底设备、系泊浮标和移动物产。75 种不同类型的 1 227 种仪器收集了从海底到海空界面的物理、化学、地质，还有生物属性和过程的 200 多种不同类型的数据。一旦收到，原始数据（主要由原始仪器值如数量、伏特等的表组成）会传输到三个运营中心之一，然后复制到东海岸和西海岸的网络基础设施站点上的数据存储库，从那会计算出很多衍生数据。结果数据用于研究气候变化、生态系统变异性、海洋酸化和碳循环等问题。快速的数据传递非常重要，因为科学家希望使用近实时数据来检测和监视事件的发生。

9.1.2　城市信息学

城市是复杂、动态的体系，发展迅速，越来越密集。2014 年全球城市人口占全球人口的 54%，高于 1960 年的 34%。在美国，62.7% 的人口居住在城市，尽管城市只占土地面积的 3.5%[98]。城市消耗大量水电，是温室气体排放的主要贡献者。城市中心的安全、健康、可持续、高效率是至关重要的。

了解城市如何工作以及如何应对不断变化的环境条件现在已成为新兴的城市信息学学科的一部分。这个新学科汇集了数据分析专家、社会学家、经济学家、环境卫生专家、城市规划师和安全专家。为了捕捉和了解一个城市的动态，许多市政府已经开始安装有助于监测能源使用、空气和水质、运输系统、犯罪率和天气条件的仪器。这种实时数据收集和分析的目的是帮助市政府避免全市范围或邻近地区的危机，更智能地规划未来的扩张。

物体阵列（Array of Things）。芝加哥市的一个项目称为“**物体阵列**”（arrayofthings.github.to），探索如何从部署在城市里的仪器收集和分析数据。该项目由芝加哥大学和阿贡国家实验室联合发起的“城市计算与数据中心”的查理·卡特利特（Charles Charlett）和彼得·贝克曼（Peter Beckman）领导。物体阵列团队设计了一个传感器盒的硬件和软件，可以放置在整个城市的电线杆上，收集本地数据，并将数据以流的方式推送回云中的记录和分析点。如图 9-1 所示，传感器盒包含许多仪器、一个数据处理引擎和一个通讯包。因为传感器盒子需要安装在电线杆上并且很少被访问，所以可靠性是一个重要的特性。因此，系统包含一个复杂的可靠性管理子系统，用于监测仪器、计算和通信，并在需要和可能的情况下重新启动故障系统。

传感器盒中的传感器可以测量温度和湿度；物理冲击和振动；磁场；红外线，可见光，紫外光；声音；大气含量如一氧化碳、硫化氢、二氧化氮、臭氧、二氧化硫和空气颗粒。盒子还包含一个摄像头，但它不能传输个人的可识别图像。这些仪器的数据大约每 30 分钟一次上传为一个 JSON 记录，大致采用如下形式。

```
{
   "NodeID":      string,
   "timestamp":   2016-11-10 00:00:20.143000,
   "sensor":      string,
   "parameter":   string,
   "value":       string
}
```

图 9-1　物体阵列传感器盒子的内容（上）和电线杆安装（底部）

请注意，来自盒子的数据流可能有多个传感器，并且各个传感器可以进行多个不同的测量。这些测量用参数关键字来区分。我们会在本章后面的例子中使用这个结构。

9.1.3　大规模科学数据流

在应用频谱的另一端，在超级计算机上运行的大规模并行仿真模型可以产生大量的数据。每隔几个模拟时间步长，程序可能会生成分布在数千个处理单元上的大型（50GB 或更多）数据集。虽然你可以将一部分这些数据集保存到文件系统中，但是通常最好是创建这些大对象的流，并让另一个分析系统在线使用它们，而无需将其写入磁盘。

ADIOS [184] HPC I/O 库支持这种交互模式。它为应用程序员提供了一个简单而统一的 API，同时允许后端跟各种存储或网络层适配，还能充分利用主机系统的并行 I/O 功能。一个后端采用了网络层 EVPath [115]，能提供处理这样庞大的流所需的流量和控制。ADIOS 的另一个目标后端是 DataSpaces [112]，一种用于在分布式系统之间的应用程序之间创建共享数据结构的系统。DataSpaces 通过使用分布式哈希表和希尔伯特空间填充曲线将 n 维数组对象映射成一维来实现这一点。这些组件一起提供了各种流的抽象，可用于将数据从 HPC 应用程序移动到一系列的 HPC 数据分析和可视化工具。

9.2　流系统的基本设计挑战

流系统的设计者面临着很多基本的挑战。一个主要的挑战是正确性和一致性。无边界流中的数据在时间上无限制。但是，如果你想要提供分析结果，你不能等到时间结束。所以，你得在合理的时间窗口末尾呈现结果。例如，你可以根据当天完整的事件检查点来得到每日总结。但是，如果你想要结果更频繁，比如说每秒，如果处理是分布式的，时间窗口又短，你可能没有办法知道系统的全局状态，有些事件可能会丢失或重复计数。在这种情况下，报告可能会不一致。

强一致性事件系统保证每个事件被处理一次且只有一次。相比之下，**弱一致性**系统可能只会给你一个近似的结果。如果需要，你可以通过在日常检查点文件上每日运行批处理来验证这些结果，但这当然需要额外的工作和延迟。将流式引擎与另外的批处理系统相结合的流系统设计，是 lambda 架构的示例 [190]。下面描述的许多系统的目标是将批处理计算能力与流式语义相结合，而不需要单独的批处理系统。

第二个问题是时间和窗口的语义。许多事件源在创建事件并将其推送到流中时提供时间戳。但是，事件不会立刻被处理，而是会延后。因此，我们需要区分事件时间和处理时间。更为复杂的是，事件还可以不按时间顺序处理。这些因素引发了在用处理时间定义的窗口中，如何解释事件时间的问题。

至少有四种类型的时间窗口存在。**固定时间**窗口将输入流划分为逻辑段，每个对应于指定的处理时间间隔。间隔不重叠。**滑动**窗口则允许窗口重叠：例如，每 5 秒钟开始的大小为 10 秒的窗口。**每个会话**窗口将流分成与数据中某些关键相关的活动会话。例如，对于来自特定用户的鼠标点击，按在时间上接近的点击可以打包成一个会话序列。**全局**窗口则可以封装整个有边界的流。必须有一种机制与窗口相关联，来触发对窗口内容的分析并发布摘要。我们下面讨论的每个系统都支持一些窗口化机制。Tyler Akidau [57] 的两篇文章提供了有关窗口和相关问题的良好讨论。

另一个设计问题是关于如何把工作分布在处理器或容器上以及如何实现并行性。我们将看到，这里描述的系统都采用类似的并行方法。

对流的操作通常和类 SQL 的关系运算符相似，但也存在重要的区别。特别地，当流是无界的时候，连接操作没法很好地定义。比较自然的解决方案是把流按时间窗口划分，并在每个窗口上执行连接。Vijayakumar 和 Plale 广泛研究了这个话题 [255]。Barja 等人 [66] 描述了一个复杂事件检测和响应系统，其中类 SQL 的时间查询有明确定义的语义。

9.3　Amazon Kinesis 和 Firehose

Amazon 提供了令人印象深刻的事件流软件栈 Kinesis，它包括以下三个服务：

- Kinesis Streams 提供有序的、可重放的实时流数据。

- Kinesis Firehose 专为极限规模而设计，可以将数据直接加载到 S3 或其他 Amazon 服务中。
- Kinesis Analytics 提供基于 SQL 的工具，用于实时分析来自 Kinesis Streams 或 Firehose 的流数据。

9.3.1　Kinesis Streams 架构

每个 Kinesis 流由一个或多个分片（Shards）组成。把流想象为一条由许多股组成的绳索。每股就是一个分片，流中移动的数据被分布在组成流的各个分片中。数据生产者向分片中写入，消费者从分片中读取。每个分片支持来自生产者的写入速度最多可达每秒 1 000 条记录，最多可以每秒写入 1MB 数据。但是，每个记录都不能大于 1MB。另一方面，数据消费者的读取速度最多可以达到每秒 5 个事务，总吞吐量为 2MB/s。虽然这些界限可能看起来相当有限，但你可以拥有数千个分片组成的流。对于科学家来说，最大的限制可能是每个事件的 1MB 大小限制，这意味着大事件必须分解并分布在多个分片上。我们稍后再回到这个细节。

要创建流，请转到 Amazon 控制台，单击“流”(stream)，给流一个名称，并选择所需分片的数量，如图 9-2 所示。

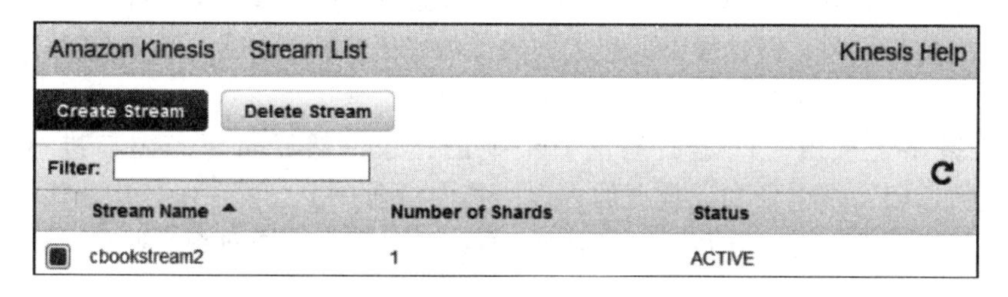

图 9-2　从 Amazon 控制台创建一个分片的流

我们从一个将流记录发送到流 cbookstream2 的例子开始。假设我们要从温度传感器发送一系列带有时间戳的温度读数。每个记录必须有一个流名称、一个二进制编码数据组件、以及一种识别分片的方法。我们在这里使用的 Boto3 SDK 提供了与其他 Amazon 服务一致的接口。通过将分区键用一个字符串来表示以标识分片：在本例中，由于只有一个分片，我们用字符串 'a'。该键被散列成一个整数，用于选择分片。(由于只有一个分片，所有记录都映射到 shard0)。在示例中，记录的二进制数据组件由我们决定。我们创建一个字符串，将 JSON 记录编码，然后将该字符串转换为二进制数组。以下代码将我们的记录发送到流。(我们使用 datetime 格式的时间戳，因为它是 Streams 为其时间戳使用的格式。)

```
client = boto3.client('kinesis')
tz = pytz.timezone('America/Los_Angeles')
ts = datetime.datetime.now(tz)
item = {'id': 'sensor 1', 'val': 73, 'label': 'temperature',
        'localtime': str(ts)}
data = json.dumps(item)
client.put_record(
        StreamName='cbookstream2',
        Data= bytearray(data),
        PartitionKey = 'a'
     )
```

要读取流需要更多的工作。加载到分片中的每个记录都有一个序列号。要读取记录，你需要提供一个分片迭代器，它可以通过多种方式创建。一种方法是指定时间戳，以便只读取在指定时间后到达的记录。另一种方法是请求位于流的最后的迭代器，以便你只获取该点之后的新记录。或者你可以用序列号创建迭代器。为此，你还需要使用 shardID。你可以通过使用对 describe_stream (StreamName) 的调用来获取该分片的 shardID 和起始序列号。给定这个信息，你可以创建一个迭代器，如下所示。

```
client = boto3.client('kinesis')
iter = client.get_shard_iterator(
      StreamName='cbookstream2',
      ShardId='shardID',
      ShardIteratorType = 'AT_SEQUENCE_NUMBER',
      StartingSequenceNumber='seqno'
      )
```

如果你想要仅在最后记录之后启动的迭代器，以便只获取新记录，则可以将 ShardIteratorType 设置为“LATEST”，并忽略序列号。（也可以使用另外两个迭代器构造方法，但是我们不在这里讨论它们。）

创建一个迭代器后，我们可以通过使用 get_records() 函数来询问从该点收集的所有记录。此功能在一次调用中最多返回 10MB，每秒只能支持 2MB。为了避免 10MB 限制，你可以限制返回的记录数，但是如果你接近极限，最好添加新的分片，或者使用 split-shard 分割分片功能。

最好的策略是从由时间定义的窗口中拖出记录，然后对每个窗口进行分析。get_records() 函数返回一个记录和元数据的列表，其中包含一个“下一个分片迭代器”，可用于将函数定位到下一批记录。例如，使用上面的代码的结果，一个典型的处理循环如下所示。

```
iterator = iter['ShardIterator']
while True:
    time.sleep(5.0)
    resp = client.get_records(ShardIterator=iterator)
    iterator = resp['NextShardIterator']
    analyzeData(resp['Records'])
```

该代码会把在近五秒钟内在分片中等待的记录块（不计算进行数据分析的时间）抽取出来。假设我们想要测量从流创建一个记录开始（如上所述），直到记录到达并在流中标记了时间戳为止所经过的时间。我们可以如下编写代码。

```
def analyzeData(resp):
    #resp is the response['Records'] field
    for rec in resp:
        data = rec['Data']
        arrivetime = rec['ApproximateArrivalTimestamp']
        print('Arrival time = '+str(arrivetime))
        item = json.loads(data)
        prints('Local time = ' + str(parse(item['localtime'])))
        delay = arrivetime - parse(item['localtime'])
        secs = delay.total_seconds()
        print('Message delay to stream = '+str(secs) + ' seconds')
```

9.3.2 Kinesis 和 Amazon SQS

将 Kinesis Streams 和 Kinesis Firehose 与 2.3.6 节中引入的 Amazon 简单队列服务

（Simple Queue Service，SQS）进行比较是有益的。SQS 是基于队列的语义。消息（事件）生成器向 SQS 队列添加条目；SQS 客户端可以从队列中检索消息进行处理。客户端不会删除队列中的消息，而是保留一段时间（通常为 24 小时），或者直到整个队列被显式清除。队列中的每个消息都有一个序列号。知道这个号码，客户端可以通过单次调用流 API 来获取该消息和所有后续消息（有一定上限）。因此，客户端可以随时重做一次队列分析，而且不同的客户端可以以相同或不同的方式处理相同的队列。

相比之下，Kinesis Firehose 旨在处理自动传送到 S3 或 Amazon Redshift 的大型流数据。Firehose 是面向批处理的：它将传入的数据缓存到高达 128MB 的缓冲区，并将缓冲区以你所选择的特定间隔，从每分钟到每 15 分钟，将缓冲区转储到你的 S3 Blob。你还可以指定数据被压缩和 / 或加密。因此，Firehose 不是为实时分析设计的，而是用于近乎实时的大规模分析。

9.4　Kinesis、Spark 和物体阵列

为了说明如何在流环境中使用 Kinesis 和 Spark，我们研究了通过 Kinesis 的 40 种不同的仪器流的数据。Spark 有一个称为 Spark Streaming 的流式子系统。其中关键的概念是 **D 流**（D-stream），它接收窗口式的流数据，将其以数据块的形式送入 Spark RDD 进行分析。我们在这里使用这些概念来实现一个基本的异常预测算法。更具体地说，建立一个 Jupyter 笔记本，跟踪所有的流，但重点是放在两个突然发生戏剧性行为变化的流。我们的目标是自动标记这些异常。为了能更容易在笔记本中做到，我们使用常规的 Spark 加上 Kinesis，而不是 Spark 流式子系统。我们通过从 Kinesis 中提取事件块并将每个块转换为 Spark RDD 来创建一个伪 D 流。

我们在这里使用的数据是基于 9.1.2 节所述的“物件阵列”项目部署的 40 个仪器的 24 小时事件流示例。我们将这些数据放在书中的下载网站。更多的数据可以从 arrayofthings.github.io 获得。

我们开发一个程序来读取数据集，并将事件尽可能快地推送给 Kinesis。虽然在这里没有提供所有的代码细节——我们希望关注核心思想——详细信息在 Notebook 17 中可以看到。（本书网站上的“EXTRAS”标签页中有本例的代码和数据链接。）我们首先创建一个 Jupyter 实例，在其中运行 Spark。（该示例可以在笔记本电脑上运行。）我们正如前一节所述连接到 Kinesis，并开始拉取事件记录，累积并送到 RDD 窗口中。

我们使用简单的算法来检测异常：记录每个感兴趣的流的数据流值，正当我们在记录它们时，为下一个值计算一个简单的预测值。如果流中的下一个值与预测非常不同，那么标记一个异常。

为了记录数据流，我们创建了一个 Datarecorder 类的实例。这里有一个主方法：record_newlist (newlist)，它把形式为 (timestamp，value) 的事件记录列表添加到 self.datalist，一个流记录。除了这个记录，我们还使用流的最近历史来发现流中的意外变化，例如异常或其他主要的行为变化。其中的一个挑战是，一些信号可能有很多噪声，所以必须寻找方法来过滤噪声，以看到重大的行为变化。

要过滤流中的噪声 x_i, $i = 0\cdots$，我们可以使用基于指数的平滑技术，将来自流的先前值混合，以创建趋向于过去值的几何平均值的人造流 s_i，如下所示。令 $s_0 = x_0$，并使用以下递归来定义未来值：

$$s_n = (1-\alpha)\, x_n + \alpha\, s_{n-1}$$

其中 α 是 0 和 1 之间的数字。将递归展开，我们看到：

$$s_n = (1-\alpha) x_n + \alpha (1-\alpha) x_{n-1} + \alpha^2 s_{n-2}$$

$$s_n = (1-\alpha) \sum_{i=0}^{n-1} \alpha^i x_{n-i} + \alpha^n x_0$$

（可以轻易地验证，在恒定流的情况下，对所有的 i，$x_i = x_0$，那么对于所有的 i，$s_i = x_i$。）然而，如果流的值发生了根本性的变化，则平滑值会滞后。我们可以使用这个滞后来表示有异常和其他行为改变点。但问题是如何用不同于噪声的方式来测量行为的深刻变化。为了做到这一点，我们可以计算标准差，并寻找超出标准差的平滑值偏离。

我们不能很容易地计算出流值的标准差，因为流值可能随时间而急剧变化，但是可以计算最近窗口中的标准差。我们创建一个缓冲区 buf_i（$i = 1, \cdots, M$），以记录最新的 M 个流值。可以在这个窗口中计算出标准差 σ 如下。

$$\mu = \frac{1}{M} \sum_{i=1}^{M} \text{buf}_i$$

$$\sigma = \sqrt{\frac{1}{M} \sum_{i=1}^{M} \left(\text{buf}_i - \mu\right)^2}$$

基于这个计算，可以找出位于区间 $[s_i-k\sigma, s_i+k\sigma]$ 之外的 x_i 的值，其中 k 是大于 1 的值。我们在这里使用 $k = 1.3$。虽然 2σ 可以帮我们发现一些真正严重的异常值，但我们发现更适中的 1.3σ 很好用。该计算在 Datarecorder 的 record_newlist (newlist) 方法中进行。我们还记录了 s_i，$s_i-k\sigma$ 和 $s_i+k\sigma$ 的值，在完成分析后可以绘制它们。

我们查看了 40 个流中的两个，为每个感兴趣的流创建一个数据记录器的字典。一个流是化学传感器，跟踪大气的二氧化氮 NO_2，一种常见的污染物。另一个是环境温度传感器。我们创建一个函数 update_records (newlist)，如下所示，它接收以下形式的列表，用字典选择正确的记录器，将时间戳和值的列表传递给记录器函数。

```
[ [sensor-name, [[time-stamp, value], [time-stamp, value] ....  ]
  [sensor-name, [[time-stamp, value], [time-stamp, value] ....  ]
  ..
]

myrecorder = {}
myrecorder['Chemsense_no2'] = Datarecorder('Chemsense_no2')
myrecorder['TSYS01_temperature'] = Datarecorder('TSYS01_temperature')

def update_recorders(newlist):
    if newlist != None and newlist != []:
        for x in newlist:
            myrecorder[x[0]].record_newlist(x[1])
```

我们的 Spark-Kinesis 流水作业有四个阶段。第一阶段在伪 D 流上创建 RDD：

- gather_list (iteratorlist) 获取 Kinesis 流迭代器的列表，并从流中抽取最后一次调用该函数之后的所有事件。然后将迭代器列表 iteratorlist 更新为我们抽取的最后一个事件的位置的迭代器。每个事件都是一个二进制编码的 JSON 对象，因此它被转换成一个完整的 JSON 对象，然后转换为一个列表。

- filter_fun (row, sensor, parameter) 用于选择对应于特定传感器、参数对的 RDD 的元素。

程序的主循环模拟 Spark 流处理。大约每 20 秒钟，我们从 Kinesis 流中收集所有可用的事件，然后为它们创建一个 Spark RDD。每个事件都是以下形式的列表。

```
[sensor-name, [timestamp, value]]
```

流程中的第一步会过滤除了我们想要保留的事件之外的所有事件。第二步通过元组中的传感器名称键对事件进行分组，生成具有两个元素的列表，如下所示。

```
[ ['Chemsense-no2', [python-iterator over (time-stamp, value) tuples]],
  ['TSY01-temperature', [python-iterator over(time-stamp, value) tuples]]
]
```

第三步使用 map 将 Python 迭代器转换为显式列表，通过使用一个简单的函数 doiter (row)。然后，我们将这些列表收集到一个单个的新列表 newlist 中，传递给记录器来记录和查找感兴趣的事件。

```
for i in range(150):
    gathered = gather_list(iterlist)
    data = sc.parallelize(gathered, 2)
    newlist = data.filter(lambda p: filter_fun(p,'Chemsense','no2')
                        or filter_fun(p,'TSYS01','temperature')) \
                 .groupByKey()  \
                 .map(lambda p: doiter(p))  \
                 .collect()
    update_recorders(newlist)
    print('**********  end of gather %s ***************'%i)
    time.sleep(20.0)
```

请注意，数据集中的数据涵盖了 24 小时的真实数据，在此期间仪器大约每 25 秒发送一次事件：大约每分钟两次事件，一天总共 3 450 次。在数据集中共有 172 800 个事件，总的大小大约是 14MB。我们把所有数据推送给 Kinesis，只用一个分区，用时大约 120 × 20 秒 =40 分钟。如果用两个分区的话会快很多。

输出一开始很枯燥，直到到达时间戳 17:05:06，我们看到以下的异常被报告：

```
[updating list for TSYS01_temperature
********** end of gather 84 ***************
updating list for Chemsense_no2
anomaly at time 2016-11-10 17:05:06.980000?
anomaly at time 2016-11-10 17:05:57.049000
...  lines deleted ...
anomaly at time 2016-11-10 17:13:26.838000
anomaly at time 2016-11-10 17:13:51.875000
updating list for TSYS01_temperature
anomaly at time 2016-11-10 17:15:57.064000
...  lines deleted ...
anomaly at time 2016-11-10 17:29:17.405000
anomaly at time 2016-11-10 17:29:42.460000
anomaly at time 2016-11-10 17:30:07.507000
...  more time passes ...
updating list for TSYS01_temperature
anomaly at time 2016-11-10 22:23:07.533000
anomaly at time 2016-11-10 22:23:32.592000
```

```
anomaly at time 2016-11-10 22:24:22.673000
...  ending at ...
anomaly at time 2016-11-10 23:14:47.974000
anomaly at time 2016-11-10 23:17:18.233000
********** end of gather 114 ***************
```

每个记录器跟踪数据、被平滑后的预测和 3σ 宽的安全窗口。Datarecorder 上的绘图功能显示历史记录。我们可以清楚地看到奇怪行为的时期，如图 9-3 所示。

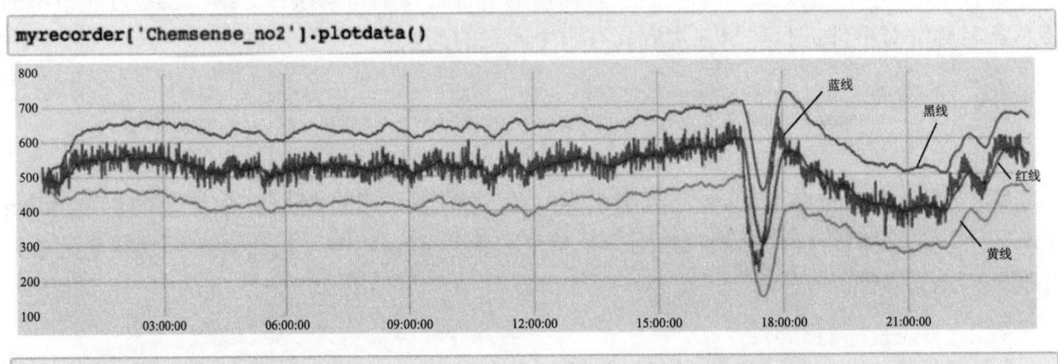

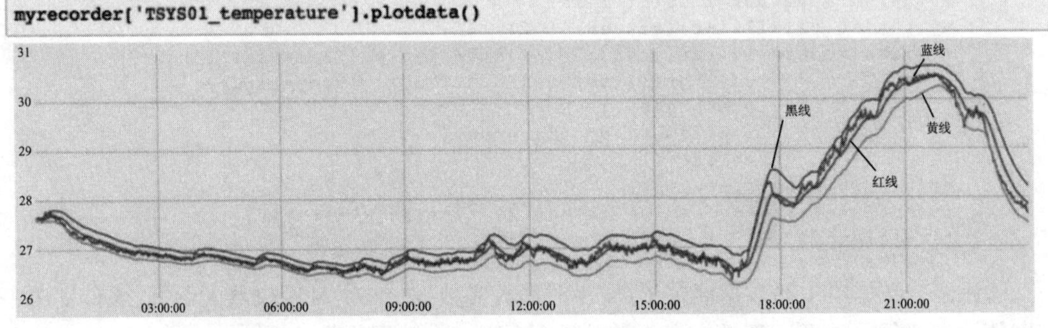

图 9-3　传感器数据流图。高频蓝线是原始数据。红线是平滑的预测线。另外两条线分别显示高于和低于预测 1.5σ 的值。当蓝线逃逸出 3σ 窗口时，会给出异常信号

9.5　用 Azure 进行流数据处理

Azure 拥有一系列专用于实时、大规模流分析的服务。该系统被设计为每秒能处理数百万个事件，并跨多个数据流进行关联。物联网应用程序在这里会处理得特别好。Azure 流分析服务的两个主要组件是 Azure Event Hubs 服务和 Stream Analytics 引擎。

Event Hubs 事件中心是你的仪器发送事件的地方。在这方面它与 Kinesis 相似。分析门户是你放置事件处理逻辑的地方，用 SQL 的流式方言表示，如图 9-4 所示。Stream Analytics 门户可以让你从 Event Hub 或从 Blob 存储选择输入流，送到查询系统，然后可以直接输出到 Blob 存储。如下图所示，查询的输出也可以直接送到门户控制台。

创建 Event Hub 的最佳方法是通过 Azure 门户。一旦完成，将事件发送到 Event Hub 就很容易。Event Hub 服务通过名字空间、Event Hub 名称、访问密钥名称和访问密钥来标识 hub 实例。这些值都可从门户网站获得。你可以根据需要在名字空间中创建任意数量的 hub 实例。事件的最大大小为 256KB，因此如果数据较大，则必须将其分成 256KB 块，并分批发送。Event Hub 具有序列号，以便你可以跟踪大信息的各个部分。

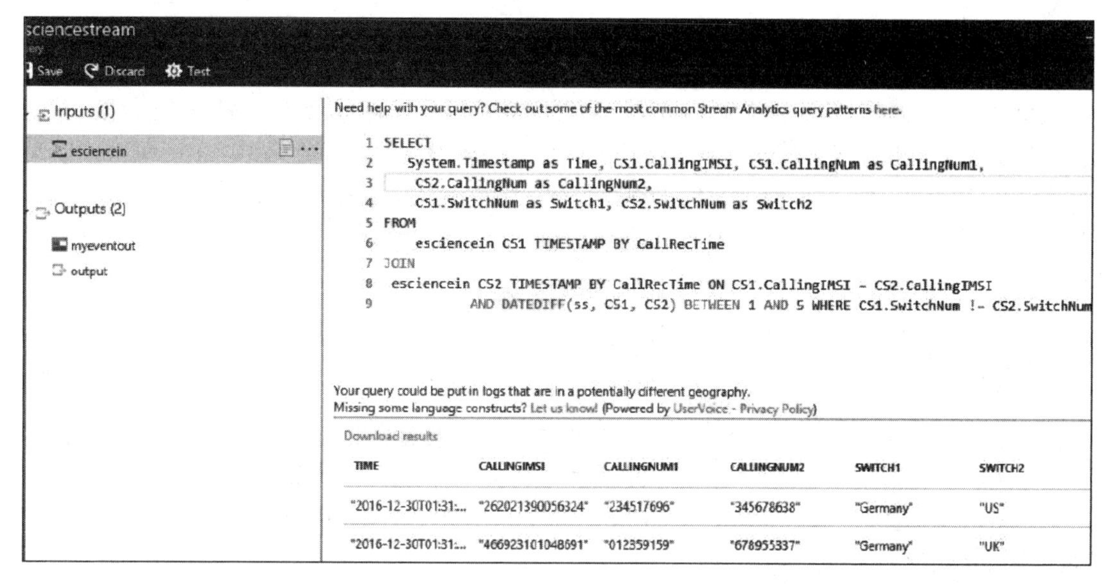

图 9-4　Azure 流分析查询的视图。在这个例子中，我们查找电话诈骗。输入流是一组呼叫记录。该查询查找几乎在同一时间从不同的地点来自相同号码的呼叫

假设你的事件是具有表格类别、标题、摘要的科学记录。你设置与 Event Hub 的连接并发送事件三元组文档，如下所示，恰当地标记事件三元组的每个元素。

```
from azure.servicebus import ServiceBusService

servns = 'myhubnamespace'
key_name = 'RootManageSharedAccessKey'  # default from Azure portal
key_value = 'longkey from portal'
sbs = ServiceBusService(service_namespace=servns,
                        shared_access_key_name=key_name,
                        shared_access_key_value=key_value)

event_data = {'category':doc[0], 'title':doc[1], 'abstract':doc[2]}
sbs.send_event('event hub name', json.dumps(event_data))
```

Event Hub 的事件通常路由到 Azure Stream Analytics 引擎。如图 9-5 所示，你可以将引擎的输出保存到 blob 存储；将其路由到 Azure 队列服务，使你自己的微服务可以订阅事件并处理它们；或者让 Stream Analytics 服务查询调用 Azure 机器学习服务。

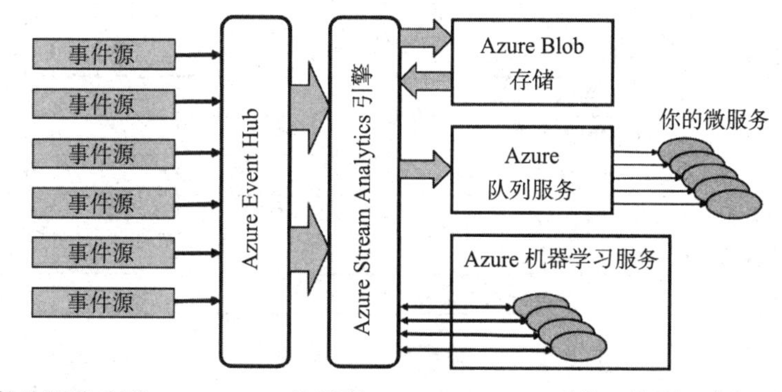

图 9-5　事件从源移动到 Event Hub，然后到 Stream Analytics 引擎。从那里它们可以去 Blob 存储、Azure 队列服务或 Azure 机器学习服务

为了展示机器学习系统如何与流分析相结合，我们需要更仔细地查看作为分析服务一部分的 SQL 语言方言。其中已经添加了语言扩展以容纳数学和逻辑函数库以及窗口语义。类似的概念是 Amazon Kinesis Analytics 使用的查询语言的一部分。例如，假设我们有一个温度读数事件流，其中每个都包含一个传感器名称和一个温度值，并且你想要了解每个传感器 20 分钟窗口温度的标准偏差。我们可以如下查询这个问题。GROUPBY 操作符使用相同的传感器名称聚合窗口中的所有事件，STDEV 操作符计算每个传感器温度值的标准偏差。术语**翻滚窗口**表示窗口是固定大小，不重叠和连续的。

```
SELECT sensorname, STDEV(temperature)
FROM input
GROUPBY sensorname, TumblingWindow(minute, 20)
```

Azure Stream Analytics 允许我们以相同的方式调用机器学习函数。例如，假设我们有一个 Azure 机器学习（ML）Web 服务，可以读取科学文档摘要并预测一对分类：最好的猜测和第二好的猜测。我们现在可以用科学文献事件流，并直接调用以下的 Stream Analytics 查询来调用分类器。

```
WITH subquery AS {
   SELECT category, title, classify(category, title, abstract)
   as result from streaminput
 }
SELECT category, result.[Scored Label], result.[second], title
FROM
    subquery
INTO
    myblobstore
```

classify() Web 服务忽略类别和标题，并使用机器学习库来分析摘要的文本，并返回两个字段的结果——Scored Label（打分的标签）和第二选择的分数 second。结果将作为 CSV 文件存储在 Azure Blob 存储中。在下一章中，我们将介绍如何使用 Azure ML 来构建这样的 Web 服务。

你可能会想知道 Azure Stream Analytics 能不能很好地跟上输入事件流，因为它必须为每个查询评估调用单独的 Web 服务。简短的答案是“非常好”。为了演示，我们从 Jupyter 笔记本发送了一批 1939 个事件到 Event Hub。表 9-1 列出了处理整个批次所需的总时间。我们还测量所有 1939 个事件直接调用 Azure ML 服务所需的时间，每个事件一次调用。我们还测量了使用批量请求调用 Azure ML 服务所需的时间，里面所有事件都在一次 Web 服务调用中发送。

表 9-1　Azure Stream Analytics 处理 1939 个输入事件所花费的时间

指标	时间（秒）
Azure Event Hub 调用总时间	162
直接的 Azure ML 调用总时间	1042
批量 ML 调用总时间	3.75
事件到达 Event Hub 平均时间	0.0825
Stream Analytics 的 Web 服务调用平均时间	0.0827

我们看到批量事件处理可能会对性能产生重大影响。当请求分次发送（表中的第二行）时，1939 个事件需要 1042 秒，或大约 0.5 秒才能对 Azure ML Web 服务进行单次调用并返回结果。但是，如果我们在一个大块请求（第三行）中发送事件，则只需要 3.75 秒，每个事

件 0.002 秒。由于 Stream Analytics 系统会自动将请求分组到 Web 服务，所以对于 1939 个事件，它只执行 578 次不同的调用，如图 9-6 所示的自动监控所显示的。该分组允许它以平均 0.0827 秒（表中的第五行）处理每个事件，这与事件的到达速率（第四行）相匹配。

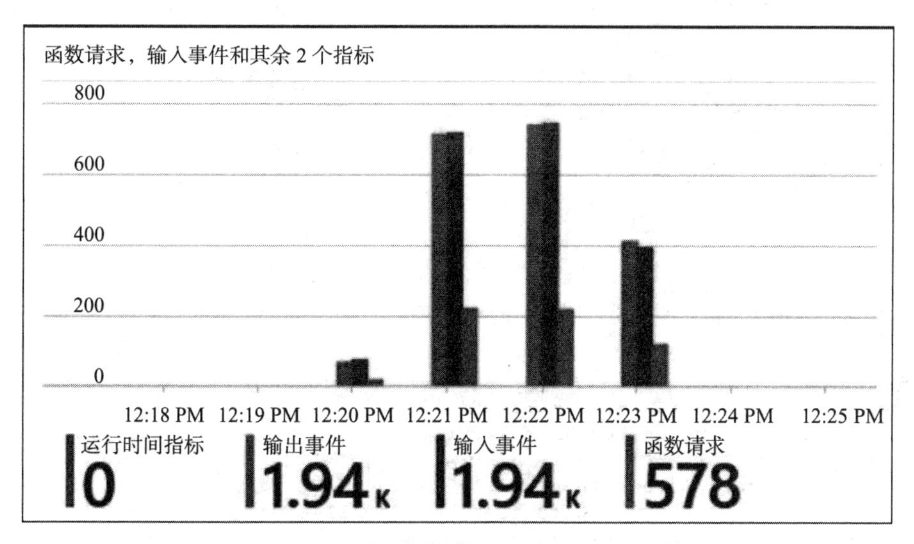

图 9-6　Azure Stream Analytics 为我们的实验捕获的指标。每组三列显示输出事件，输入事件和 Web 服务调用

我们还通过使用两台机器同时发送完整的事件来加倍事件到达率以对其进行实验，发现对性能没有显著影响。Stream Analytics 系统能跟得上，只需要 598 个 Azure ML 功能调用，即使处理事件的数量是两倍。你可能想尝试一个有趣的练习：使用许多输入事件源来测试 Azure Stream Analytics 系统扩展能力的极限。

9.6　Kafka、Storm 和 Heron Streams

Apache **Kafka**（kafka.apache.org）是一个开源消息系统，其中包含了发布 – 订阅消息和流处理。它被设计为在一组服务器上运行，并且具有高度可扩展性。Kafka 的流是分隔成主题的记录流。每个记录都有一个键、一个值和一个时间戳。

Kafka 流可以是简单的——单一流客户端从一个或多个主题消费事件——或更复杂的，基于生产者和消费者组织成的图，称为**拓扑**。我们不在这里讲述 Kafka 的细节。我们只简要概述两个类似的基于数据流风格执行任务的有向图的系统。

最早的这种系统之一是 Storm，由 Nathan Marz 创建，并在 2011 年底被 Twitter 发布为开源。Storm 是用一种名为 Clojure 的 Lisp 方言写成的，该方言运行于 Java VM。在 2015 年，Twitter 重写了 Storm 来创建 API 兼容的 Heron [173]（twitter.github.io/heron）。由于 Heron 实现与 Storm 相同的编程模型和 API，我们首先讨论 Storm，然后再说几句关于 Heron 设计的内容。

Storm（以及 Heron）运行拓扑，节点为 **spout**（数据源）和 **bolt**（数据转换和处理）的有向无环图。图 9-7 显示了一个 Storm 拓扑示例。

Storm 有两个编程模型：典型和 Trident，后者建立在前者之上。当使用 Storm 编程模型时，你可以通过扩展基本的 spout 和 bolt 类来表达应用程序逻辑，然后使用拓扑构建器来将它们整合在一起。图 9-8 显示了一个 bolt 的基本模板，用 Java 表述，这是 Storm 的主要编程 API。需要三种方法：prepare()、execute() 和 declareOutputFields()。

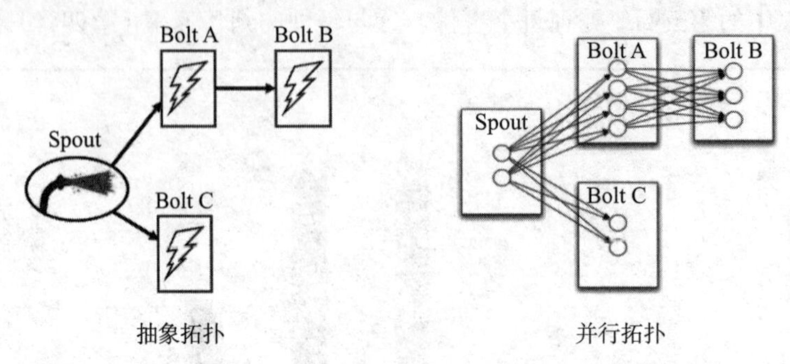

图 9-7　Storm 拓扑示例。左边是程序定义的抽象拓扑，右侧是在运行时执行的展开的并行拓扑

```
public class MyBolt extends BaseRichBolt{
    private OutputCollector collector;

    public void prepare(Map config, TopologyContext context,
                        OutputCollector collector) {
            this.collector = collector;
        }
    public void execute(Tuple tuple) {
           /*
            * Execute is called when a new tuple has been delivered.
            * Do your real work here. For example, create
            * a list of words from the tuple and then emit
            * those words to the default output stream.
            */
                for(String word : words){
                        this.collector.emit(new Values(word));
                }
        }
    public void declareOutputFields(OutputFieldsDeclarer declarer)
          {
            /*
             * The declarer is how we declare our output fields in
             * the default output stream. You can have more than
             * one output stream, using declarestream. The emit()
             * in execute needs to identify the stream for each
             * output value.
             */
            declarer.declare(new Fields("word"));
        }
}
```

图 9-8　一个基本的 Store/Heron bolt 模板，有三个方法：prepare()，execute() 和 declareOutputFields()

prepare() 方法是在远程 JVM 上部署实际实例时调用的特殊构造函数。为它提供有关配置和拓扑的上下文，以及一个称为 OutputCollector 的特殊对象，该对象用于将 bolt 输出连接到由拓扑定义的输出流。此方法用于实例化你自己的数据结构。

Storm/Heron 的基本数据模型是一个元组流。一个元组是这样的：一些条目的集合，每个条目只需要可序列化。元组中的某些字段有名称，用于在 bolt 之间传递信息。declareOutputFields() 方法用于声明流中字段的名称。我们稍后再讨论这个方法。

bolt 的核心是 execute() 方法，它为每个发送到 bolt 的新元组调用一次。该方法包含 bolt 的计算核心，并且还将 bolt 过程的结果发送到其输出流。还有其他类别和形式的 bolt。例如，一个专门的 bolt 类提供滑动和翻滚窗口。

Spout 和类相似。最有趣的是那些连接到事件提供者（如 Kafka 或 Event Hubs）的 spout。

定义了一组 bolt 和 spout 后，你可以通过使用拓扑构建器类来构建抽象拓扑并定义如何做并行性部署来开发程序。关键的方法是 setBolt() 和 setSpout()。每个接收三个参数：spout 或 bolt 实例的名称，spout 或 bolt 类的实例，以及一个整数（并行数），用于指定要执行实例的任务数量。一个任务是分配给一个 spout 或 bolt 实例的单个线程。

下文中的代码显示了如何创建图 9-7 的拓扑。我们看到 spout 有两个任务，boltA 有四个任务，boltB 有三个，boltC 两个。注意，spout 的两个任务被发送到 boltA 的四个任务。我们使用流分组函数，在四个任务中分配两个输出流：具体来说，用洗牌分组，随机分配它们。当将 boltA 的四个输出流映射到 boltB 的三个任务时，我们使用基于字段名称的字段分组来确保具有相同字段名称的所有元组都映射到相同的任务。

```
TopologyBuilder builder = new TopologyBuilder();
builder.setSpout("Spout", new MySpout(), 2);
builder.setBolt("BoltA", new MyBoltA(), 4).shuffleGrouping("spout");
builder.setBolt("BoltB", new MyBoltB(), 3).fieldsGrouping("BoltA",
                         new Fields("word"));
builder.setBolt("BoltC", new MyBoltC(), 2).shuffelGrouping("spout")

Config config = new Config();
LocalCluster cluster = new LocalCluster();
cluster.submitTopology("mytopology", config,
                                       builder.createTopology());
```

在描述了 Storm/Heron API 之后，我们提供关于 Heron 实现的一些信息。在 Heron 中，部署一组容器实例来管理拓扑的执行，如图 9-9 所示。拓扑 master 协调拓扑在一组其他容器上的执行，每个容器都包含一个流管理器以及执行 bolt 和 spout 任务的 Heron 实例进程。bolt 和 spout 之间的通信由流管理器来协调，所有流管理器都连接在一起形成一个覆盖网络。（拓扑 master 确保它们都在通信中。）Heron 在 Storm 中提供了相当的性能改进。一个改进是当 bolt 处理落后时对来自 spout 的数据进行更好的流量控制。有关 Heron 的更多细节，请参阅完整的论文 [173]。有一些最好的 Storm 教程资料可以在 Michael Noll 的博客 www.michael-noll.com 上找到。

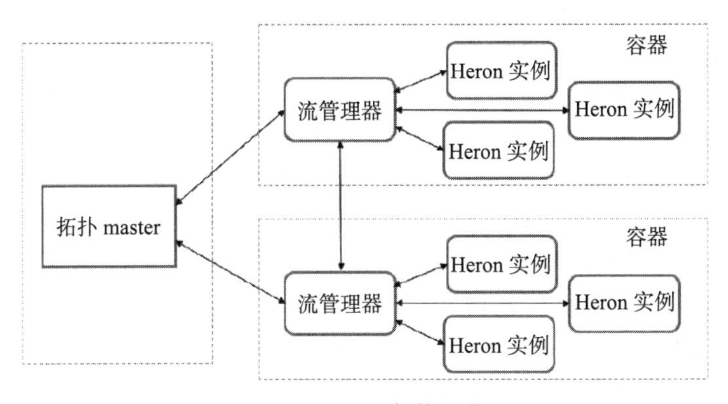

图 9-9　Heron 架构细节

9.7 Google Dataflow 和 Apache Beam

Apache Beam（beam.apache.org）是 Google Cloud Dataflow 系统的开源版本[58]，是我们在此讨论的一大堆数据流分析解决方案的最新入口。Beam 的一个重要动机是（我们从现在开始用 Beam 而不是 Google Cloud Dataflow，以节省空间）统一对待批处理和流处理情况。重要的概念如下。

- pipelines，流水作业，其中封装计算
- PCollection，表示通过流水作业的数据
- Transform 转换，在 PCollection 上操作并产生 PCollection 的计算转换
- Source 来源和 Sink 汇点，数据从中分别读取和写入的地方

PCollection 可以包含一组庞大但固定大小的元素，或是一个可能无边界的流。任何 PCollection 中的元素都需要是相同的类型，但类型可以是任何可序列化的 Java 类型。PCollection 的创建者通常在创建时向每个元素添加时间戳，特别是在处理无边界集合时。经常使用的一个重要的 PCollection 类型是键值 PCollection，KV <K，V>，其中 K 和 V 分别是键和值类型。请注意，PCollection 是不可变的：你不能更改它们，但你可以应用转换将其转换为新的 PCollection。

我们不介绍如何初始化流水作业的细节，只在这里讨论如何从一个文件中创建一个类型为 PCollection<String> 的字符串 PCollection（该 API 使用 Java 编程语言，但我们希望 Python 程序员也能读懂）。

```
Pipeline p = Pipeline.create(options);
PCollection<String> pc =
        p.apply(TextIO.Read.from("/home/me/mybigtextfile.txt"))
```

我们使用了流水作业运算符 apply()，它允许调用特殊的变换 TextIO 来读取文件。现在我们使用 PCollection 类的 apply() 方法创建一个 PCollection 序列。该库有五种基本的变换类型，其中大多数采用内置或用户定义的函数对象作为参数，并将该函数对象应用于 PCollection 的每个元素以创建新的 PCollection：

- Pardo 将函数参数应用于输入 PCollection 的每个元素。计算由分配给此活动的工作任务执行，基本上是“尴尬的并行映射”并行机制。
- GroupByKey，当应用于 KV <K，V> 类型的 PCollection 时，将具有相同键的所有元素分组为单个列表，这样生成的 PCollection 类型为 KV <K，Iterable <V>>。换句话说，这是 MapReduce 的洗牌阶段。
- Combine 是用单个元素将一个 PCollection 缩减（reduce）到另一个 PCollection 的操作。如果 PCollection 是窗口化的，结果是每个窗口的结果组合成的 PCollection。另一种类型的组合是用于按照 Key 分组的 PCollection。
- Flatten 将同一类型的 PCollection 结合到一个 PCollection 中。
- Windowing 和 Triggers 用于定义窗口操作的机制。

为了说明其中的一些特征，我们考虑一个环境传感器示例，其中每个事件由仪器类型、位置和数字读数组成。我们使用滑动窗口计算类型为 tempsensor 的传感器在每个位置的平均温度。作为示范，我们使用一个虚构的 pub/sub 发布 / 订阅子系统从仪器流中获取事件。假设事件以 Beam 中声明的类 InstEvent 中的 Java 对象的形式传递给我们的系统，如下

所示。

```
@DefaultCoder(AvroCoder.class)
static class InstEvent{
        @Nullable String instType;
        @Nullable String location;
        @Nullable Double reading;
        public InstEvent( ....)
        public String getInstType(){ ...}
        public String getLocation(){ ...}
        public String getReading(){ ...}
}
```

这个类定义演示了自定义可序列化类型在 Beam 中的样子。我们现在可以从虚构的 pub/sub 子系统中创建流，具体如下。

```
PCollection<InstEvent> input =
      pipeline.apply(PubsubIO.Read
             .timestampLabel(PUBSUB_TIMESTAMP_LABEL_KEY)
             .subscription(options.getPubsubSubscription()));
```

接下来过滤掉除“tempsensor”事件之外的所有内容。我们顺便把流转换一下，以便输出是一个对应于（位置，读取）的键值对的流。要做到这一点，需要一个特殊的函数来提供给 ParDo 操作符，如下所示。

```
static class FilterAndConvert extends DoFn<InstEvent,
                                          KV<String, Double>> {
    @Override
    public void processElement(ProcessContext c) {
         InstEvent ev = c.element();
          if (ev.getInstType() == "tempsensor")
               c.output(KV<String, Double>.
                           of(ev.getLocation(), ev.getReading));
    }
}
```

现在我们可以将 FilterAndConvert 运算符应用到输入流。我们还创建一个持续五分钟的事件的滑动窗口，每两分钟创建一次。请注意，窗口是根据事件的时间戳来测量的，而不是处理时间。

```
PCollection<KV<String, Float>> reslt =
    input.apply(Pardo.of(new FilterAndConvert())
         .apply(Window.<KV<String, Double>> into(SlidingWindows.of(
                        Duration.standardMinutes(5))
                        .every(Duration.standardMinutes(2))))
```

流 reslt 现在是 KV <String, Double> 类型，我们可以应用 GroupByKey 和 Combine 操作将其缩减为 KV <String, Double>，其中每个位置键映射到平均温度。为了让事情更容易，Beam 有这种简单的 MapReduce 操作的一些变体。其中有一个对我们是完美的：Mean.perKey()，它把两个步骤合并成一个转换。

```
PCollection<KV<String, Double>> avetemps
        = reslt.apply(Mean.<String, Double>perKey());
```

我们现在可以把每个窗口的平均温度的集合发送到一个输出文件。

```
PCollection<String> outstrings =
    avetemps.apply(Pardo.of(new KVToString())
            .apply(TextIO.Write.named("WritingToText")
            .to("/my/path/to/temps")
            .withSuffix(".txt"));
```

我们必须以类似于上面的 FilterAndConvert 类的方式来定义函数类 KVToString()。其中要注意两点。首先，我们使用了一个隐式触发器，在窗口的末尾生成平均值和输出。第二，由于窗口重叠，事件会出现在多个窗口中。

Beam 有其他类型的触发器。例如，你可以有一个数据驱动的触发器，当数据进来的时候查看数据，当你设置的某些条件得到满足时触发。另一种类型是基于 Google Dataflow 引入的一个概念，称为水印。水印的想法基于事件时间。当系统估计它已经看到给定窗口中的所有数据时，它用于发出结果。你可以根据你定义水印的不同的方式，来使用几种复杂的方式定义触发器。有关详细信息，请参阅 Google Dataflow 文档 cloud.google.com/dataflow/。

9.8　Apache Flink

最后我们描述开源的 Apache Flink 流处理框架。Flink 可以独立使用。此外，可以用称为 Apache Flink Runner 的组件来执行 Beam 流水作业。（Flink 和 Beam 中存在许多相同的核心概念。）

与本章中描述的其他系统一样，Flink 从一个或多个源接收输入流，它们通过有向图连接到一组 sink。与其他系统相似，系统基于 Java 虚拟机，API 使用 Java 和 Scala。（还有一个不完整的 Flink Python API，与 Spark Streaming 相似）。为了说明该 API 的使用，我们展示了在 Beam 示例中的仪器过滤器的 Flink 实现。Flink Kinesis Producer 还在进行中，所以我们通过从 CSV 文件读取流来测试这个代码。由于 Flink 数据类型不包括 Python 字典 / JSON 类型，我们在这里使用一个简单的元组格式。输入流中的每一行都具有以下结构：

仪器类型字符串，位置字符串，“value”，浮点数

比如：

```
tempsensor, pine street and second, value, 72.3
```

从文件（或 Kinesis 分片）读取后，流数据中的记录现在是类型为（STRING，STRING，STRING，FLOAT）的四元组。Flink 版本的温度传感器平均值的核心代码如下。

```
class MeanReducer(ReduceFunction):
    def reduce(self, x, y):
        return (x[0], x[1], x[2], x[3] + y[3], x[4] + y[4])

env = get_environment()
data = env.add_source(FlinkKinesisProducer( ? ) ? )

results = data \
    .filter(lambda x: x[0]=='tempsensor') \
    .map(lambda x: (x[0], x[1], x[2], x[3], 1.0)) \
    .group_by(1) \
    .reduce(MeanReducer()) \
    .map(lambda x: 'location: '+x[1]+' average temp%f' %(x[3]/x[4]))
```

过滤器操作与 Spark Streaming 案例相同。过滤数据后，我们将每个记录转换为五元组，

将 1.0 追加到四元组的末尾。group_by (1) 和 reduce 使用 MeanReducer 函数。group_by (1) 是一个洗牌信号，以便它们以对应于位置 1 的字段为键。然后我们对每个分组的元组集合进行缩减。此操作与 Spark Streaming 示例中的 reduceByKey 功能相同。最终的映射将每个元素转换为一个字符串，给出每个位置的平均温度。

本示例中未显示的是 Flink 的窗口操作符（类似于 Beam 的）及其底层的执行架构。和我们描述的其他系统的方式类似，Flink 在执行期间并行化流和任务。例如，可以将温度传感器示例视为可以并行执行的一组任务，如图 9-10 所示。

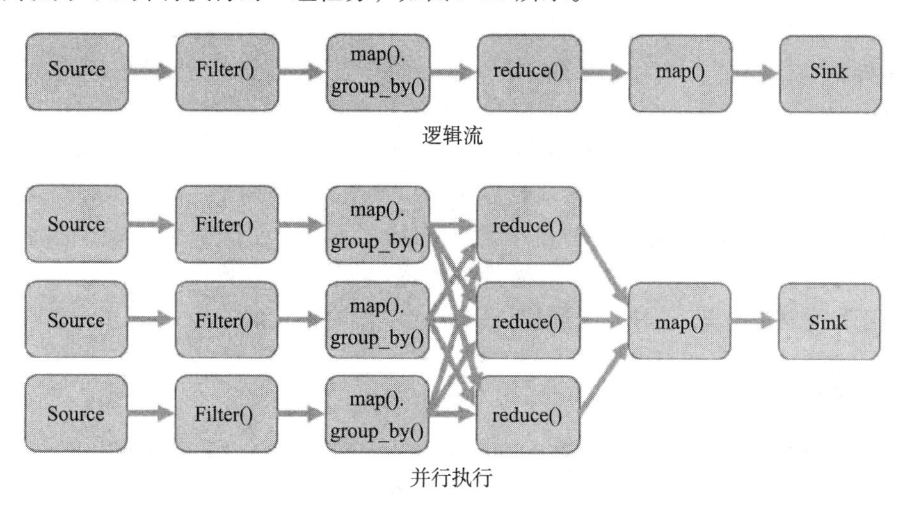

图 9-10　Flink 逻辑任务视图和并行执行视图

Flink 分布式执行引擎基于标准的主工作者 master worker 模型。Flink 源程序被编译成执行数据流图，并由客户端系统发送到作业管理器节点。作业管理器在运行任务管理器的远程 Java VM 上执行流和转换。任务管理器将其可用资源分配到任务槽中，由图执行节点定义的各个任务被分配给该任务槽。作业管理器和任务管理器管理图节点之间的数据通信流。Apache Flink 文档 [2] 解释了这个执行模型、Flink 窗口，还有编程模型的其他细节。

9.9　小结

我们检验并示范了五种不同的系统的用法：Spark Streaming 和 Kinesis、Azure Stream Analytics、Storm/Heron、Google Dataflow/Beam 和 Flink。每个都已被应用于关键的生产部署中，并且很成功。所有都有相同的概念，并以类似的方式创建流水作业。但也有区别：例如，Storm/Heron 用节点和边显式构建图，而其他则使用功能式的流水线组合。

在概念上，Spark Streaming 和其他系统的区别最大，尤其是与 Beam 比较。Akidau 和 Perry 对于 Spark 模式的优越性，引用了一个很有说服力的论据 [59]。他们指出，Spark 是附加了流处理模式的一个批处理系统，而 Beam 是从头开始设计的流系统，具有明显的批处理功能。Spark 窗口基于 DStream 的 RDD，显然不如 Beam 窗口那么灵活。更重要的一点是 Beam 认识到事件时间和处理时间不一样。这种差异在处理乱序事件时变得至关重要，这在分布广泛的情况下显然会出现。Beam 的事件时间窗口、触发器和水印的引入是一个重要的贡献，可以在事件顺序被打乱的时候理清重要的正确性问题，同时仍然可以及时生成近似结果。

我们在这里描述的开源流式工具并没有覆盖本章早期提到的所有科学案例。例如，ADIOS应用程序需要处理大小远远超出Spark Streaming、Storm/Heron和Beam限制的事件。在其他科学应用中，数据生成的数量和速率如此之大，以致我们无法长时间保持数据不动。例如，平方公里阵列要生产的数据太大，以致于无法考虑保持[211]。因此，必须立即处理数据以产生缩减的流。大规模流媒体科学数据分析的另一个重要方面是计算导向：需要人或智能过程来分析数据流的质量或相关性，然后对源仪器或模拟进行快速调整。这样的需求对流系统提出了更高的要求。

在IT资源方面，科学领域没有谷歌或亚马逊那么有钱。预算由大规模实验设备和超级计算机主导，项目倾向于产生定制的解决方案。每个实验领域都是非常独特的，除了MPI之外只有很少的通用工具。这是一个定制软件系统的世界。

人们可以认为，这里讨论的Twitter、Google和Apache项目也是为它们各自要解决的问题而定制的。但每个项目都有许多项目提交者，通常是由公司支持，以确保该软件适用于不同的问题。这种情况并不意味着云和开源工具对“大科学”的世界是没有价值的。Google和Amazon云已被用于处理大型强子对撞机的数据。我们预计这里描述的许多云端流技术最终将适用于科学解决方案。同样，我们期望在科学实验室开发的工具可以迁移到云端。

9.10 资源

关于Amazon Kinesis（aws.amazon.com/kinesis）和Azure Stream Analytics（docs.microsoft.com/en-us/azure/stream-analytics）有很多优秀的在线教程。Amazon的示例包括日志分析、移动数据抓取和游戏数据输入。Azure的演示包括怎样在Twitter流上做情感分析、诈骗分析等例子。Google Dataflow流处理也有很好的案例，包括维基百科的会话分析、交通路线，还有交通传感器的最大流量等。

基于云的机器学习

学习是系统的一种改变，可以在其适应环境的能力方面或多或少产生永久的改变。

——Herbert Simon，《人工科学》

机器学习在云计算的应用中起着核心作用。尽管机器学习一直被认为是人工智能领域的一部分，其实它主要是基于统计和数学优化的理论与实践。近些年，由于一些关键应用的突破，机器学习的重要性也与日俱增。这些突破主要包含真人质量的语音识别 [144]、实时的自动化语言翻译 [95]、推进无人驾驶的精准且高效的计算机视觉 [74] 以及一系列基于强化学习的应用，比如机器能够通过学习掌握围棋等最复杂的人类游戏 [234]。

这些突破性进展的取得，主要取决于大数据和算法研究进步的结合，以及能够训练更深层神经网络的高性能计算机的发展。同样的技术现在正被运用到不同科学问题中，如蛋白质结构预测 [180]、药物药理性质评估 [60] 以及甄别有特定属性的新型材料 [264]。

在本章中，我们会介绍一些在公有云中可以使用的机器学习工具，以及可以在私有云上安装的工具包。首先会介绍大家熟知的 Apache Spark 和它的机器学习（ML）包，然后再介绍 Azure ML。随后我们会介绍核心的经典机器学习工具，如逻辑回归、聚类和随机森林等，进而简单介绍深度学习和深度学习工具包。由于本书侧重于 Python，读者可能会期待我们介绍优秀的 Python 库 scikit-learn。但是，scikit-learn 在其他地方有介绍 [253]。在第 7 章的基于微服务的科学文档分类器示例中，介绍了几种 scikit-learn 中的机器学习算法模型，在本章后面的部分，我们也会使用相同的示例，但是实现技术不同。

10.1 Spark 机器学习库

Spark MLlib [198] 有时也叫作 Spark ML，提供了一组高级的 API 用于创建机器学习流水作业。它实现了四个基本概念。

- DataFrame 是基于 Spark RDD 的容器，保存向量和其他结构化类型数据，能够支持高效的执行 [45]。Spark DataFrame 类似于 Pandas DataFrame，并有一些相似的操作。作为分布式对象，它们是任务执行图中的组成部分。你可以将它们转换为 Pandas DataFrame 并且在 Python 中进行访问。
- Transformer 作为算子可以将 DataFrame 转换为另外的 DataFrame，由于它们是任务执行图中的节点，在整个图执行之前不会被评估。
- Estimator 封装了机器学习和其他算法。正如我们将在下文中描述的，用户可以使用 fit(...) 方法将 DataFrame 和相应的参数传递给学习算法来创建模型。模型现在用 Transformer 表示。
- Pipeline（通常为线性的，但也可以是有向无环图）可以链接 Transformer 和 Estimator 来定义机器学习工作流。Pipeline 继承了其所包含的 Estimator 中的 fit(...)

方法。当 Estimator 训练完成之后，Pipeline 可以作为模型并可以调用 transform(...) 方法将新的用例推送到 Pipeline 中进行预测。

有很多种 Transformer，比如把文本文档转化成实数向量，对 Dataframe 中的数据列进行形式上的转换，或将 DataFrame 分割成多个子集。同时，也有各种不同的 Estimator，这些 Estimator 可以通过将向量映射到主要分向量上来转换向量，也可以作为 n-gram 转换器，读取文本文档，并返回由 n 个连续单词组成的字符串。分类模型包括逻辑回归、决策树分类、随机森林和朴素贝叶斯。聚类算法包括 k 均值和隐含狄利克雷分布。Spark MLlib 的在线文档为此提供了丰富的资料以及相关主题的讨论 [29]。

10.1.1　逻辑回归

由于下面的示例采用了**逻辑回归**的方法，因此我们先在这里进行简单的介绍。假设有特征向量集合 $x_i \in \mathbf{R}^n$，i 的取值范围为 [0, m]。与每个特征向量相关联的输出是一个二进制的 y_i。我们感兴趣的是可以用函数 $p(x)$ 进行近似估算的条件概率 $P(y = 1|x)$。由于 $p(x)$ 的值介于 0 和 1 之间，无法表达为 x 的线性函数，所以无法使用常规的线性回归模型，因此，我们尝试其“几率”表达式 $p(x)/(1-p(x))$ 并猜测其对数为线性的，即：

$$\ln\left(\frac{p(x)}{1-p(x)}\right) = b_0 + b \cdot x$$

其中偏移量 b_0 和向量 $b = [b_1,\ b_2,\ \cdots,\ b_n]$ 定义了线性回归的超平面。通过运算，我们可以得到 $p(x)$ 的表达式：

$$p(x) = \frac{1}{1 + \mathrm{e}^{-(b_0 + b \cdot x)}}$$

然后，可以预估当 $p(x)>0$ 时 $y = 1$，否则 $y = 0$。不幸的是，相比线性回归模型，为逻辑回归模型寻找最优的 b_0 和 b 要难上很多。然而，如果我们有特征向量样本以及已知结果，运用简单的牛顿型迭代可以收敛到一个好的解决方案。

（其中**逻辑函数** $\sigma(t)$ 的定义如下：

$$\sigma(t) = \frac{\mathrm{e}^t}{\mathrm{e}^t + 1} = \frac{1}{1 + \mathrm{e}^{-t}}$$

在机器学习领域中，这个函数经常被用于将实数映射到 [0，1] 概率范围中，在本章后面我们也是使用该函数来实现映射。）

10.1.2　芝加哥餐厅案例

为了形象化地介绍 Spark MLlib 的使用，我们将它应用到 Azure HDInsight 教程中的一个示例 [195]，即通过检查员的文本检查意见预测餐厅是否能够通过卫生检查。在 Notebook 18 中提供了该案例的两个实现版本，一个是 HDInsight 版本，一个是运行在 Spark 环境中的版本，下面主要介绍第二个版本。

案例分析中采用的数据是一组餐厅卫生检查报告，来源于芝加哥市数据门户（data.cityofchicago.org）。每一个检查报告包含报告编号、餐厅拥有者的名字、餐厅的名字、地址、检查结论（“通过”“不及格”或其他，如“停业”或“无”），以及由检查员写下的英文评论（自由文本）。

首先读取数据，如果我们使用 Azure HDInsight，则可以通过以下方式从 Blob 存储加载数据。我们使用一个简单的函数 csvParse，它使用 Python 中的 csv.reader() 函数来对 CSV 文件中的每一行数据进行解析。

```
inspections = spark.sparkContext.textFile( \
    'wasb:///HdiSamples/HdiSamples/FoodInspectionData/
     Food_Inspections1.csv').map(csvParse)
```

在 Notebook 18 中对应的程序使用了稍微简化的数据，剔除了数据中的地址字段以及一些其他不会用到的数据。

```
inspections = spark.sparkContext.textFile(
     '/path-to-reduced-data/Food_Inspections1.csv').map(csvParse)
```

我们希望基于含有检查结论的检查报告集为我们的逻辑回归模型创建一个**训练集**。首先将包含数据的 RDD，inspections 转换成 DataFrame，df。df 含有四个字段：报告 ID、餐厅名称、检查结论以及违规记录。

```
schema = StructType([StructField("id", IntegerType(), False),
                     StructField("name", StringType(), False),
                     StructField("results", StringType(), False),
                     StructField("violations", StringType(), True)])

df = spark.createDataFrame(inspections.map(\
             lambda l: (int(l[0]), l[2], l[3], l[4])) , schema)
df.registerTempTable('CountResults')
```

如果我们希望查看开始部分的一些记录，只需要调用 show() 函数，相应的记录便会返回到 Python 环境中。

```
df.show(5)
+-------+------------------+--------------+-------------------+
|     id|              name|       results|         violations|
+-------+------------------+--------------+-------------------+
|1978294|KENTUCKY FRIED CH...|          Pass|32. FOOD AND NON-...|
|1978279|        SOLO FOODS|Out of Business|                   |
|1978275|SHARKS FISH & CHI...|          Pass|34. FLOORS: CONST...|
|1978268|CARNITAS Y SUPERM...|          Pass|33. FOOD AND NON-...|
|1978261|          WINGSTOP|          Pass|                   |
+-------+------------------+--------------+-------------------+
only showing top 5 rows
```

令芝加哥人民庆幸的是，大部分的卫生检查结果为“通过”。我们可以通过 DataFrame 提供的函数来统计“通过”和“不及格”的情况。

```
print("Passing = %d"%df[df.results == 'Pass'].count())
print("Failing = %d"%df[df.results == 'Fail'].count())

Passing = 61204
Failing = 20225
```

为了训练逻辑回归模型，我们需要 DataFrame 中的每条记录都包含二进制标志和特征向量。我们不希望使用含有“停业”等特殊情况的记录，所以将“通过”和“条件性通过”的情况映射为 1，“不及格”的情况映射为 0，其余情况映射为 −1 并剔除出去。

```
def labelForResults(s):
    if s == 'Fail':
        return 0.0
    elif s == 'Pass w/ Conditions' or s == 'Pass':
        return 1.0
    else:
        return -1.0

label = UserDefinedFunction(labelForResults, DoubleType())
labeledData = df.select(label(df.results).alias('label'), \
                        df.violations).where('label >= 0')
```

这样我们会得到一个DataFrame，包含label和violations两个列。我们可以用下面的代码创建并运行Spark MLlib pipeline来训练逻辑回归模型。

```
# 1) Define pipeline components
#    a) Tokenize 'violations' and place result in new column 'words'
tokenizer = Tokenizer(inputCol="violations", outputCol="words")
#    b) Hash 'words' to create new column of 'features'
hashingTF = HashingTF(inputCol="words" , outputCol="features")
#    c) Create instance of logistic regression
lr = LogisticRegression(maxIter=10, regParam=0.01)

# 2) Construct pipeline: tokenize, hash, logistic regression
pipeline = Pipeline(stages=[tokenizer, hashingTF, lr])

# 3) Run pipeline to create model
model = pipeline.fit(labeledData)
```

我们首先定义三个pipeline组件，通过：(a) 将每个violations条目（文本字符串）转换为小写并分割成单词向量来进行标记；(b) 通过Hash函数将每个单词标志映射为一个实数，这样，每个单词向量会被转化为$\mathbf{R}^n$形式的向量（新向量的长度和词汇表的长度一致，并且以稀疏向量的方式存储）；(c) 创建逻辑回归实例。然后将所有组件传递给pipeline，并依据我们的标签数据调试模型。

Spark采用图执行模型，这里，用Python程序创建的pipeline就是那个执行图。通过调用pipeline中的fit(...)方法，这个图会被提交到执行引擎。在上面的代码片段中，Tokenizer组件向DataFrame中添加了words列，hashTF增加了features列，因此，当逻辑回归模型运行时，DataFrame包含了ID、name、results、label、violations、words、features等属性。属性的名称很重要，因为逻辑回归算法会查询label和features列来训练和建立模型。训练过程是迭代进行的，我们将迭代次数设置为10次，还有一个算法相关的值设置为0.01。

下面我们可以使用另外的测试集来测试模型。

```
testData = spark.sparkContext.textFile(
               '/data_path/Food_Inspections2.csv')\
           .map(csvParse) \
           .map(lambda l: (int(l[0]), l[2], l[3], l[4]))
testDf = spark.createDataFrame(testData, schema).
    where("results = 'Fail' OR results = 'Pass' OR \
               results = 'Pass w/ Conditions'")
predictionsDf = model.transform(testDf)
```

逻辑回归模型在DataFrame中增加了几个新的列，其中一个为prediction。为了测试我们的预测准确率，只需将prediction列和result列中的数据进行比较。

```
numSuccesses = predictionsDf.where(\
                """(prediction = 0 AND results = 'Fail') OR \
                   (prediction = 1 AND (results = 'Pass' OR \
                   results = 'Pass w/ Conditions'))""").count()
numInspections = predictionsDf.count()
print("There were %d inspections and there were %d predictions"\
   %(numInspections,numSuccesses))
print("This is a %2.2f sucess rate"\
  %(float(numSuccesses) / float(numInspections) * 100))
```

我们可以看到下面的输出：

```
There were 30694 inspections and there were 27774 predictions
This is a 90.49\% success rate
```

对结果先不要太兴奋，我们再通过机器学习研究中广泛使用的**精确度**和**召回率**等指标来检测模型。应用到“不及格”预测中时，召回率是指在不合格类别中随机选择的检查报告预测为不合格的概率。我们发现模型的召回率仅为 67%，详细介绍请参考 Notebook 18。模型预测不及格率的准确率明显低于对通过率的预测。原因可能是其他一些导致不合格的因素并没有在检查报告中反映出来。

10.2 Azure 机器学习空间

Azure 机器学习是一个用于设计和训练机器学习云服务的云门户。它基于一种叫“拖放”的组件组合模型，用户可以从工具托盘中拖曳需要的解决方案部件，然后将它们相连生成相应的解决方案的工作流图，接着用户可以用准备好的数据对构建的模型进行训练。当用户对结果满意时，他们可以调用 Azure 提供的接口，将工作流图转换成基于你训练好的模型的可运行的 Web 服务。通过这种方式，Azure 机器学习平台将可定制的机器学习以按需服务的方式提供给用户。这也是无服务器计算的一个实例，用户不需要去部署和管理自己的虚拟机，基础计算架构会按照用户的实际需求进行部署，如果用户的 Web 服务需求量增长，Azure 会自动对底层资源进行扩展。

为了更形象化地描述 Azure 机器学习平台如何工作，我们首先回顾第 7 章介绍的一个案例。我们的目标是训练一个系统，能够基于摘要将科学类文章分类到五个类别中：物理、数学、计算机科学、生物或经济。我们从 arXiv 在线文献库（arxiv.org）中选取适量的样本作为训练集。每一个样本包含三个属性：arXiv 中的分类、文章名以及摘要。下图是一个具体的示例，是一篇发表于 2015 年的物理文章的记录 [83]。

> ['Physics',
> 'A Fast Direct Sampling Algorithm for Equilateral Closed Polygons. (arXiv:1510.02466v1 [cond-mat.stat-mech])',
> 'Sampling equilateral closed polygons is of interest in the statistical study of ring polymers. Over the past 30 years, previous authors have proposed a variety of simple Markov chain algorithms (but have not been able to show that they converge to the correct probability distribution) and complicated direct samplers (which require extended-precision arithmetic to evaluate numerically unstable polynomials). We present a simple direct sampler which is fast and numerically stable.'
>]

同时，这个示例也形象地展示了科学分类问题中的一个挑战：多学科交融。在 arXiv 中，样本文章对应的课题为物理学科中的“凝聚态”，四个作者中有两个作者来自数学研究机构，另外两个来自物理系，摘要中参考了属于计算机科学中的算法。读者会自然而然地认为摘要描述的是数学或者计算机科学中的课题。（事实上，我们使用的数据集中有很多涉及多学科交融的物理文章，下面的实验将这些文章移除了。）

我们先从 Azure 机器学习平台的一个解决方案入手，该解决方案基于多级逻辑回归算法。图 10-1 展示了任务图。为了理解这个工作流图，我们从最上面的数据源的导入开始。我们从 Azure Blob 存储中读取存储在 CSV 文件中的 arXiv 样本数据。点击“Import Data”（导入数据）组件，即可打开输入窗口，以指定输入文件的 URL。

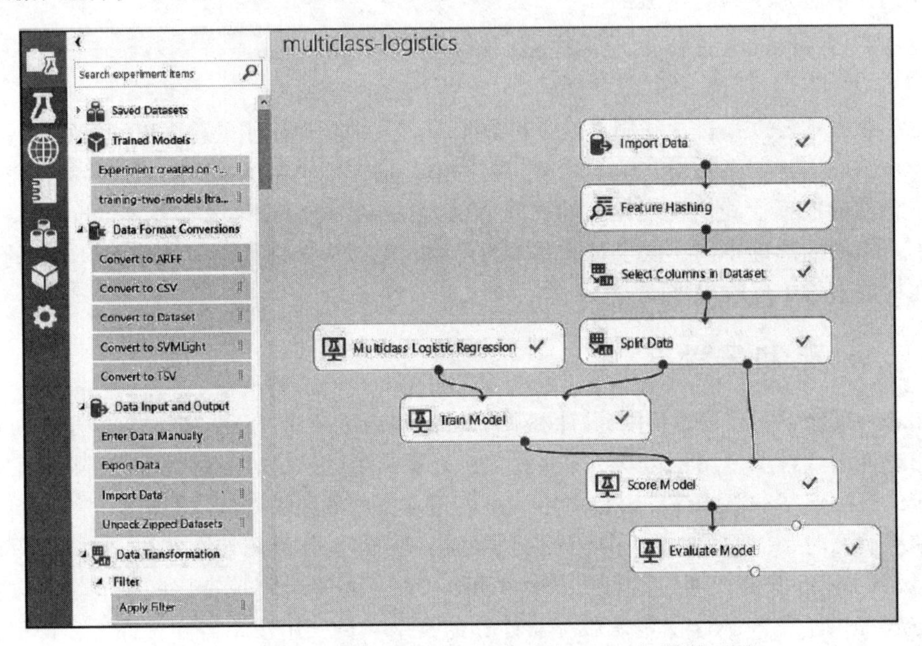

图 10-1　用于训练多级逻辑回归模型的 Azure 机器学习图

接下来的第二个组件“Feature Hashing”（特征哈希），使用 Vowpal Wabbit 库中提供的方法来构建基于文档集合中的词汇的向量。其作用是根据文档中的关键字和短语将每个文档转化成数字化的向量。这种数字化的表示对于后期机器学习过程是必不可少的。为了构建向量，我们只将摘要文本作为特征哈希函数的输入，摘要文本的数值向量输出后会被附加到每个文档对应的元组中。至此，每个文档对应的元组包含：arXiv 中的分类、文章名、摘要以及 vertor[0]，…，vector[$n-1$]（n 表示特征值的数量）。我们主要选择了两个参数来配置这个算法：哈希容器大小和 n-gram 长度。

在使用机器学习模型进行训练之前，首先通过 Select Columns in Dataset（选择数据集里的列）组件中的功能对数据进行处理，将摘要文本和文章名称从元组中移除，仅仅剩下文章类别和每篇文章的数值向量。接下来我们使用 Split Data（切分数据）组件将数据切分成两个子集：训练集和测试集，分别占 75% 和 25%。

Azure 机器学习平台提供了很多标准化的机器学习模型，每个模型提供了不同的参数用于调试该方法，本书所有示例中我们使用了默认的参数配置。Train Model 组件包含两个输入：机器学习算法（记得这不是数据流图）和规划的训练集数据，输出则为训练好的模型而非数据本身。现在我们可以使用模型来对准备好的测试集数据进行分类。最后，通过 Score Model（打分模型）组件，我们可以将 Scored Label 作为新的列添加到数据表中，表示训练模型针对每条记录所预测的分类。

最后，可以通过 Evaluate Model（评估模型）组件计算混淆矩阵来衡量训练模型的准确性。矩阵中的每行显示了每个类别中的文本是如何分类的。表 10-1 显示了本实验的混淆矩阵。可以发现，相当数量的生物文章被分类到数学类别中。我们认为原因是文献库中大多数的生物类文章使用了量化研究方法并包含一定数量的数学运算。要访问混淆矩阵，或是图中任何阶段的输出，可以点击相应组件的输出端口。这样会弹出一个 visualize（可视化）按钮，点击之后会展示有用的信息。

表 10-1 仅包含数学、计算机科学、生物学和经济学四个学科的混淆矩阵

	bio	compsci	finance	math
bio	51.3	19.9	4.74	24.1
compsci	10.5	57.7	4.32	27.5
finance	6.45	17.2	50.4	25.8
math	6.451	16.0	5.5	72

既然已经训练好模型，就可以点击“ Set up Web Service”（设置 Web 服务）按钮（在页面底部）将模型转换成 Web 服务。Azure 机器学习门户会对工作流进行调整，去除针对数据集的训练集 – 测试集分割部分，保留 feature hashing、column selection 和基于训练模型的 score model。Web 服务的输入和输出会被作为两个新的节点加入到流程图中。图 10-2 展示了调整过的工作流图，其中我们特别增加了一个新的 Select Columns（选择列）节点，通过这个节点就可以将向量化的文档列从 Web 服务输出中移除，这样我们只保留了文档原来的分类、预测的分类，以及预测分类对应的概率。

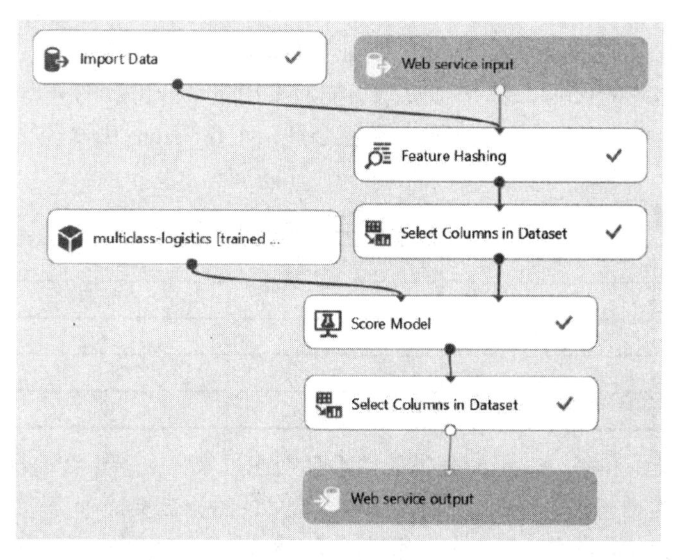

图 10-2 Azure 机器学习生成的 Web 服务图，其中增加了一个节点用于移除向量化的文档

下面我们可以很方便地尝试其他机器学习分类算法，只需将多级逻辑回归组件替换成多级神经网络或随机森林分类等算法组件。我们也可以将这三个算法集成到一个 Web 服务组件中，然后通过多数表决法（共识）的方式为每个文档选择最合适的分类算法。我们需要重新编辑 Web 服务图，并为其他两个算法添加训练好的模型，然后使用 Azure 机器学习平台提供的 Python 脚本组件将三个结果连接起来。最终的工作流图如图 10-3 所示。

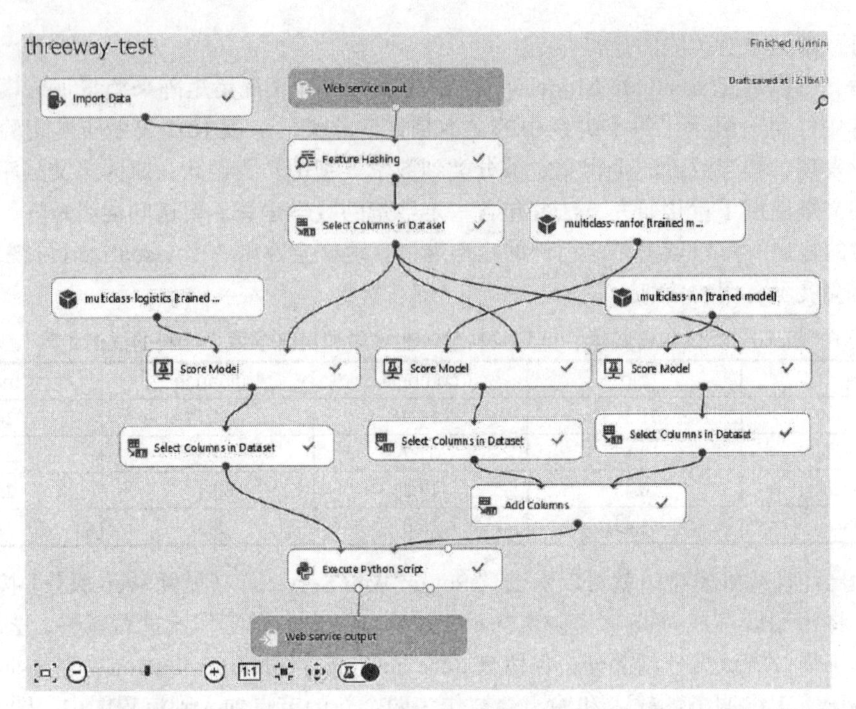

图 10-3　基于共识模型进行更新后的 Web 服务，包含了三个模型以及一个用于计算共识结果的 Python 脚本组件

Python 脚本比较简单：将三个分类器的输出作为输入并进行比较，针对同一篇文章，如果有任意两个分类器的分类结果一致，则采用该分类作为输出；它也有第二个选择，就是不一致的那个分类。Notebook 19 包含了 Azure 机器学习的 Python 脚本以及用来测试、调用服务和计算混淆矩阵的代码。表 10-2 显示了同时采用三个分类器的分类结果，虽然仅仅比多级逻辑回归的结果稍微好一些，但此实验充分展示了在 Azure 机器学习平台开展实验的便捷性。

表 10-2　同时使用三个分类器的混淆矩阵

	bio	compsci	finance	math
bio	50.3	20.9	0.94	27.8
compsci	4.9	62.7	1.54	30.9
finance	5.6	9.9	47.8	36.6
math	3.91	13.5	2.39	80.3

如果同时把第一和第二选择的分类的结果都考虑进来，实验中我们将获取更好的输出，生物学文章的分类准确率为 65%，计算机科学类文章的分类准确率为 72%，经济学文章的分类准确率为 60%，数学类文章的分类准确率为 88%。

10.3　Amazon 机器学习平台

Amazon 机器学习平台提供了功能丰富的机器学习服务，开发者可以将云机器学习集成到移动应用以及其他应用中。在接下来介绍的四种服务中，有三种是基于深度学习技术所取得的惊人进展所构建的，我们在下一节中会更加详细地介绍。

Amazon Lex 让用户能够把语音输入集成到应用中，其使用和 Amazon Echo 产品相同的技术。Amazon Echo 是一个小型的网络设备，有音箱和麦克风，能够接受用户语音作为输入，可以为用户提供天气咨询、行程安排、音乐播放和新闻阅读等服务。将 Lex 作为服务，你可以构建定制化的工具，通过语音指令，让 Echo 调用 Amazon lambda 函数来执行用户部署在云端的应用。例如，NASA 构建了一个 NASA 火星探路者号的副本，可以通过语音进行控制。同时，在 NASA 的实验室中，Echo 服务也被集成到多个其他的应用中 [189]。

Amazon Polly 和 Lex 的功能正好相反，Polly 的主要功能是将文本转换成语音，用不同的声音说 27 种语言。通过语音合成标记语言，你可以细粒度地控制发音及语调等。与 Lex 结合，Polly 向对话式计算迈出了第一步。Polly 和 Lex 并不能像 Skype 一样提供实时的、语音对语音的语言翻译功能，但是两者的结合能够提供将这种功能作为服务的平台。

Amazon Rekognition 可以说是深度学习应用的前沿服务。将图片作为输入，可以输出图片中物体的文本描述。例如一个图片中含有人、汽车、自行车和动物，Rekognition 能够以列表的形式返回这些物体，并包含每个物体在图片中出现的可能性评估。这个服务通过使用大量含有题注的图片进行训练，例如通过对 100 万张包含猫的图片和相应的包含“猫”字的题注，可以训练出一个相关的联想模型，这种训练方式不同于自然语言翻译系统的训练方式。同时，Rekognition 能够支持详细的面部分析和对比功能。

Amazon 机器学习服务：可以像使用 Azure 机器学习空间一样，基于你提供的训练集构建预测模型，但是与 Azure 机器学习空间相比，并不需要用户掌握过多的机器学习概念。Amazon 机器学习控制面板显示了用户近期的机器学习相关的工作记录，如实验、模型和数据源等。通过控制面板，用户可以定义数据源和机器学习模型、创建实验和批量运行预测模型。

Amazon 机器学习服务非常易于使用，基于前面科学文档分类用例中的数据，你可以轻松地在一小时以内构建相应的预测模型。易用性好的一个原因是 Amazon 机器学习服务仅提供较为简单的可选项，你只能创建以下三种类型的模型之一：回归模型、二元分类和多级分类。针对每一个类型，Amazon 机器学习服务仅提供一个模型，用户不需要像使用 Azure 机器学习平台一样去选择机器学习模型。针对多级分类，Amazon 机器学习平台提供的是带随机梯度下降优化器的多项式逻辑回归模型。使用与之前示例相同的数据和测试方案，表 10-3 展示了基于 Amazon 机器学习平台上实现的模型的结果混淆矩阵，尽管 Amazon 机器学习平台上训练出来的分类器没有识别出任何金融类文章，但其他类别上的分类效果要好于我们之前的分类器。Amazon Labs 提供了一些其他优秀的用例 [44]。

表 10-3　基于 Amazon 机器学习平台构建的科学文档分类模型混淆矩阵

	bio	compsci	finance	math
bio	62.0	19.9	0.0	18.0
compsci	3.8	78.0	0.0	17.8
finance	6.8	2.5	0.0	6.7
math	3.5	11.9	0.0	84.6

用户同样可以通过 Amazon REST 接口访问 Amazon 机器学习服务，例如，用户可以使用如下的 Python 程序来构建一个机器学习模型。

```
response = client.create_ml_model(
    MLModelId='string',
    MLModelName='string',
    MLModelType='REGRESSION'|'BINARY'|'MULTICLASS',
    Parameters={
```

```
        'string': 'string'
    },
    TrainingDataSourceId='string',
    Recipe='string',
    RecipeUri='string'
)
```

参数 ModelID 是一个不能缺省的、由用户指定的唯一识别符，其他的一些参数可以用来指定模型允许的最大规模，建立模型过程中对数据的最大扫描次数，以及通知训练程序随机打乱数据的标志。TrainningDataSourceID 主要用于描述数据配置方案或表示存储在 S3 中数据配置方案的 URI。Amazon 机器学习数据配置文件是基于 JSON 格式的文本，描述如何将数据集转换成构建模型所需的输入。如果需要深入了解，可以参考 Amazon 机器学习相关的文档，在我们的科学文档分类示例中，使用了平台提供的默认数据配置方案。

10.4　深度学习浅析

将人工神经网络应用到机器学习任务中已经至少有 40 年的历史了。从数学上讲，神经网络是一种对函数进行估计或近似的计算模型。例如，一个函数将一张汽车图片作为输入，输出为该汽车对应的生产厂家。或者，一个函数将科学文献的摘要作为输入，输出科学文献对应的学科分类。为了形成能够进行计算的实体，函数和近似模型需要数字化的表达方式。比如，假设我们的函数接收一个包含 3 个实数的向量作为输入，返回一个长度为 2 的向量。图 10-4 所展示的神经网络以包含三个实数的向量作为输入，经过一个隐藏层，返回包含两个实数的向量。

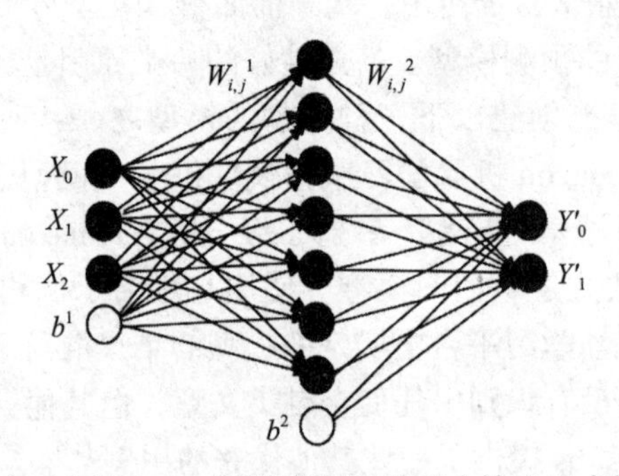

图 10-4　由三个输入、一层隐藏层以及两个输出组成的神经网络

在上面模式化的表达形式中，直线代表量化的权重，将输入和 n 个内部神经元相连，符号 b 代表偏移量，下面的等式为该函数的数学表达式：

$$a_j = f\left(\sum_{i=0}^{2} x_i W_{i,j}^1 + b_j\right) \qquad j = 1, n$$

$$y'_j = f'\left(\sum_{i=0}^{n} a_i W_{i,j}^2 + b_j^2\right) \qquad j = 0,1$$

函数 f 与 f' 为神经元的**激活函数**。有两个比较常用的激活函数，其中一个是我们在本章开始时介绍的逻辑函数 $\sigma(t)$，另一个为修正线性函数（rectified linear function），表达式如下：

$$\text{relu}(x) = \max(0, x)$$

另一种常见的用例是双曲正切函数（hyperbolic tangent function），如下式所示：

$$\tanh(x) = \frac{e^x - e^{-x}}{e^x + e^{-x}}$$

函数 $\sigma(x)$ 和 $\tanh(x)$ 的优势是可以将取值范围为（$-\infty$，∞）的数值映射为（0，1），正好与神经元的开、关（未触发或触发）状态对应。当函数代表某一个输入与其中一个输出相对应的概率时，我们使用一种逻辑函数来确保所有的概率之和为 1。

$$\text{softmax}(x)_j = \frac{1}{1 + \sum_{k \neq j} e^{x_k - x_j}}$$

这个公式常被应用于多级分类模型中，我们在之前的多个示例中也应用了这个公式。

为了让神经网络真正近似所需函数，重要的策略是选择正确的权值。虽然并没有寻找最优权值的统一标准，但是如果我们有很多已经标记过的用例（x^i，y^i），就可以尽量最小化成本函数。

$$C(x^i, y^i) = \sum \| y^i - y'(x^i) \|$$

常规的方法是应用梯度下降的一个变种算法，即**反向传播**（back propagation）。这里我们不提供该算法的具体细节，有需要的读者可以详细阅读两篇深度学习理论方面的文章[143，210]。

10.4.1 深度网络

神经网络的一个有趣的特性是我们可以像图 10-5 中那样以层的形式将其表示出来，同时，基于本章后面将会介绍的深度学习工具，我们可以用简单的几行代码来构建图中所示的网络。本章中，我们将会介绍三个深度学习工具，首先阐述如何使用它们构建一些标准的深度网络，然后在后面的章节，会介绍如何在云端部署和应用这些工具。

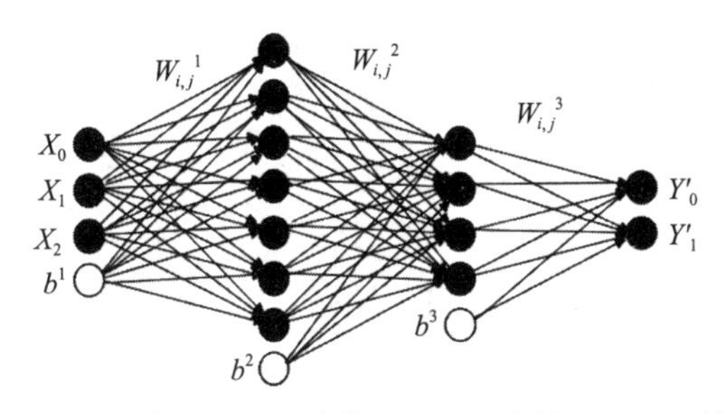

图 10-5　由三个输入、两层隐藏层以及两个输出组成的神经网络

我们首先考虑 MXNet（github.com/dmlc/mxnet）深度学习工具，基于 MXNet，图 10-5 中所表示的网络可以用如下的方式表达：

```
data = mx.symbol.Variable('x')
layr1= mx.symbol.FullyConnected(data=data,name='W1',num_hidden=7)
act1 = mx.symbol.Activation(data=layr1,name='relu1',act_type="relu")
layr2= mx.symbol.FullyConnected(data=act1,name='W2',num_hidden=4)
act2 = mx.symbol.Activation(data=layr2,name='relu2',act_type="relu")
layr3= mx.symbol.FullyConnected(data=act2, name='W3',num_hidden=2)
Y   = mx.symbol.SoftmaxOutput(data = layr3,name='softmax')
```

上述代码简单地构建了可以代表图 10-5 的全连接的网络和激活函数。接下来的小节中，我们将介绍训练和测试该网络所需的代码。

术语**深度神经网络**通常是指包含许多层的网络。有一些特殊的神经网络常被用于特别类型的输入数据，并且取得了比较好的效果。

10.4.2　卷积神经网络

对于图片等常规空间几何数据或一维流式数据的分析，常常会用到一个特殊的神经网络类别：**卷积神经网络**（CNN）。为了介绍 CNN，我们使用 Google 2016 年开源的 **TensorFlow 框架**（tensorflow.org），即第二个示例工具包。我们主要介绍一个在很多教程中多出现过的经典示例，TensorFlow 官方教程中也进行了详细的介绍（tensorflow.org/tutorials）。

假设我们有数以千计的 28 × 28 的黑白图片，图片中为手写的数字，希望设计一个系统来识别图片中的数字。图片以位字符串的形式表示，具有如边、孔和其他图案等局部二维特征。我们将使用 5 × 5 大小的窗口来寻找这些特征。为此，我们对系统进行训练，构建一个 5 × 5 的模板数组 *W*1 和一个偏移标量 *b*，并通过下面的方程将每一个 5 × 5 的窗口降维成新数组 conv 中的点。

$$\mathrm{conv}_{p,q}=\sum_{i,k=-2}^{2}W_{i,k}\mathrm{image}_{p-i,q-k}+b$$

我们对图片边界部分的点进行了填充，这样上面方程的索引不会出边界。接下来通过将 relu 函数应用到 conv 数组中的每一个 *x* 来更新 conv 数组，这样数组中就不会存在负数值了。最后的步骤是进行 max pooling。这个步骤计算每个 2 × 2 块中的最大值，并将其赋值到一个较小的 14 × 14 的数组。卷积网络中最有趣的部分是我们并非使用一个 5 × 5 的模板，而是并行地使用 32 个，最终产生 32 个 14 × 14 的结果图片，如图 10-6 所示。

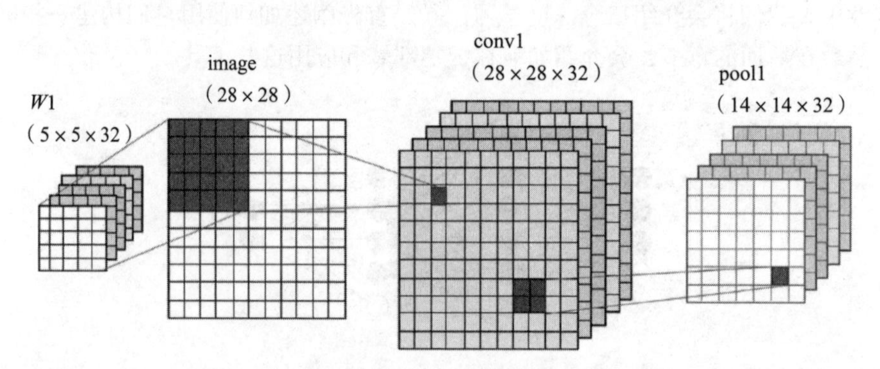

图 10-6　卷积神经网络处理图像的过程示意图

当网络训练完成后，*W*1 中 32 个 5 × 5 的模板都稍有不同，每一个模板选择原始图片中一组不同的特征。我们可以将结果集中 32 个 14 × 14 的数组（称作 pool1）看作原始图片的一种转换，这部分工作原理很像傅里叶变换，将难以处理的时域信号转换成易于分析的频域信号。虽然这里并没有使用傅里叶变换，但是如果你熟悉这些变换，这样的类比或许会有帮助。

接下来，将第二个卷积层应用到 pool1 上，这次我们对 pool1 中 32 层的每一层使用 64 组 5 × 5 的过滤器，并对结果求和，获得 64 个新的 14 × 14 的数组。我们可以使用 max pooling 降采样的方式，在不影响图像质量的情况下压缩图片，获得新的 64 个 14 × 14 的数组，称为 pool2。接着，我们使用一个 dense 全连接层，最后将其缩减到 10 个值，每个表示所述图像对应于 0 ～ 9 这 10 个数字的概率。TensorFlow 教程实际上提供了两种建立和训练上述卷积神经网络的方法。我们在图 10-7 中所描述的方法来自社区贡献的库，称作 layers。

```
input_layer = tf.reshape(features, [-1, 28, 28, 1])

conv1 = tf.layers.conv2d(
      inputs=input_layer,
      filters=32,
      kernel_size=[5, 5],
      padding="same",
      activation=tf.nn.relu)

pool1 = tf.layers.max_pooling2d(inputs=conv1, \
                              pool_size=[2, 2], strides=2)

conv2 = tf.layers.conv2d(
      inputs=pool1,
      filters=64,
      kernel_size=[5, 5],
      padding="same",
      activation=tf.nn.relu)

pool2 = tf.layers.max_pooling2d(inputs=conv2, \
                              pool_size=[2, 2], strides=2)
pool2_flat = tf.reshape(pool2, [-1, 7 * 7 * 64])

dense = tf.layers.dense(inputs=pool2_flat, \
                        units=1024, activation=tf.nn.relu)

logits = tf.layers.dense(inputs=dense, units=10)
```

图 10-7 TensorFlow 中两层卷积层数字识别网络

如你所见，这些算子明确描述了我们所构建的 CNN 的特征。可以在 TensorFlow 示例教程目录中的 cnn_mnist.py 文件中找到完整的代码。如果你更希望查看该程序基于更底层 TensorFlow 算子的实现版本，你可以在 Udacity 深度学习课程资料 [3] 中找到一个 Jupyter Notebook 版本的实现。CNN 在图像分析领域有很多应用，其中一个科学案例来自 Kaggle Galaxy Zoo Challenge 竞赛，该竞赛要求参与者预测 Galaxy Zoo 用户如何将来自斯隆数字巡天计划的星系图片进行分类。Dieleman [111] 介绍了一个基于四层卷积层和三层 dense 全连接层的卷积神经网络解决方案。

10.4.3 递归神经网络

递归神经网络（Recurrent Neural Networks，RNN）被广泛地应用于语言建模问题，如预测编辑短信时或自动翻译系统中的下一个单词等。RNN 可以从具有重复模式的序列中学习。例如，可以学习按照莎士比亚的风格创作“文学” [168]，或按照巴赫的风格创作“音乐”[183]。RNN 还被用于研究森林火灾面积覆盖 [94] 以及加州的干旱周期 [178]。

RNN 的输入为单词或信号，以及基于到目前为止出现的单词或信号的系统状态。输出为一个预测列表以及一个新的系统状态，如图 10-8 所示。

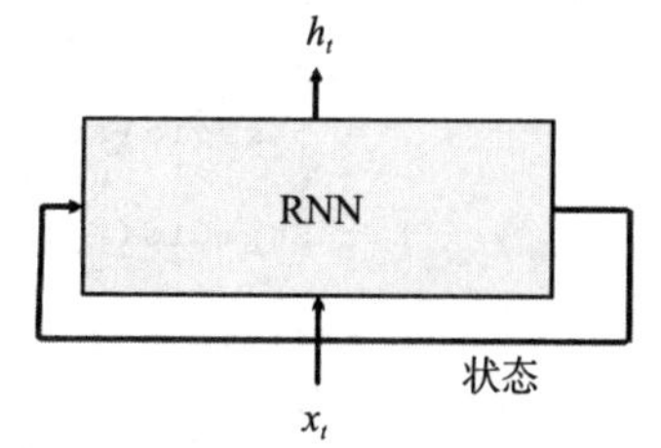

图 10-8 以 x 作为输入流，h 作为输出流的基本 RNN

基本的 RNN 存在很多变种，RNN 的一个挑战是确保状态张量能够保留序列的足够长时间的记忆，这样才能记住模式。为了解决这个问题，大家提出了多种方案，其中最著名的方法为长短期记忆（Long Short-Term Memory，LSTM），可以用下列公式对该方法进行定义，其中输入序列为 x，输出为 h，状态向量为 $[c, h]$。

$$i_t = \sigma(W^{(xi)}x_t + W^{(hi)}h_{t-1} + W^{(ci)}c_{t-1} + b^{(i)})$$

$$f_t = \sigma(W^{(xf)}x_t + W^{(hf)}h_{t-1} + W^{(cf)}c_{t-1} + b^{(f)})$$

$$c_t = f_t \cdot c_{t-1} + i_t \cdot \tanh(W^{(xc)}x_t + W^{(hc)}h_{t-1} + b^{(c)})$$

$$o_t = \sigma(W^{(xo)}x_t + W^{(ho)}h_{t-1} + W^{(co)}c_t + b^{(o)})$$

$$h_t = o_t \cdot \tanh(c_t)$$

Olah 在技术博客中很好地阐明了 RNN 的工作原理[213]。我们基于他博客中的一张插图进行了修改来描述网络中信息的流动，如图 10-9 所示。

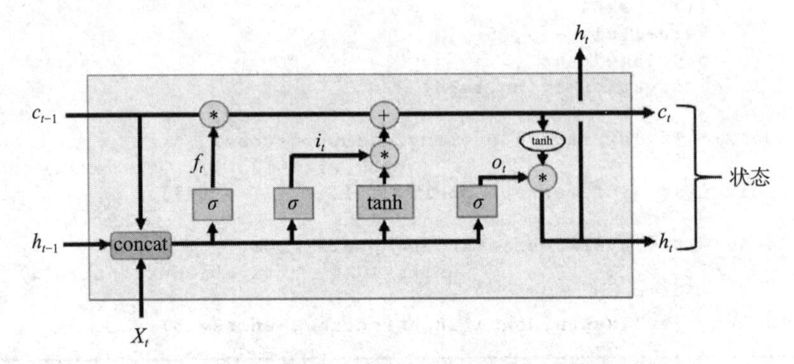

图 10-9　LSTM 信息流，借鉴了 Olah 博客[213]中的插图

我们使用向量串联符号 concat 进行多种 W 矩阵的构建：

$$\sigma = (\text{concat}(x, h, c)) = \sigma(W[x, h, c] + b) = \sigma(W^{(x)}x + W^{(h)}h + W^{(c)}c + b)$$

该版本公式出自我们使用的第三个工具集：**微软认知工具集**（Microsoft Cognitive Toolkit），之前称为计算网络工具集（Computational Network Toolkit，CNTK）。该工具集有两个输入语言：Python 和一个基于配置脚本的语言 Brain Script。Brain Script 脚本示例是一个使用财经新闻内容进行训练的“序列到序列”的 LSTM，如“短期被认为是利率上升的标志，因为投资经理可以更快地获取更高的利率”，以及“格雷斯公司副总裁 j. p. 某某，在公司也有利益，当选为董事”等新闻。为了阐明该神经网络能做什么，我们保存训练好的 W、b 以及其他两个数组，接下来，可以将它们加载到 Python 版本的 RNN 中，我们通过下面的代码实现了上述公式。

```
def rnn(word, old_h, old_c):
    Xvec = getvec(word, E)
    i = Sigmoid(np.matmul(WXI, Xvec) +
                np.matmul(WHI, old_h) + WCI*old_c + bI)
    f = Sigmoid(np.matmul(WXF, Xvec) +
                np.matmul(WHF, old_h) + WCF*old_c + bF)
    c = f*old_c + i*(np.tanh(np.matmul(WXC, Xvec) +
                            np.matmul(WHC, old_h) + bC))
    o = Sigmoid(np.matmul(WXO, Xvec)+
                np.matmul(WHO, old_h)+ (WCO * c)+ bO)
    h = o * np.tanh(c)
    # Extract ordered list of five best possible next words
    q = h.copy()
```

```
    q.shape = (1, 200)
    output = np.matmul(q, W2)
    outlist = getwordsfromoutput(output)
    return h, c, outlist
```

如你所见，这些代码是从上述公式直译过来的。唯一的区别是代码使用字符串类型单词作为输入，而公式使用单词的向量编码作为输入。编码矩阵 E 经过 RNN 训练产生，其中一个特性是矩阵的第 i 列与词汇列表中第 i 个位置的单词相对应。函数 getvec (word, E) 根据嵌入张量 E 查询词汇列表中单词的所在位置，返回该单词对应的 E 的列向量。完成一个 LSTM 单元后的输出为向量 h。这是在到目前为止的所有输入文本后续可能出现的单词的一个紧凑表示。为了将其转换回词汇表中对应的单词，我们需要将其和另一个训练好的向量 $W2$ 相乘。我们使用的词汇表中单词数量为 10 000，输出向量的长度也为 10 000。输出向量中的第 i 个元素代表词汇表中第 i 个单词是下一个单词的相对概率，我们增加了 getwordsfromoutput 函数，可以根据向量中的相对概率返回概率最高的 5 个候选单词。

为了证明该 LSTM 为递归神经网络，我们首先输入一个单词，让其预测下一个可能出现的单词，并通过重复该过程构建出一个“句子”。在下面的代码中，我们从该神经网络预测的三个概率最高的单词中随机选择一个作为下一个单词。

```
c = np.zeros(shape = (200, 1))
h = np.zeros(shape = (200, 1))
output = np.zeros(shape = (10000, 1))
word = 'my'
sentence= word
for _ in range(40):
    h, c, outlist = rnn(word, h, c)
    word = outlist[randint(0,3)]
    sentence = sentence + " " +word
print(sentence+".")
```

当初始单词为“my”时，上述代码输出的句子为：

```
my new rules which would create an interest position here unless
there should prove signs of such things too quickly although the
market could be done better toward paying further volatility where
it would pay cash around again if everybody can.
```

当我们选择“the”作为初始输入时，输出的句子为：

```
the company reported third-quarter results reflecting a number
compared between N barrels including pretax operating loss
from a month following fiscal month ending july earlier
compared slightly higher while six-month cds increased
sharply tuesday after an after-tax loss reflecting a strong.
```

该 RNN 可以用于输出财经新闻。显然上述产生的语句没有什么实际意义，但验证了它们能够出色地模仿训练该网络时使用的模式。由于我们在代码中设置了每个句子的长度不能超过 40，所以句子的结尾会显得比较突兀。在 Notebook 20 中可以找到该段代码，以及 50MB 大小的模型数据，读者可以自己尝试运行该示例。

10.5 Amazon MXNet 虚拟机镜像

MXNet [92]（github.com/apache/incubator-mxnet）是一个分布式并行机器学习开源库。该项目最初由卡耐基梅隆大学、华盛顿大学和斯坦福大学共同开发。MXNet 可以用 Python、

Julia、R、Go、Matlab 和 C++ 进行编程，并能够在多种平台上运行，包括集群和 GPU 等。它同时也是 Amazon 选用的深度学习框架 [256]。Amazon 还发布了 Amazon Deep Learning AMI [13]，除 MXNet 之外，还包含了 CNTK 和 TensorFlow 以及一些我们没有讨论过的工具集，如 Caffe、Theano 和 Torch，此外，Jupyter 和 Anaconda 工具也被包含在其中。

我们只需对 Amazon AMI 进行简单的配置就可以使用 Jupyter。从 EC2 门户中进入 Amazon Marketplace，然后搜索"deep learning"，你就能找到 Deep Learning AMI。接下来选择服务器类型，该 AMI 已经针对 p2.16xlarge 实例（64 个虚拟核和 16 个 NVIDIA K80 GPU）进行过调优，该实例的收费较高。如果你只是想体验下，也可以选择 8 核且不含 GPU 的实例，如 m4.2xlarge 实例。当虚拟机启动后，使用 ssh 进行登录，按照下面的方法配置 Jupyter，使其允许远程访问。

```
>cd .jupyter
>openssl req -x509 -nodes -days 365 -newkey rsa:1024 \
  -keyout mykey.key -out mycert.pem
>ipython
[1]: from notebook.auth import passwd
[2]: passwd()
Enter password:
Verify password:
Out[2]: 'sha1:---- long string -----------'
```

记住你的密码并拷贝长长的 sha1 字符串。然后新建 .jupyter/jupyter_notebook_config.py 文件并添加以下几行代码：

```
c = get_config()
c.NotebookApp.password = u'sha1:----long string -----------
c.NotebookApp.ip = '*'
c.NotebookApp.port = 8888
c.NotebookApp.open_browser = False
```

我们可以通过下面的命令启动 Jupyter：

```
jupyter notebook --certfile=.jupyter/mycert.pem \
                 --keyfile=.jupyter/mykey.key
```

然后在浏览器中输入 https://ipaddress:8888，这里的 ipaddress 是你虚拟机的外网 IP 地址。当你可以通过浏览器访问 Jupyter 后，访问 src/mxnet/example/notebooks 并运行 MXNet。

除了 AMI 提供的教程之外，还有很多很好的 MXNet 教程，如 MXNet 社区站点（http://mxnet.io/tutorials）中提供的教程。为了阐述如何使用该教程，我们来看一个使用了 10 000 000 张图片进行训练的超级深度神经网络。Resnet-152 [152] 是一个含有 152 层卷积层的深度残差学习网络，深度残差学习能够解决训练深度网络过程中出现的梯度消失问题。简单地说，由于随着网络深度不断增加，可计算梯度的数值会变得很小，导致没有稳定的梯度下降方向，所以梯度下降方法对深度网络的训练效果较差。深度残差训练通过在两层之间添加一个恒等映射来解决该问题。事实证明，残差对于随机梯度下降来说更容易解决。

我们提到的每个工具集中都构建了不同尺寸的残差网络。这里我们介绍 MXNet 教程 [41] 中的残差网络（Notebook 21 中提供了一个 Jupyter 版本的残差网络）。该网络包含 150 个卷积层以及一个建立在全连接层的 softmax 输出，全连接层含有 11 221 个节点，代表该网络训练好后需要识别的 11 221 个图片标签。输入为一个 3 × 224 × 224 的 RGB 格式图片，先将该图片加载到批标准化（batch normalization）函数中，然后传递到第一层卷积层。示例中首先为模型提取存档数据，共有三个主要文件：

- resent-152-symbol.json，基于 JSON 格式的文件，完整地描述了该网络。
- resent-152-0000.params，一个二进制文件，包含了训练好的模型的所有参数。
- synset.txt，一个文本文件，包含了 11 221 个图片标签，每个标签占一行。

接下来我们可以加载预先训练好的模型数据，并基于这些数据构建模型，然后可以将该模型应用到 JPEG 图片上（图片需要被格式化成 $3 \times 224 \times 224$ 的 RGB 格式，详见 Notebook）。

```
import mxnet as mx
# 1) Load the pretrained model data
with open('full-synset.txt','r') as f:
    synsets = [l.rstrip() for l in f]
sym,arg_params,aux_params=
    mx.model.load_checkpoint('full-resnet-152',0)
# 2) Build a model from the data
mod = mx.mod.Module(symbol=sym, context=mx.gpu())
mod.bind(for_training=False, data_shapes=[('data', (1,3,224,224))])
mod.set_params(arg_params, aux_params)
# 3) Send JPEG image to network for prediction
mod.forward(Batch([mx.nd.array(img)]))
prob = mod.get_outputs()[0].asnumpy()
prob = np.squeeze(prob)
a = np.argsort(prob)[::-1]
for i in a[0:5]:
    print('probability=%f, class=%s' %(prob[i], synsets[i]))
```

我们可以发现该模型识别图片的准确性非常高。在图 10-10 中我们从 Bing 图片页面中选取了四张与生物学相关的图片。从表 10-4 的结果中可以发现，尽管酵母（yeast）和海马（seahorse）识别结果的置信度较低，但是基于网络输出的首选结果，针对每张图片的识别结果都是正确的。这些结果很清楚地说明了自动图片识别帮助完成科研任务的潜力。

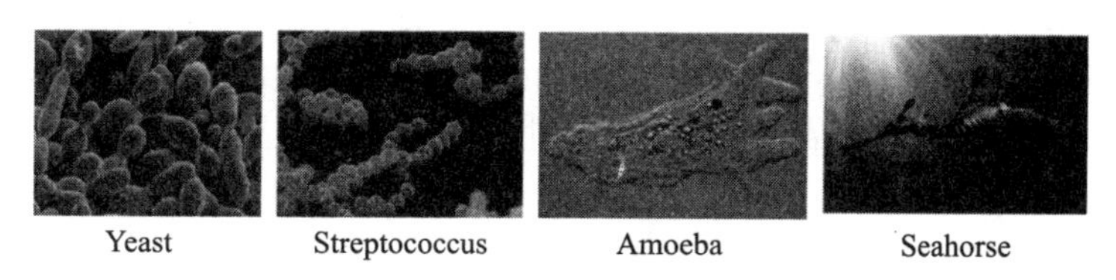

图 10-10　使用 MXNet Resnet-152 网络进行识别的四张样本图片

表 10-4　图 10-10 中四张图片的识别结果（含有预估概率）

Yeast	Streptococcus	Amoeba	Seahorse
p=0.26, yeast	p=0.75, streptococcus, streptococci, strep	p=0.70, ameba, amoeba	p=0.33, seahorse
p=0.21, microorganism	p=0.08, staphylococcus, staph	p=0.15, microorganism	p=0.12, marine animal, marine creature, sea animal
p=0.21, cell	p=0.06, yeast	p=0.05, ciliate, ciliated protozoan, ciliophoran	p=0.12, benthos
p=0.06, streptococcus, strep	p=0.04, microorganism, micro-organism	p=0.04, paramecium, paramecia	p=0.05, invertebrate
p=0.05, eukaryote, eucaryote	p=0.01, cytomegalovirus, CMV	p=0.03, photomicrograph	p=0.04, pipefish, needlefish

10.6 Google TensorFlow

Google TensorFlow 是一个被广泛应用和讨论的深度学习框架。如果你安装了 Amazon Deep Learning AMI，那么 TensorFlow 已经集成在里面了，你可以开始尝试使用该框架了。尽管在讨论卷积神经网络时已经介绍过 TensorFlow，在接下来进一步深入讨论之前，我们还是需要介绍一些核心的概念。

我们首先介绍张量（tensor），它是对一维和二维数组向高维度数组的推广。在 TensorFlow 中，张量被创建并存储在容器对象中，容器对象有三种可能的类型——变量、占位符和常量。为了阐明 TensorFlow 的使用，我们基于一些（伪造的）研究生院录取数据构建逻辑回归模型。表 10-5 列出了数据样例，每条记录有四个字段：GRE、GPA、Rank（等级）和 Decision（录取决定）。GRE 的取值范围为 0 ～ 800，GPA 的取值范围为 0.0 ～ 4.0，学生本科学校的排名分为 4 个等级（1 代表最高等级），录取决定则用 0 和 1 表示（1 表示录取）。

表 10-5　研究生院录取数据（伪造）

GRE	GPA	Rank	Decision
800	4.0	4	0
339	2.0	1	1
750	3.9	1	1
800	4.0	2	0

为了构建这个模型，我们首先初始化 TensorFlow 的交互式会话，然后按如下所示，定义了两个变量和两个占位符。

```
import tensorflow as tf
import numpy as np
import csv
sess = tf.InteractiveSession()

x = tf.placeholder(tf.float32, shape=(None,3))
y = tf.placeholder(tf.float32, shape =(None,1))

# Set model weights
W = tf.Variable(tf.zeros([3, 1]))
b = tf.Variable(tf.zeros([1]))
```

占位符张量 x 代表数据中的三个字段 [GRE，GPA，Rank]，占位符 y 表示相对应的录取决定。W 和 b 是经过学习得到的变量，可以最小化成本（cost）函数。

$$\text{cost}=\sum_{i=0}^{1}\left(y-\sigma\left(W\cdot x+b\right)\right)^{2}$$

上述公式中，$W\cdot x$ 表示点乘，占位符的形式分别为（None，3）和（None，1）。这意味着在 TensorFlow 中它们分别可以存储大小为 $N\times 3$ 和 $N\times 1$ 的数组（N 可以取任意值）。TensorFlow 中的最小化步骤采用了以下形式：定义一个图，将输入参数 x 和 y 传递给成本函数，接下来该成本函数会被传递给优化器，生成能够最小化成本的 W 和 b。

```
pred = tf.sigmoid(tf.matmul(x, W) + b)
cost = tf.sqrt(tf.reduce_sum((y - pred)**2/batch_size))
opt = tf.train.AdamOptimizer()
optimizer = opt.minimize(cost)
```

TensorFlow 中（也包括我们讨论的其他框架）训练一个系统的标准方式是使用连续批次的训练数据运行优化器。要做到这一点，我们需要使用当前的交互式会话初始化 TensorFlow 变量。我们使用一个 Python 函数 get_batch() 从 train_data 中获取一批数值，并将它们存储在 train_label 数组中。

图 10-11 中的代码片段示范了数据是如何经由 Python 字典被传递到计算图中，并用 sess.run() 函数进行评估的，Python 字典将数据绑定到特定的 TensorFlow 占位符。Jupyter Notebook 23 中有更多的相关细节，包括结果的描述等。你会发现基于假的录取数据集训练出来的模型，其录取决定完全取决于学生的毕业院校排名。这种情况下，由于该规则非常容易"学习"，训练过程会快速收敛，结果的准确率为 99.9%。如果我们使用另一个不合理的录取规则，即只录取来自顶尖院校或者 GRE 得分为 800 的学生，相比之前的规则，学习过程的收敛速度变慢，且我们能得到的最高的准确率为 83%。

```
training_epochs = 100000
batch_size = 100
display_step = 1000
init = tf.initialize_all_variables()

sess.run(init)
# Training cycle
for epoch in range(training_epochs):
   avg_cost = 0.
   total_batch = int(len(train_data)/batch_size)
   # Loop over all batches
   for i in range(total_batch):
       batch_xs,batch_ys=get_batch(batch_size,train_data,train_label)
       # Fit training using batch data
       _,c=sess.run([optimizer,cost],
                    feed_dict={x:batch_xs, y:batch_ys})
       # Compute average loss
       avg_cost += c / total_batch
   # Display logs per epoch step
   if (epoch+1) % display_step == 0:
       print("Epoch:", '%04d' % (epoch+1), "cost=", str(avg_cost))
```

图 10-11　训练简单逻辑回归函数的 TensorFlow 代码

你可以试着将这个模型转换为一个包含一个或多个隐藏层的神经网络，看看是否能够提高准确率。

10.7　微软认知工具包

我们在讨论递归神经网络时，于 10.4.3 节中介绍了**微软认知工具包**（Microsoft Cognitive Toolkit）。CNTK 组提供了该软件多种格式的下载，这样机器学习示例可以按照以下的配置运行在 Azure 的 Docker 容器集群中。

- CNTK-CPU-InfiniBand-IntelMPI：用于跨多个 InfiniBand RDMA 虚拟机运行任务。
- CNTK-CPU-OpenMPI：用于多实例虚拟机。
- CNTK-GPU-OpenMPI：用于配备有多个 GPU 的服务器，如含有 24 核和 4 个 K80 NVIDIA GPU 的 NC 类服务器。

这些部署都使用了 Azure Batch Shipyard 项目中的 Docker 容器模型，属于 Azure Batch [6] 项目的一部分（Shipyard 项目同时提供脚本用于为 MXNet 和 TensorFlow 供应类似配置的 Docker 容器集群）。

你也可以在自己的 Windows 10 个人电脑或其他云平台中的虚拟机上部署 CNTK。在

Notebook 22 中，我们提供了详细的部署教程，以及一个下面将要描述的示例。CNTK 的计算风格与 Spark、TensorFlow 以及我们之前讨论过的系统类似。我们使用 Python 构建一个计算流程图，可以结合数据并使用 eval 操作调用该计算流程。为了阐述该计算风格，我们创建三个张量来存储一个图的输入值，然后使用矩阵乘法运算符和向量加法运算将这些张量联系在一起。

```
import numpy as np
import cntk
X = cntk.input_variable((1,2))
M = cntk.input_variable((2,3))
B = cntk.input_variable((1,3))
Y = cntk.times(X,M)+B
```

X 是一个 1×2 维的张量，即一个长度为 2 的向量；M 是一个 2×3 的矩阵；B 是一个长度为 3 的向量。表达式 $Y = X*M + B$ 返回一个长度为 3 的向量。目前为止，我们仅构建了一个计算流程图，并没有发生任何实际计算。为了运行该计算流程图，我们对 X、B 和 M 输入具体数值，然后调用 Y 的 eval 算子，如下面代码所示。我们使用 Numpy 数组初始化张量，并用一种与 TensorFlow 中完全相同的方式为 eval 算子提供绑定字典。

```
x = [[ np.asarray([[40,50]]) ]]
m = [[ np.asarray([[1, 2, 3], [4, 5, 6]]) ]]
b = [[ np.asarray([1., 1., 1.])]]

print(Y.eval({X:x, M: m, B: b}))

----- output -------------

array([[[[ 241.,  331.,  421.]]]], dtype=float32)
```

CNTK 还支持其他几种张量容器类型，如 Constant（用于表示数值不发生变化的标量、向量及其他多维度张量）和 ParameterTensor（用于表示在网络训练过程中数值会被更新的张量变量）。

还有很多种张量算子，这里我们无法一一讨论。然而，其中一个重要的类是一组可以用来构建多层神经网络的算子，称作 layers library，这是 CNTK 中的重要组成部分，其中最基础的为 Dense（dim）层，可以构建一个输出维度 dim 的全连接层。还有很多其他的标准层类型，包括 Convolutional、MaxPooling、AveragePooling 和 LSTM 等。我们可以用称作 sequential 的简单算子对多个层进行堆叠。我们介绍两个直接来自 CNTK 文档 [27] 中的示例。第一个示例是一个基于卷积层的标准 5 层图像识别网络。

```
with default_options(activation=relu):
  conv_net = Sequential ([
     # 3 layers of convolution and dimension reduction by pooling
     Convolution((5,5),32,pad=True),MaxPooling((3,3),strides=(2,2)),
     Convolution((5,5),32,pad=True),MaxPooling((3,3),strides=(2,2)),
     Convolution((5,5),64,pad=True),MaxPooling((3,3),strides=(2,2)),
     # 2 dense layers for classification
     Dense(64),
     Dense(10, activation=None)
  ])
```

第二个示例是一个递归 LSTM 网络，如下所示，接受长度为 150 的单词向量作为输入，将其传递给 LSTM，然后通过一个维度为 labelDim 的 dense 网络产生输出。

```
model = Sequential ([
    Embedding(150),           # Embed into a 150-dimensional vector
    Recurrence(LSTM(300)),    # Forward LSTM
    Dense(labelDim)           # Word-wise classification
])
```

当你的输入是长度为词汇表尺寸的稀疏向量时，可以使用词向量（如果向量中第 i 项为 1，那么该单词为词汇表中的第 i 个元素），这种情况下，词向量矩阵的大小为词汇表大小与输入数据长度的乘积，例如词汇表中有 10 000 个单词，而输入数据长度为 150，那么词向量矩阵包含 10 000 个长度为 150 的行，词汇表中第 i 个单词与矩阵中的第 i 列相对应。词向量矩阵可能作为参数被传递过来，也可能通过训练学习产生。本章的后面我们使用一个详细的案例阐明它的应用。

上述代码使用的 Sequential 算子可以被认为是对多个层按照给定的顺序将它们串联起来。Recurrence 算子被用于将正确的 LSTM 输出封装成下一层网络的输入。如果想学习更多的细节，建议阅读 CNTK 提供的教程。**强化学习**技术允许网络使用来自动态系统的反馈，学习如何控制它们，如游戏系统等。如果大家对强化学习感兴趣，我们推荐一个详细的在线讨论 [134]。

Azure 同时也提供了大量与 Amazon 机器学习空间中提供的相似的预先训练好的机器学习服务：**Cortana 认知服务**。具体而言，这些服务包含了语音和语言理解、文本分析、语言翻译、人脸识别和态度分析，以及 Microsoft 科研数据库和图库的搜索。图 10-12 中展示了如何使用这些 Web 服务。

```
[
  {
    "faceRectangle": {
      "left": 45,
      "top": 48,
      "width": 62,
      "height": 62
    },
    "scores": {
      "anger": 0.0000115756638,
      "contempt": 0.00005204394,
      "disgust": 0.0000272641719,
      "fear": 9.037577e-8,
      "happiness": 0.998033762,
      "neutral": 0.00184232311,
      "sadness": 0.0000301841555,
      "surprise": 0.00000277762956
    }
  }
]
```


图 10-12　Cortana 脸部识别和态度分析 Web 服务。当输入图片为一个在帆船上的人时，返回结果为图片右边的 JSON 文档。Cortana 识别出图片中有一张非常开心的笑脸（99.8%）

10.8 小结

本章中我们介绍了很多种云和开源机器学习工具。首先介绍了一个运行在 Azure HDInsight 集群上的简单逻辑回归用例，该用例使用了 Spark 中的机器学习工具。接着我们介绍了 Azure 机器学习空间 Azure ML，一个基于门户的工具，可以提供基于“拖曳”方式的机器学习模型的构建、训练和测试，并能将模型自动转换成 Web 服务。Amazon 也提供了基于门户的机器学习工具，用户可以通过该门户创建和训练预测模型，然后以服务的方式进行部署。同时，Azure 和 Amazon 分别在 Cortana 认知服务和 Amazon ML 平台中提供了预先训练好的模型用于图片和文本分析。

本章的后续内容中我们主要讨论了深度学习以及 TensorFlow、CNTK 和 MXNet 工具集。我们适度地介绍了该主题并描述了两个最常用的深度学习网络：卷积神经网络和递归神经网络。接下来我们介绍了 Amazon 针对机器学习的虚拟机镜像（AMI），涵盖了 MXNet、Amazon 的优选深度学习工具包，以及其他深度学习框架的部署。我们基于 Microsoft Research 设计的图片识别神经网络 Resnet-152 更加生动形象地介绍了 MXNet。Resnet-152 神经网络由 152 层组成，我们用具体实例验证了如何使用它完成生物图片的识别。这种类型的图像识别技术已经被成功应用到多种科学研究中，从蛋白质结构到星系分类[180, 60, 264, 111]。

我们还基于 Amazon ML AMI 运行了 Google 开源的深度学习框架 TensorFlow。在该主题的讨论中，我们介绍了如何在 TensorFlow 中定义卷积神经网络，并通过简单的逻辑回归模型演示如何使用 TensorFlow。Microsoft 认知工具包（CNTK）是我们介绍的第三个工具包。我们在 Jetstream 云平台中安装了 CNTK 工具包，并介绍了它的一些基本特性。CNTK 也能够很好地集成 Juypter，并提供了许多很好的教程。

本章只是浅显地介绍了机器学习课题。除了本章中提到的深度学习工具包，Theano [47] 和 Caffe [161] 也有很广泛的应用。Keras（keras.io）是另一个能够运行在 Theano 和 TensorFlow 之上的 Python 库。本章中我们没有讨论 IBM 在机器学习和深度学习领域的工作与贡献，如令人印象深刻的 Watson 服务以及 Torch（torch.ch）等系统。

深度学习对主要云计算服务商的技术方向产生了深远的影响。我们相信深度神经网络在科学研究中会扮演越来越重要的角色，在第 18 章中将会继续讨论这个主题。

另一个我们没有在本章中介绍的主题是机器学习工具包针对不同任务的性能问题。在第 7 章中，我们讨论了多种对计算的扩展，以解决更复杂和数据量更大的问题。其中一个方法是基于消息传递接口（MPI）模型实现顺序进程通信的 SPMD 模型（详见 7.2 节）。另一个方法是应用在 Spark、Flink 以及本章介绍的其他深度学习工具包中的图执行数据流模型（详见第 9 章）。

显然，我们可以使用 MPI 或者 Spark 编写机器学习算法。我们因此也需要考虑到这两种方法的相对性能和可编程性。Kamburugamuve、Wickramashinghe、Ekanayake 和 Fox [166] 研究了该问题，并使用了两个标准机器学习算法证明基于 MPI 实现的算法在性能上更优于基于 Spark 和 Flink 的算法实现，并且从执行时间来看经常会有指数级的差别。他们同时也指出基于 MPI 版本的实现相比于 Spark 上的实现更加困难。他们发布了一个称为 SPIDAL 的 MPI 工具库，用于在 HPC 集群上进行数据分析[116]。

10.9　资源

最近更新的经典书籍 Data Mining: Concepts and Techniques [148] 对数据挖掘和知识发掘提供了专业且详细的介绍。书籍 Deep Learning [143] 为本章中讨论的技术提供了更加细节的介绍。

如果读者希望通过 Python 和 Jupyter 学习更多机器学习相关的基础知识，可以进一步参考 Python Machine Learning [224] 和 Introduction to Machine Learning with Python: A Guide for Data Scientists [207] 这两本书。本章中讨论的除 k 均值之外的所有示例都可以归类为监督学

习。这两本书都更深入讨论了非监督学习。

至于深度学习专题，本章中介绍的三个工具集 CNTK、TensorFlow 和 MXNet 在发布版中都提供了详尽的教程。

本章中我们共用到了 6 个 Notebook：

- Notebook 18 含有使用 Spark 机器学习实现逻辑回归的实例。
- Notebook 19 可以用来向 AzureML Web 服务发送数据。
- Notebook 20 包含了如何加载和使用 CNTK 中原生的 RNN 模型示例。
- Notebook 21 包含了如何加载和使用 MXNet Resnet-152 模型进行图片分类。
- Notebook 22 中讨论了 CNTK 的安装和使用。
- Notebook 23 包含了基于 TensorFlow 实现的简单逻辑回归模型实例。

第 11 章

Cloud Computing for Science and Engineering

Globus 研究数据管理平台

给我一个支点，我能撬起地球。

——Archimedes

我们已经了解到，基于云的数据存储和分析服务能够极大地简化对大型数据的操作。但是并非所有科研和工程数据都是在云端。研究是高度合作性和分布式的，并且经常需要特定的资源如：数据存储、超级计算机和仪器。因此数据被创建、使用，并存储在各种位置，如专门的科学实验室、国家设施和机构的计算机中心。**数据的迁移和共享、认证和授权**是长期存在的难题，对科研和科研协作造成相当大的阻碍。

我们在这一章中描述一套用于解决这类难题的平台服务。Globus 云服务提供了数据迁移、数据分享、信用和身份管理的功能。我们在 3.6 节简略描述了这些服务是如何通过网页界面来实现软件即服务。我们将介绍更多关于这些服务的细节，并描述能让它们在应用程序中使用的 Python SDK。我们会着重论述 Globus Auth 服务是如何便捷的创建各种科学服务，这些科学服务能够从不同身份提供者接收身份信息，使用标准协议进行认证和授权，从而自然地融入由服务提供者和消费者构成的全球生态系统中。我们将展示如何使用这些功能来构建研究数据门户来作为一个实际的例子。

11.1 分布式数据的挑战和机遇

数据迁移是分析、协作、发表和数据保存等许多研究活动的核心。然而，基于它的重要性和普遍性，这项任务在实际运用中存在巨大的挑战：存储系统有不同的安全配置，实现优秀的传输性能绝非易事，随着数据量的增大出现错误的概率也随之提高。科学家和工程师经常被一些乏味无趣的任务所困扰，比如说认证和授权用户访问存储系统，建立在存储系统之间的高速数据连接，在传输过程中从故障中恢复等等。

由于相近的原因，认证和授权也是科学与工程的核心问题。研究者们时常发现他们需要在一个有不同身份信息、认证方式和证书的复杂世界里探索，才能访问到不同位置的资源。比如说，假设你需要重复的从 A、B 两个站传输数据到你所在机构 H 的存储系统。你有 A 和 H 的账号，有 U_A、U_H 两个身份 id，由于有共同身份管理联盟，B 将会接受你所在机构的身份。但是每次传输你都需要认证一次。这个令人苦恼的过程是为了防止脚本攻击。而你希望用 U_A、U_H 仅仅认证一次，然后执行从 A 和 B 到 H 的后续传输，而不需要进一步的身份验证。

数据的共享问题与上述两个难题有共性。比如说你想让你的一个合作者能访问你机构的数据。为此目的你需要注册一个账户，而这一般是一个很花时间的过程，而且前提是你被允许这么做。你的合作者则不得不又管理一组用户名和密码。其实你所需要的是在没有本地账户的情况下允许访问。

Globus 服务解决了当我们需要从不同位置整合资源所引起的和诸如此类的挑战。除了一个易于使用的基于 Web 浏览器的接口外，Globus 还提供 REST API 和 Python SDK，能够以减少开发成本并提高安全性、性能和可靠性的方式将 Globus 解决方案集成到应用程序中。

11.2 Globus 平台

Globus 作为一个“软件即服务”的解决方案在 2010 年被首次引入，解决了在存储系统或**端点**之间移动数据的问题[62][123]。(端点是指通过使用名为 Globus Connect 的软件连接到 Globus 云服务的存储系统。)

由 Amazon 托管的 Globus 软件可以处理传输过程中涉及的复杂问题，比如对端点进行身份验证和授权，在端点之间创建高速数据连接，以及在传输中故障恢复。更为重要的是，它实现了一个第三方传输模型，在这个模型中，数据不通过 Globus 服务传输，而是通过使用名为 GridFTP 的协议在端点对之间直接传输，该协议为高性能和可靠性提供了专门的支持。在进行重复传输时，Globus 还可以执行类似于 rsync 的更新，允许将新的或修改的文件从源传输到目的地。也支持端点之间直接的 HTTPS 传输，使得用 Web 浏览器可以访问存储在 Globus 端点上的数据。

Globus 团队随后在这个最初的 Globus **传输**服务的基础上，添加了 Auth 作为身份和证书管理、Groups 作为组管理、Sharing 作为数据共享、Publication 和 Data Search 作为数据管理。更重要的是，Globus 团队还创建了 REST API 和 Python SDK，以使这些功能能够以编程的方式在应用程序中使用。我们在这一章中描述了这些平台功能，在 3.6.1 节的介绍性材料中，展示了如何使用 Globus Python SDK 来发起、监视和控制数据传输。我们首先给出了关于 Globus 共享功能的编程式用法的更多细节，然后介绍了 Globus Auth 的使用，最后给出了使用这些不同功能的一系列说明示例。

11.2.1 Globus 传输和共享

我们已经在 3.6.2 节部分介绍了 Globus 共享功能。现在，我们将展示如何使用 Python SDK 来程序化地管理共享。回想一下，Globus 共享允许用户在 Globus 端点上创建一个指定的文件夹，可以被其他 Globus 用户访问。图 11-1 显示了这个方法。通过创建共享端点，Bob 在常规端点上共享了文件夹～/shared_dir，然后授予 Jane 访问该共享端点的权限。然后，取决于所授予的权限，Jane 可以使用 Globus 传输来读取或在共享文件夹中写入文件。

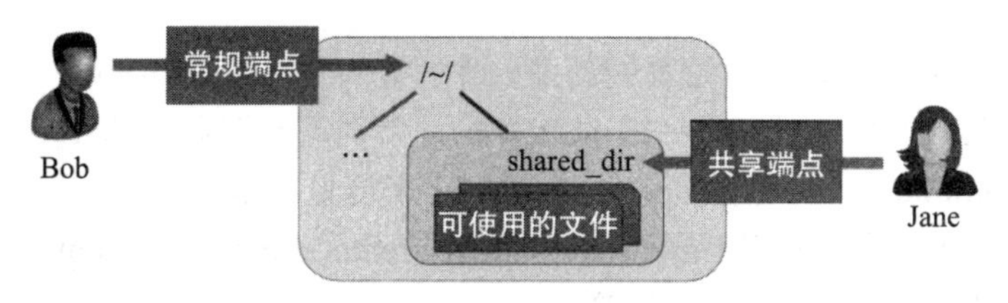

图 11-1 Globus 共享端点结构允许一个 Globus 端点的授权管理员（比如 Bob）创建一个共享端点，允许访问该端点中的一个文件夹，然后他们可以授权其他人访问该端点（比如 Jane）

与第 3 章介绍的 Globus 传输服务一样，Globus Web 接口提供的所有数据共享功能也可以通过 Python SDK 进行访问。图 11-2 中的代码说明了它们的用途。我们在图中依次解释这两个函数。作为研究数据端口实现的一部分，我们在 11.5.3 节中示范这两个函数的使用。

```
#
# Create a shared endpoint on specified 'endpoint' and 'folder';
# Return the endpoint id for new endpoint.
# Supplied 'tc' is Globus transfer client reference.
#
def create_share(tc, endpoint, folder):
    # Create directory to be shared
    tc.operation_mkdir(endpoint, path=folder)

    # Create the shared endpoint on specified folder
    shared_ep_data = {
      'DATA_TYPE'    : 'shared_endpoint',
      'host_endpoint': endpoint,
      'host_path'    : folder,
      'display_name' : 'Share ' + folder,
      'description'  : 'New shared endpoint'
    }
    r = tc.create_shared_endpoint(shared_ep_data)
    # Return identifier of the newly created shared endpoint
    return(r['id'])

#
# Grant 'user_id' access 'atype' on 'share_id'; email 'message'
# Supplied 'tc' and 'ac' are Globus Transfer and Auth client refs.
#
def grant_access(tc, ac, share_id, user_id, atype, message):
    # (1)
    r = ac.get_identities(ids=user_id)
    email = r['identities'][0]['email']
    rule_data = {
      'DATA_TYPE'      : 'access',
      'principal_type': 'identity', # To whom is access granted?
      'principal'      : user_id,    # To an individual user
      'path'           : '/',        # Grant access to this path
      'permissions'    : atype,      # Grant specified access
      'notify_email'   : email,      # Email invite to this address
      'notify_message': message      # Include this message in email
    }
    r = tc.add_endpoint_acl_rule(share_id, rule_data)
    return(r)
```

图 11-2　使用 Globus 的 Python SDK 创建一个共享端点的函数

首先，create_share 函数：假设我们新建一个传输对象 tc（图 3-9 第一行），该对象以及终点标识符和被共享文件夹的路径（图 11-1 中的“常规端点”和 ~/shared_dir）被传递给函数。该函数使用 Globus SDK 函数 operation_mkdir 来请求在指定端点上创建指定的文件夹。然后，创建一个参数结构，调用 Globus SDK 函数 create_shared_endpoint 来为新目录创建一个共享端点，并最终返回新端点的标识符。

其次，grant_access 函数：该函数需要 tc 和 Globus Auth 客户端的引用 ac（我们在下一节介绍 Auth），加上被启用了共享的共享端点的标识符（share_id），被授予访问的用户（user_id：UUID，端点标识符也是），还有被授予访问的类型（atype：可以是 'r'，'w'，或 'rw'）和当操作完成后发送给用户的消息。该函数使用 Globus Auth SDK 函数 get_identities 来确定与被授权访问的用户相关联的身份，并从该列表中提取一个电子邮件地址。然后，它使用

Globus Transfer SDK 函数 add_endpoint_acl_rule，将访问控制规则添加到共享端点，将指定的访问类型授予指定的用户。

11.2.2 rule_data 结构

示范程序将 rule_data 结构传递给 add_endpoint_acl_rule 函数。让我们看看它包含了什么。除了其他方面以外，特别指定了很多元素：

- 'principal_type'：规则所适用的主体的类型。
- 'principal'：当 'principal_type' 采用 'identity'，这是被授权分享的用户的 id。
- 'permissions'：被允许的操作，在本例中是只读（'r'），但也可以是读写（'rw'）。
- 'notify_email'：发送访问共享端点的邀请的电子邮件地址。
- 'notify_message'：被包含在邀请邮件里的信息。

'principal_type' 元素的值也可以为 'group'，那么 'principal' 元素必须为一个组 id。另外，'principal_type' 值也可以是 'all_authenticated_users' 或 'anonymous'，则 'principal' 元素必须为空字符串。

11.3 身份和证书管理

我们在上文中提到，用户在他们的工作中对不同的站点和服务进行身份验证时存在着各种挑战。类似地，服务开发人员需要一种机制来确定请求用户的身份，并确定该用户的权限。在接下来的内容中，图 11-3 说明了其中的一些概念和问题。终端用户想要运行一个应用程序，该应用程序代表他向远程服务发出请求。这些远程服务可能需要对其他**依赖服务**进行进一步的调用。为了与常用的术语保持一致，我们将用户称为**资源所有者**，应用程序作为客户端，以及每个远程和依赖的服务作为**资源服务器**。

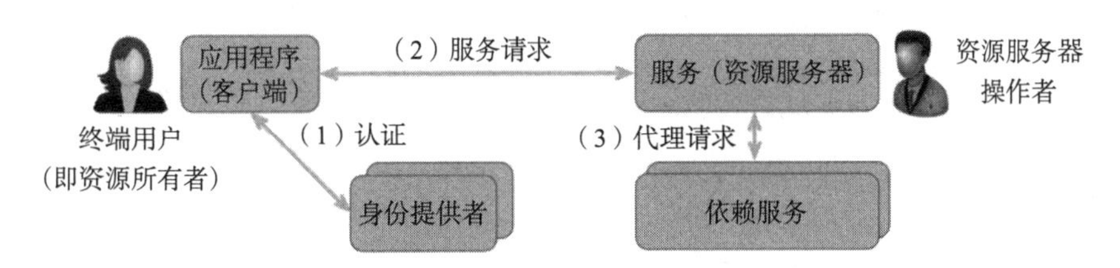

图 11-3 使用 OAuth2 的术语进行分布式资源访问的实体和交互的示意图

在这种情况下，会经常出现两个相互关联的问题。第一个问题是使用**可替代的身份提供者**。资源服务器常常需要建立发起请求的用户的身份（即：资源所有者），通常是为了确定是否授予访问权限，有时只是简单地记录谁正在使用它们的服务。在过去，资源服务器的开发人员经常会实现他们自己的用户名 – 密码身份验证系统，但是这种方法是不方便和不安全的。相反，我们希望允许一个资源服务器接受来自其他身份提供者的证书：例如，与用户的主机构相关联的证书。此外，不同的资源服务器可能需要不同的证书。例如，为了将一个文件从芝加哥大学传输到劳伦斯伯克利国家实验室，我必须同时使用我的芝加哥和伯克利的身份，以建立我分别访问芝加哥和伯克利的文件系统的凭证。

第二个问题涉及（受限制的）代理授权。资源服务器可能需要代表发出请求的用户执行操作。例如，它可能需要传输文件或执行计算。然后，它可能需要凭证来建立其执行此类操作的权限。（如果资源服务器需要以无人值守的方式进行操作，那么这种需求尤其重要，例如，当用户吃午饭时，它可以继续进行文件传输或计算。）然而，用户可能不希望授予远程服务无限权限去代表自己执行操作，因为如果凭证受到损害，可能会对系统造成损害。因此，限制被代理的能力是很重要的。例如，你可能只想让一个服务对某些数据有读取的权限，而没有写入的权限。当然，你也不希望一个服务能够使用你没有授权的其他服务。

正如我们在下面所描述的，云托管的 Globus Auth 服务解决了诸如此类的问题。

11.3.1　Globus Auth 授权服务

Globus Auth 利用了两个广泛使用的 Web 标准，OAuth 2.0 授权框架（OAuth2）[149] 和 OpenID Connect Core（OpenID 连接核心）1.0（OIDC）[230]，来实现这些问题的解决方案。OAuth2 是一种被广泛使用的协议，应用程序可以使用它来为客户端应用程序提供**安全的代理访问**，正如我们上面提到的代理。它运行在 HTTP 协议上，并使用**访问令牌**来对服务器、应用程序和其他实体进行授权。在 OAuth 协议之上，OIDC 是一个简单的身份层。

云托管的 Globus Auth 服务是 OAuth2 所称的**授权服务器**。因此，在成功认证资源所有者并从该**资源所有者**获得授权，以便客户端访问由资源服务器提供的资源之后，它可以向**客户端**发出访问令牌。（此授权过程通常涉及一个同意请求，如图 11-4 中所示。）在这种情况下，资源所有者通常是终端用户，它使用由 Globus Auth 支持的一组可扩展的（联合）身份提供者之一颁发的身份向 Globus Auth 管理的 Globus 账户进行身份验证。资源所有者也可以是一个机器人、代理或者是一个代表其自身，而不是代表用户的服务；客户端可能是应用程序（例如：Web、移动、桌面、命令行）或其他代表客户的服务，我们在随后的讨论中解释。

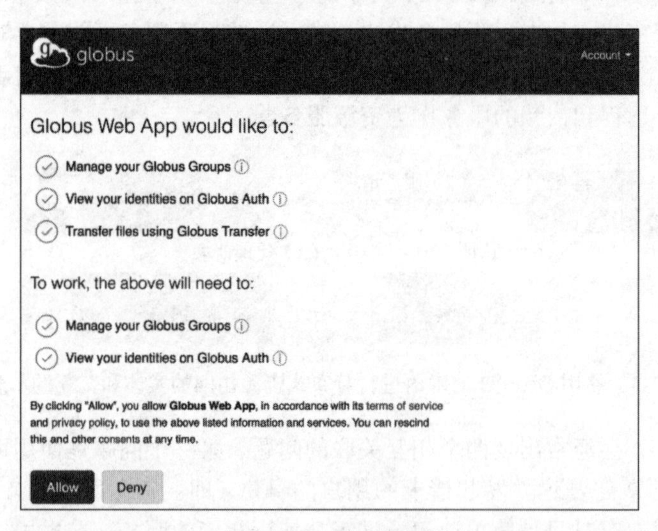

图 11-4　Globus Auth 同意请求，本例展示的是 Globus Web 应用

获得了访问令牌之后，只要该令牌适用，客户端就可以将该令牌作为向资源服务器请求的一部分，以证明它是被授权来发出请求的。该令牌通过 HTTPS 授权报头被包含在请求中。

因此，访问令牌是 OAuth2 和 Globus Auth 的关键。访问令牌表示由资源所有者颁发给客户的授权，授权该客户端代表资源所有者向指定的资源服务器发起访问请求。后面我们会看到，之后资源服务器会询问 Globus Auth 授权服务具体是授予了哪些权利——一个被称为“内省”的过程。例如，如果图 11-3 中的资源所有者想要允许一个客户端（例如一个 Web 门户）访问远程服务，并限定客户端只有在接下来的一个小时内阅读的权限，那么相关的令牌的内省就可以显示这些限制。因此，Globus 认证解决了（受限）代理的问题。它还支持多重身份的链接，以解决替代身份提供者的问题。

从客户端接收到一个令牌的资源服务器可以确定资源所有者已经授权它代表资源所有者执行某些操作。如果资源服务器接下来想要访问其他资源服务器，例如使用 Globus 传输请求数据传输，该怎么办？这时问题就出现了：资源服务器有一个令牌授权它自身执行操作，但是它没有令牌来向 Globus 传输服务展示，以证明资源所有者（在我们的示例中是终端用户）有传输授权。

这就是依赖服务存在的原因。当资源服务器 R 在注册到 Globus Auth 以后，它可以指定它需要访问的服务来执行其功能：即其依赖服务，比如 S 和 T。一个从 R 到 Globus Auth 的授权请求，可以让 Globus Auth 不仅从 R 那请求同意，而且还从 R 的依赖服务 S 和 T 那请求同意。这个场景的一个示例如图 11-4，Globus Web 应用程序把 Globus Transfer 和 Globus Groups 注册为相关服务，因此你可以看到用户被要求同意使用它们。一旦获得同意，资源服务器就可以根据需要请求附加的依赖访问令牌，并把它们包含到它代表资源所有者发起的其他服务请求中。

OAuth2 和 Globus Auth 包含了各种复杂和微妙的操作，但是基本的步骤是简单的。用户访问应用程序；Globus Auth 进行身份验证，并请求终端用户的同意；Globus Auth 提供访问令牌给应用程序；应用程序使用访问令牌来访问其他服务；接收访问令牌的服务可以验证它，并使用它请求依赖访问令牌来访问其他服务。更重要的是，不同的操作者可以在不同的时间扮演不同的角色：你的 Web 浏览器可以是一个 Web 服务的客户端，它本身也可以充当其他服务的客户端，等等。

11.3.2　一个典型的 Globus Auth 工作流

我们使用图 11-5 来说明 Globus Auth 是如何工作的。这个图看起来很复杂，但是请忍耐一下：它所包含的基本概念是简单的。我们将依次描述图中所示的 12 个步骤。

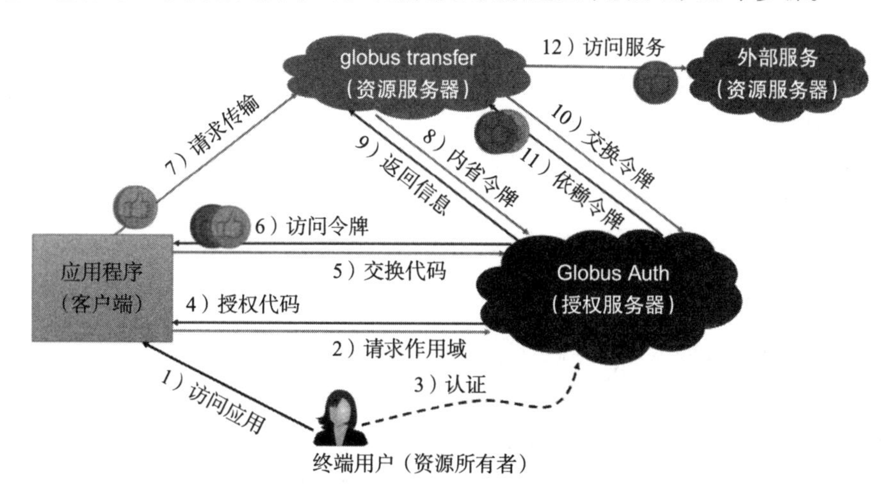

图 11-5　参与 Globus Auth 协调的分布式资源请求的实体和交互。细节提供在文章里

1. 终端用户访问应用程序以向远程服务发出请求。应用程序可能是 Web 客户端，也可能是运行在用户桌面或其他计算机上的应用程序。

2. 应用程序联系 Globus Auth，以请求使用一组**作用域**（scope）内的授权。作用域表示由资源服务器提供的一组功能，并将这些功能授予令牌。在本例中，应用程序请求两个作用域：一个用于访问登录信息，另一个用于 HTTPS/REST API 访问。

3. Globus Auth 对用户进行身份验证，使用的身份提供者是用户和应用程序都接受的。因为用户只对授权服务器进行身份验证，所以用户的凭证永远不会与客户端或 Globus Auth 共享。

4. Globus Auth 将一个**授权代码**返回给用户。

5. 用户请求来自 Globus Auth 的访问令牌，给出前面获得的授权代码来表示它们有权获取这些令牌。

6. 返回访问令牌，每个作用域发放一个。发放多个令牌可以增强安全性，可以限制其遭到破坏带来的影响。

7. 客户端现在可以在给资源服务器的 HTTPS/REST 请求中使用访问令牌，通过设置一个 HTTPS 授权：带有适当令牌的 Bearer 头。（为了让示例更具体，远程服务在这里显示为 Globus 传输，但它可以是任何东西。）

8. 通过使用最近的 OAuth2 扩展[226]，资源服务器可以联系 Globus Auth 来“内省”令牌，从而获得很多问题的答案，诸如“令牌有效吗？”，“这是哪个资源所有者？”，“什么客户在发出请求？”以及“它的作用域是什么？”等等。

9. Globus Auth 对内省请求作出响应。资源服务器可以使用所提供的信息进行授权决策，以确定它对客户请求的响应。

10. 资源服务器也能够使用它的访问令牌，去请求任何依赖服务的依赖令牌。例如，Globus Transfer 能够从 Globus Groups 资源服务器得到一个访问令牌，以此来检测请求者是否是一个特殊群组的成员，然后可以作出决定，比如允许访问共享端点。

11. Globus Auth 返回请求的依赖令牌。

12. 资源服务器在 HTTPS/REST 请求中使用新发布的依赖访问令牌，向第二个资源服务器发起请求。

还有一些其他没提到的 OAuth2 和 Globus Auth 的细节：比如，刷新令牌（因为一个令牌的生命周期可能短于一个应用），以及一些其他的使用方法，如用在一个长生命周期的应用而不是一个网络浏览器应用。同时，富客户端也可以使用另一种协议，例如基于 Javascript 的 Globus Transfer 客户端，可以避免步骤 4 和步骤 5。以上流程的变种可以支持移动端、命令行和桌面应用：“原生应用”。但是我们讲述了精华的部分。

11.3.3 Globus Auth 身份

Globus Auth 维护身份信息，这些身份信息会被它的用户用来做身份认证。Globus Auth 身份拥有一个唯一的、大小写不敏感的用户名（比如，user@example.org），由一个身份提供者（比如，一个大学、一个研究室或 Google）发布，该用户名可以通过一个身份认证过程证明被用户所有（比如，给身份提供者一个密码）。Globus Auth 管理这些身份的使用（比如，登录到客户端和服务）、它们的属性（比如，联系信息），以及身份之间的关系（比如，允许使用另一个链接的“联合”身份来登录身份）。

Globus Auth 既不定义它自己的身份用户名，也不进行身份认证（比如，通过密码）。相反，它充当了外部身份提供者与想要利用提供者所发布的身份的客户和服务的中介。Globus

Auth 给每一个它见到的身份分配一个身份 ID：一个被保证在 Globus Auth 身份中是唯一的且不会被再利用的 UUID。这个 ID 是资源服务器和客户作为规范标识符使用的 Globus Auth 身份。与此 ID 相关的是一个身份提供者、提供者给该身份的用户名，及提供者提供的其他信息，比如显示名称和联系邮件地址。

> **一个 Globus Auth 身份的例子。**以下是与 Globus Auth 身份相关的信息的例子：
> - 用户名：rocky@wossamotta.edu
> - 标识 id：de305d54-75b4-431b-adb2-eb6b9e546014
> - 身份提供者：wossamotta.edu
> - 显示名称：Rocket J. Squirrel
> - 电子邮箱：rocky@wossamotta.edu

Globus 支持超过 100 个身份提供者，且一直在增加。示例包含：许多美国和国际性的大学和其他支持 InCommon 的机构；许多支持 OpenID 连接协议的身份提供者；Google；开放研究者和贡献者 ID（ORCID）。集成一个新的身份提供者的过程不在本书的范围内，但它是一个简单的过程。可以查看 Globus 文档来获得更多的信息。

11.3.4 Globus 账户

一个身份可以被 Globus Auth 用来创建 Globus 账户。一个 Globus 账户有一个主身份，但也可以有许多关联的身份。比如，Squirrel 先生用以上身份创建了一个 Globus 账户，然后将这个账户关联了 Google 身份、他的 ORCID 账号、以及一个他能访问的科研机构提供的身份。

一个 Globus 账号本身并不是一个身份。它没有自己的名字和标识符。相反，一个 Globus 账号被它的主身份识别。与此相似，身份绑定了个人资料信息和其他元数据，而不是与账号绑定。Globus 账户仅仅是一组身份，包括主身份和与该主身份连接的所有身份。

11.3.5 使用 Globus Auth 身份

当提到一个身份的时候，客户和资源服务器应该总是使用 Globus Auth 提供的身份 ID，比如在访问控制列表，以及当在 REST API 中使用身份的时候。客户和资源服务器可以使用 Globus Auth 的 REST API 去映射任何身份用户名到它的（当前）身份 ID，并请求关于身份 ID 的信息（比如，用户名、显示名称、提供者、电子邮箱），如下所示：

```
import globus_sdk
# Obtain reference to Globus Auth client
ac = globus_sdk.AuthClient()
# Get identifies associated with username 'globus@globus.org'
id = ac.get_identities(usernames='globus@globus.org')
# Return zero or more UUIDs
# Get identities associated with a UUID
r = ac.get_identities(ids=id)
```

最后的命令返回一个包含身份列表的 JSON 文件，如下所示。（这个例子文件仅包含一个身份。）

```
{'identities':
   [ { 'email'              : None,
```

```
            'id'                  : '46bd0f56-e24f-11e5-a510-131bef46955c',
            'identity_provider': '7daddf46-70c5-45ee-9f0f-7244fe7c8707',
            'name'                : None,
            'organization'        : None,
            'status'              : 'unused',
            'username'            : 'globus@globus.org'}
        ]
    }
```

11.3.6 资源服务器使用 Globus Auth

上面已经介绍了许多关于 Globus Auth 服务、Globus Auth 身份、Globus 账号的细节，现在可以转向到实际的问题，即我们可以利用这些机制来做什么。实际上，我们已经描述了资源服务器如何使用 Globus Auth 来作为授权服务器，该服务同时支持复杂的 OAuth2 和 OpenID 连接功能，以及如何利用其他使用 Globus Auth 的资源服务器。

让我们考虑一下，例如，一个研究数据服务接受到用户请求，去分析基因组序列数据（在 14.4 节描述了一个这样的系统，称之为 Globus Genomics）。该服务基本上是一个带有 REST API 的数据和代码库，其他应用程序可以利用这些 API 以编程方式访问该库。

这个服务在 Globus Auth 环境下是一个资源服务器。它需要能够认证用户、验证用户请求，并代表用户对其他服务发起请求（比如，去云端和机构存储检索序列数据和存储结果、去计算设施执行计算等）。Globus Auth 允许我们通过身份操作、访问令牌和 OAuth2 协议消息去编程实现这些功能。

假设这个服务的一些用户已经执行了图 11-5 中的 1 ～ 7 步，从而拥有了必要的访问令牌。（这里所谓的“用户”，可能是一个数据服务器的 Web 客户端，或是一些其他 Web、移动端、桌面应用，或是命令行应用。）其后的交互可能像下面这样进行：

1. 客户端对资源服务器（准确说是数据研究服务：在之后我们用“数据服务”指代）发起 HTTPS 请求来请求授权：报文的 Authorization: Bearer 报头包含一个访问令牌。（图 11-5 第 8 步。）

2. 这个数据服务调用 Globus Auth SDK 提供的方法 oauth2_token_introspect，该方法由数据服务的客户端标识符和客户端秘密（后面会解释），去验证请求访问令牌，并获取与令牌有关的附加信息（作用域、有效身份、身份集合，等等）。如果令牌不是有效的，或者不适用于这个资源服务器，Globus Auth 返回一个错误。

3. 数据服务验证来自客户端的请求，确认请求与访问令牌相关的作用域相符。

4. 数据服务验证客户所代表的资源所有者（通常是最终用户）的身份。数据服务可能会使用这个身份作为该用户的本地账号 id。

5. 通过请求访问令牌中的账号所关联的一组身份，数据服务能够使用这样的关联身份来决定请求能执行什么样的操作。比如，如果请求是去访问一组特定身份所共享的资源，数据服务会将账号的所有身份（主 ID 和关联的身份 ID）与资源的访问控制许可进行全面比较，以此决定该请求是否应当被授权。

6. 数据服务可能需要作为客户端去访问其他（依赖的）资源服务器，正如之前所讨论的。这种情况下，数据服务应当基于从客户端获得的访问令牌，使用 Globus SDK 提供的 oauth2_get_dependent_tokens 函数去获取下游资源服务器访问所需的依赖访问令牌。

7. 数据服务使用依赖访问令牌去请求依赖的资源服务器。

8. 数据服务以适当的响应回应客户。

关于步骤 2 中提到的客户端标识符和客户端秘密的说明：每个客户端和资源服务器必须向 Globus Auth 注册，获取一个**客户 id** 和**客户秘密**，随后它们可以使用 Globus Auth 来证明它在各种 OAuth2 消息中的身份：比如，当为访问令牌交换授权令牌时、调用令牌内省时、调用依赖令牌授予时、使用刷新令牌来获得新的访问令牌时等。

11.3.7 其他 Globus 能力

除了上面已经讨论了的功能，Globus 也在不断扩展其支持的能力。比如，表 11-1 列出了其他 Globus Transfer Python SDK 支持的函数。

表 11-1 Globus Transfer Python SDK 支持的 50 个函数（其他的大多是实施在端点的管理函数）

Type	Function	Description
Endpoint information	endpoint_search	对名称关键字进行搜索
	get_endpoint	获取端点信息
	my_shared_endpoint_list	获取自己管理的端点
File system operations	operation_mkdir	在端点上创建一个文件夹
	operation_ls	列出端点的内容
	operation_rename	重命名文件夹或目录
Task management	submit_transfer	提交一个传输请求
	submit_delete	提交一个删除请求
	cancel_task	取消已提交的请求
	task_wait	等待任务完成
Task information	task_list	获取多个任务的信息
	get_task	获取单个任务的信息
	task_event_list	获取单个任务的事件信息
	task_successful_transfers	获取任务的成功传输
	task_pause_info	获取任务暂停的原因信息

其他 Globus 服务提供其他的功能。比如 Globus 发布服务，提供用户可配置的、云托管的数据发布流水线，可用于自动化工作流程，使其他人可以访问数据；工作流程通常包括诸如提供和收集元数据、将数据搬移至长期存储、分配持久性标识符（例如，数字对象标识符或 DOI [218]），以及验证数据的正确性。Globus Data Search（数据搜索）可以被用来搜索用户可以访问的端点上的数据。在 https://docs.globus.org 地址上阅读更多关于这些服务的 Globus 文档。

先进光子源上的数据传递。阿贡国家实验室的**先进光子源**（APS）是全世界许多实验设施的典型代表，它每年都为大量的（数千名）研究人员提供服务，其中大多数人只是访问短短几天，收集数据然后返回自己的机构。在过去，实验过程中产生的数据被原封不动的存储到物理媒介上。然而，当数据开始大规模的增长和越来越多的实验开始协作，这种方法的效率就越来越低了。通过网络进行数据传输更被青睐，所面临的挑战是，以全自动、安全、可靠的方式将数据传输集成到设施的实验工作流程中，并可扩展到数以千计的用户和数据集。

Francesco De Carlo 在 APS 中就是使用 Globus API 这样做的。他的 DMagic 系统 [107] 实现了图 11-9 中的程序的一个变种，它们与 APS 管理和设施系统集成，为实验用户传递数据。当一个实验在 APS 中被批准，一批相关的研究者作为批准的参与者在 APS 管理数据库中注册。Dmagic按如下方式使用这些信息。在实验开始之前，它在一个被阿贡计算设施所维护的大存储系统中创建一个共享端点。然后，DMagic从APS调度系统中检索该实验已批准用户的列表，将这些用户的权限添加到共享端点。此后，它监控在APS上的实验数据路径，并且自动将新文件拷贝到共享端点，这样任何一个被批准的用户就可以从共享终端得到这些文件了。

11.4　创建一个远程访问服务

我们假设你想要建立一个服务，可以通过REST API远程调用来实现。通过这种方式建立和调用服务从原则上是直观的：有很多的库可以定义、执行和使用REST API。安全可能是一个重要的复杂问题，但在这里Globus Auth可以提供帮助。基础的问题是，当一个远程用户向服务发起一个请求，服务的所有者需要能够知道谁发起了这个请求，以及发起请求的人在请求中要求哪些权限。比如，服务可能想要知道它能否代表请求用户发起Globus传输请求。它可能也想知道请求者的身份，以便请求者可以访问服务所创建的共享端点。

为了阐述Globus Auth如何被用来解决这些问题，我们开发了一个简单的Graph服务，它可以接受请求来生成温度数据的图。在回复请求时，它从Web服务器中检索数据，生成图，最后用Globus Transfer把图传输给请求者。因此它需要对请求者进行认证和授权，并为Web服务器和Globus Transfer获取依赖访问令牌。这个例子的一个完整的Python的实现放在github.com/globus/globus-sample-data-portal，在service这个文件夹中。我们从中摘录了部分实现（并做了一些简化）来阐述Globus Auth是如何与Graph服务配合工作的。

相关授权代码如图11-6。Graph服务收到一个包含Authorization:Bearer<request—access—token>格式的报头的HTTPS请求。它用接下来的代码（1）取出访问令牌，（2）调用Globus Auth取出该令牌对应的信息，包括它的有效性、用户、作用域和有效身份。Graph服务接下来可以（3～5）验证信息和（6）授权请求。（在我们的例子里，每一个请求都被接受。）

```
# (1) Get the access token from the request
token = get_token(request.headers['Authorization'])

# (2) Introspect token to extract
client = load_auth_client()
token_meta = client.oauth2_token_introspect(token)

# (3) Verify that the token is active
if not token_meta.get('active'):
    raise ForbiddenError()

# (4) Verify that "audience" for this token is our service
if 'Graph Service' not in token_meta.get('aud', []):

raise ForbiddenError()

# (5) Verify that identities_set in token includes portal client
if app.config['PORTAL_CLIENT_ID'] != token_meta.get('sub'):
    raise ForbiddenError()

# (6) Token has passed verification: stash in request global object
g.req_token = token
```

图11-6　部分和简化的来自Graph服务例子中的文件service/decorators.py的代码

这个代码编写的方式，让它只（5）接受能提供 PORTAL_CLIENT_ID 的实体的请求，我们在后面会介绍这个服务。我们在下一段落中会说明，它将请求并且获得允许它代表该实体传输数据的依赖访问令牌。如果希望 Graph 服务能更加的有用，另一种实现方式是首先查找原始资源所有者（最终用户）的令牌，然后代表它们执行操作。

正如 Graph 服务对于数据服务（存放着数据集）来说是客户端一样，接下来它将从 Globus Auth 请求依赖令牌。本节中的这个和后面的代码片段来自文件 service/view.py。

```
client = load_auth_client()
dependent_tokens = client.oauth2_get_dependent_tokens(token)
```

在检索到这些依赖令牌之后，它从中提取出两个访问令牌，这两个令牌可以让它自己作为 Globus Transfer 服务和 HTTPS 端点服务的客户端，从中检索数据集。

```
transfer_token = dependent_tokens.by_resource_server[
    'transfer.api.globus.org']['access_token']
http_token = dependent_tokens.by_resource_server[
    'tutorial-https-endpoint.globus.org']['access_token']
```

该服务还从请求中提取要绘制的数据集的详细信息，以及请求用户的身份，以便用于配置共享端点：

```
selected_ids = request.form.getlist('datasets')
selected_year = request.form.get('year')
user_identity_id = request.form.get('user_identity_id')
```

Graph 服务下一步通过向数据服务发起 HTTPS 请求获取数据集，使用类似下面的代码。先前获得的 http_token 提供了对数据服务器进行身份验证所需的凭证。

```
response = requests.get(dataset,
    headers=dict(Authorization='Bearer ' + http_token))
```

每一个数据集会生成一个图。接下来，Globus SDK 函数 operation_mkdir 和 add_endpoint_acl_rule 将被调用（如图 11-1 所示），以请求 Globus Transfer 生成一个新的共享端点，允许被先前从请求中取出的用户身份 user_identity_id 访问。（先前从 Globus Auth 获得的 transfer_token，向 Globus Transfer 提供认证所需的凭证。）最后，图文件通过 HTTP，使用之前获得的 http_token，传输到新生成的目录中，图服务器发送一个回复给请求者，给出图文件的数量和位置。

这个例子展示了 Globus Auth 是如何让你外包所有的身份管理和认证功能的。身份可以由联合身份提供者提供，比如 InCommon 和 Google。所有的 REST API 安全函数，包括同意和令牌发布、确认、取消，都由 Globus Auth 提供。你的服务只需要提供特定于服务的授权，它可以根据身份或组成员资格执行。因为所有的交互都服从 OAuth2 和 OIDC 标准，任何使用这些协议的应用程序都可以像使用其他服务一样使用你的服务。你的服务可以无缝使用其他的服务，其他的服务也可以使用你的服务。你可简单地建立一个他人可用的服务，作为国家网络基础设施的一部分。同样，你可以建立一个服务，将请求分发给该网络基础设施的其他组件。

11.5 数据研究门户设计模式

为了更深入地阐述 Globus 平台服务在科学应用和工作流中的用法，我们来描述如何使用它们来实现一种设计模式——艾利·达特（Eli Dart）称之为**数据研究门户**。在这种设计模式中，利用现代研究网络的专门特性来实现向远程用户高速、安全地传送数据。特别是，用于管理数据的访问和交付的控制逻辑，将与用于通过高速网络传送数据的机器分离。通过这种方式，与传统的门户架构相比，可以实现数量级的性能改进，在传统的门户架构中，控制逻辑和数据服务器共同位于有性能限制的防火墙和低性能的 Web 服务器之后。

11.5.1　Science DMZ 和 DTN 的至关重要的作用

连接到网络结构的世界知名研究性大学和实验室的数量正以前所未有的速度空前增长，这些结构连接了数据存储、科学仪器和计算设施，其网络连接速度可以达到 10 或甚至 100 千兆比特每秒（Gb/s）。同样，研究网络自身也以类似的速度连接到云供应商。因此，原则上讲，科学家在任何科学和工程基础设施元素间极其快速地移动数据是可能的。

在实践中，真正的数据传输远远达不到这些理论上的最高速。造成性能差的一个普遍原因是网络中外部世界和数据传输设备间的防火墙和其他瓶颈：这被称为“最后一英里”——或者，在美国之外的地方称为最后一千米。使用防火墙是有原因的，比如保护管理计算机上的敏感数据，而这些计算机同时又连接到全球网络。但它们阻碍了高带宽科学和工程的网络交通。速度不高的另一个原因是使用了不是为高性能而设计的应用，比如安全拷贝（SCP）。

Science DMZ（科学隔离区）和 Data Transfer Node（数据传输节点）这两个概念现在被广泛使用来解决这个问题。Science DMZ 通过把需要高速连接的资源放在特殊子网中来克服多目标企业网络建设的挑战，该子网放置在接近（从网络设施方面）连接机构和高速城域网的边界路由器的位置。通过这种方式资源和外部世界的传输可以绕开内部防火墙。

在这里需要指出，把它放在防火墙之外的目的不是绕过防火墙的安全策略。而是认识到对于特定的网络通信，防火墙不仅降低速度，而且是不必要的。Science DMZ 使用另外的网络安全策略，对此类通讯更适合。比如，DTN 并不是门户大开的。Science DMZ 路由器对于 DTN 大多数端口都是不开放的。但是，安全、高性能数据传输所需的端口是开放的，并且避开了基于包检测的防火墙。

数据传输节点（DTN）是用于数据传输功能的专用设备。这些设备通常是用高质量组件构成的 linux 服务器，是为高带宽城域数据传输和高速本地存储资源访问而配置的。DTN 运行 3.6 节介绍的高性能数据传输软件——Globus Connect，用来将它们的存储连接至 Globus 云端，因而就连接到了世界。通用的计算和业务生产应用程序，如电子邮件客户端和文档编辑器等都没有安装。这些限制会产生更一致的数据传输行为，并使安全策略更易于实施。

Science DMZ 模式设计同时包含了一些其他元素，如集成了 perfSONAR 监控设备 [244]，用来进行性能调试。还有专门的安全配置，以及用来集成超级计算机和其他资源的变体。但是本章的简单的描述基本涵盖了要点。美国能源部的能源科学网络（ESnet）已经为 Science DMZ 和 DTN 开发了详细的配置和调试指南，放置在 fasterdata.es.net 上。

11.5.2　数据研究门户应用

艾利·达特（Eli Dart）创造了数据研究门户这个概念，是一种主要被用于提供数据给远程用户的 Web 服务（接受来自远程用户的数据的变体，如用于分析或发布，具有类似的属性）。数据研究门户必须能够对远程用户进行身份验证和授权，允许这些用户浏览和查询可能很大量的数据集，并将选定的数据（可能在采样之后）返回给远程用户。换句话说，数据研究门户就像一个 Web 服务器，不同之处在于它所服务的数据可能比典型网页大几个数量级。

图 11-7 显示了过去数据研究门户网站经常采用的架构。一个单个的**数据门户服务器**运行门户逻辑，并从本地存储提供数据。这种架构很简单，但不能很容易地实现高性能。问题在于，控制逻辑经常和一些敏感问题（如认证和授权）相关，需要位于企业防火墙之后。但是这种安排意味着门户所服务的所有数据也会通过防火墙，这通常意味着它们在传输时只能达到可用网络理论峰值性能的很小一部分。

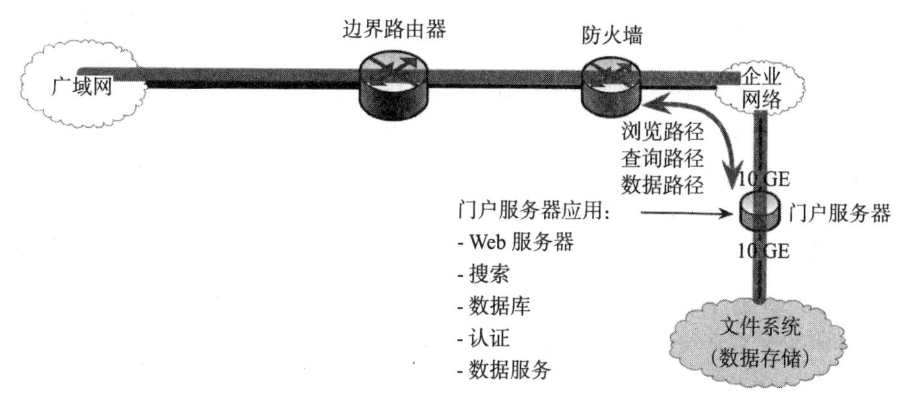

图 11-7　传统数据门户，其中控制流量（查询等）和数据流量都必须通过企业防火墙。图来自艾利·达特

如图 11-8 所示，Science DMZ 和 DTN 可以实现一个结合高速访问和安全操作的新架构。基本思想是将门户**控制通道**通信（即与用户认证和数据搜索等任务相关的通信）和**数据通道**通信（即与数据上传和下载传送相关的通信）分离。前者可以位于由机构的防火墙保护的适度大小的 Web 服务器计算机上，具有适度的容量网络，而后者可以通过高速 DTN 执行并且可以使用专用协议，如 GridFTP。数据研究门户的设计模式从而定义了 Web 服务器的独特角色，它管理谁可以做什么，以及 Science DMZ，在其中授权操作会被执行。

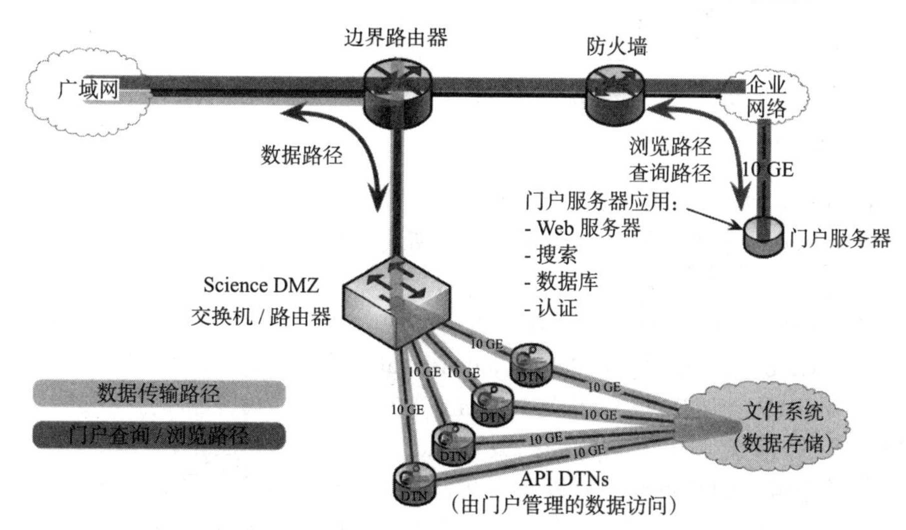

图 11-8　一个现代数据研究门户，显示了通过边界路由器和 DTN 的高速数据路径在（浅色的部分）和通过企业防火墙到门户服务器的控制路径（深色部分）。多个 DTN 提供网络和存储之间的高速传输。图来自艾利·达特

11.5.3　用 Globus 实现设计模式

我们现在需要一些机制允许门户网站服务器上运行的代码管理 DTN 的访问和驱动来自和去往 DTN 的传输。这需要 Globus SDK，下面来讨论一下。我们考虑一个类似于 NCAR 研究数据存档的用例，如下所示。一个用户请求下载数据，该门户通过四个步骤使数据可用：（1）创建一个共享端点；（2）将请求的数据复制到该共享端点；（3）在共享端点上设置权限以启用请求用户的访问，并向用户发送他们可用于从共享端点检索数据的 URL；（4）最后（可能经过几天或几周）删除新建的共享端点。

美国国家大气研究中心经营的 **NCAR 研究数据存档**（RDA）[48]（rda.ucar.edu）说明了在实现数据研究门户时可能出现的一些问题。该系统包含 600 多个数据集，大小范围从 GB 到数十 TB，包括气象和海洋观测、操作和再分析模型输出以及遥感数据集，以及辅助数据集，如地形 / 测深、植被和土地使用。

RDA 数据门户允许用户浏览和搜索环境数据集的目录，将他们希望下载的数据集放置到“购物篮”中，然后将选定的数据集下载到个人计算机或其他位置。（RDA 用户主要是联邦和学术研究实验室的研究人员，仅在 2014 年，就有 11 000 多人下载了 1.1PB）。因此，门户网站必须实现一系列不同的功能，一些完全与领域无关（例如，用户身份、认证和数据传输），其他则是领域相关的（例如，环境数据集合的目录）。正如我们在本章后面所看到的那样，Globus 方法的优点在于，大部分独立于领域的逻辑——特别是与身份管理、验证、数据搬移，还有数据共享相关联的逻辑——可以外包给云服务。

我们在图 11-9 中给出了一个实现这些操作的函数 rdp。如下所示，该函数将以下内容作为参数：作为创建共享端点的端点标识符；该端点上要启用共享的文件夹（此处为图 11-1 中的 Share123 或 shared_dir）；要从中复制共享文件夹的内容的端点上的文件夹；允许被授予对新端点的访问的用户的标识符；以及发送新共享通知的电子邮件地址。

```
rdp('b0254878-6d04-11e5-ba46-22000b92c6ec',
    'Share123',
    '~/TEST/',
    'cce13ca1-493a-46e1-a1f0-08bc219638de',
    'foster@anl.gov')
```

如 3.6 节所示，此示例中显示，每个 Globus 端点和用户都由通用唯一标识符（UUID）命名。端点的标识符可以通过 Globus Web 客户端或以编程方式确定；用户的标识符可以以编程方式确定，如笔记本中所示。

图 11-9 中的代码执行情况如下。在步骤 1 和 2 中，我们获取 Transfer 和 Auth 的客户端引用，并使用 Globus SDK 函数 endpoint_autoactivate 确保数据研究门户管理员具有允许访问由 host_id 标识的端点的凭据。（有关 endpoint_autoactivate 的更多讨论，请参见 3.6.1 节。）

在第 3 步中，我们调用图 11-2 的函数 create_share，将 Transfer 客户端引用作为参数，包括要创建共享端点的端点标识符以及要共享的文件夹的路径，在示例调用中是目录 /~/Share123。如前所述，该函数为新目录创建共享端点。现在，新的共享端点已经有了并与新目录相关联。但是，此时只有创建该共享端点的用户可以访问此新的共享端点。

在步骤 4 中，我们使用 Globus 传输将文件夹 source_path 的内容复制到新的共享端点。

（此处的传输是从新建的共享端点传输，但也可以是来自数据研究门户管理员可以访问的任何 Globus 端点。）3.6 节已经介绍了此处使用的 Globus Transfer SDK 的功能。

```
from globus_sdk import TransferClient, TransferData, AuthClient
import sys, random
def rdp(host_id,      # Endpoint on which to create shared endpoint
        source_path, # Directory to copy shared data from
        shared_dir,  # Directory name for shared endpoint
        user_id):    # User to share with

    # (1) Obtain Transfer and Auth client references
    tc = TransferClient()
    ac = AuthClient()

    # (2) Activate host endpoint
    tc.endpoint_autoactivate(host_id)

    # (3) Create shared endpoint
    share_id = create_share(tc, host_id, '/~/' + shared_dir + '/')

    # (4) Copy data into the shared endpoint
    tc.endpoint_autoactivate(share_id)
    tdata = TransferData(tc, host_id, share_id,
                label='Copy to share', sync_level='checksum')
    tdata.add_item(source_path, '/~/', recursive=True)
    r = tc.submit_transfer(tdata)
    tc.task_wait(r['task_id'], timeout=1000, polling_interval=10)

    # (5) Set access control to enable access by user
    grant_access(tc, ac, share_id, user_id, 'r',
               'Your data are available')

    # (6) Ultimately, delete the shared endpoint
    tc.delete_endpoint(share_id)
```

图 11-9 实现数据研究门户设计模式的 Globus 代码

在步骤 5 中，我们调用图 11-2 中定义的 grant_access 函数来授予用户对新的共享端点的访问权限。函数调用指定要授予的访问类型（'r'：只读）和要包含在通知电子邮件中的消息：“你的数据可用”。由 Globus SDK 函数 add_endpoint_acl_rule 发送给用户的邀请函如图 11-10 所示。

From: Globus Notification <noreply@globus.org>
To: Portal server user <user@user.org>
Subject: Portal server admin (admin@therdp.org) shared folder "/" on "Share123" with you

Globus user Portal server admin (admin@therdp.org) shared the folder "/" on the endpoint "Share123" (endpoint id: 698062fa-88ed-11e6-b029-22000b92c261) with user@user.org, with the message:

Your data are available.

Use this URL to access the share:
https://www.globus.org/app/transfer?&origin_id=698062fa-88ed-11e6-b029-22000b92c261&origin_path=/&add_identity=cce13ca1-493a-46e1-a1f0-08bc219638de

The Globus Team
support@globus.org

图 11-10 图 11-9 中程序发送的邀请函

此时，用户被授权从新的共享端点下载数据。共享端点通常在一段时间内保持运行，之后可以将其删除，如步骤 6 所示。注意，删除共享端点不会删除其包含的数据：数据研究门户管理员可能希望保留数据用于其他目的。如果数据将不被保留，我们可以使用 Globus SDK 函数 submit_delete 删除该文件夹。

这种方法的具有一定管理优势的变体如下。门户网站服务器不为每个请求创建一个新的共享端点，而是总共创建一个共享端点，并且在共享端点上为门户提供访问管理器角色，以便可以设置 ACL 规则。然后，对于每个请求，它在共享端点上创建一个文件夹，将数据放在该文件夹中，并为该文件夹设置 ACL 规则。清理变得更简单：门户网站只是删除 ACL 规则并删除该文件夹。

11.6 重新审视门户设计模式

上述示例显示了 Globus 实施数据研究门户设计模式的要点。我们在图 11-11 中提供了一个更抽象的架构图，描述了所涉及的组件及其关系。简单来说，图中心的**门户网站服务器**是与数据研究门户相关联的所有自定义逻辑的位置所在。该门户服务器作为 Globus Auth/OAuth2 意义上的客户端，用于处理大量身份验证和授权（Globus Auth）、数据传输和共享（Globus Transfer）和其他计算（其他服务）。用户通过 Web 浏览器访问门户功能，并且在不同位置的 Globus Connect 服务器之间进行数据传输。

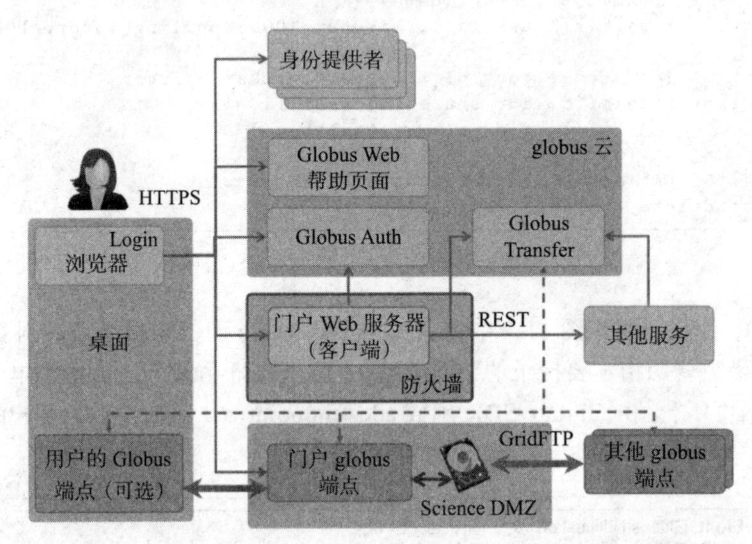

图 11-11 数据研究门户架构，图中显示了主要组件。只有门户网站服务器逻辑需要门户网站开发者提供。未显示出的其他应用程序，像左侧的浏览器一样，可能访问门户服务器：例如，命令行，厚客户端或移动应用程序

这种基础研究数据门户的设计模式有很多变体。一个小的变体是提示用户他们希望他们的数据放在哪里。门户然后代表用户提交传输，将数据复制到指定的端点和路径，从而自动化执行又一步骤。或者，用户访问的数据可能来自实验设施而不是数据存档，在这种情况下，成功下载后可能会删除数据。可能会向用户组而不是个人授予访问权限。门户网站可能允许其用户上传数据集进行分析，然后检索分析结果。数据发布门户可以接受来自用户的数据提交，并将通过质量控制程序的数据加载到公共存档中。我们在下面给出几个这样的变体

的例子，并且表明每个可以自然地以相同的基本设计模式来表达。

同样，虽然我们在机构 Science DMZ 的背景下描述了研究数据门户，其中（如图 11-7 所示），门户服务器和数据存储都位于研究机构内，但其他分布也是可能的，并且可以具有优势。例如，门户可以部署在公有云上，以实现高可用性，而数据位于科学 DMZ 中，可以从高速研究网络直接访问和 / 或避免公有云存储费用。或者，门户可以在研究机构，数据可以在云存储中。或者这两个组件都可以在云资源上运行。

无论具体细节如何，研究数据门户通常需要执行普通但重要的任务，例如确定访问服务的用户的身份；控制哪些用户能够访问门户内的哪些数据和服务；将数据从各种位置可靠、安全、高效地上传到 Science DMZ 内的存储系统中；将数据可靠、安全、有效地从 Science DMZ 内的存储系统下载到各种位置；代表用户向其他服务发送请求；并记录为审计、会计和报告而执行的所有操作。每个任务都需要在实施上不是很复杂，而且要可靠运行。将这些建立在现有服务的基础上，不仅可以大大降低开发成本，还可以通过标准的使用来提高代码质量和互操作性。

如图 11-9 所示，这种方法的好处不仅在于将控制逻辑和数据移动进行分离。门户网站开发人员和管理员都受益于将文件访问和传输的管理转移给 Globus 服务。使用 Globus API 可以通过简单的程序轻松实现很大范围的操作，Globus 承担了高质量、可靠和安全的认证、授权和数据管理这些重体力活。

我们使用编程示例来展示这些技术如何实现有用的功能。例如：美国国家大气研究数据研究存档中心，可以向数千名地理科学家提供数据研究的高速传输服务；Sanger 填充服务支持用户提供的基因组数据的在线分析；还有用于从光源进行数据分发的 DMagic 数据共享系统。

11.7 画个闭环：从门户到 Graph 服务

我们已经在 11.4 节中展示了如何使用 Globus Auth SDK 来实现一个响应门户服务器请求的服务，图 11-11 中从**门户网站服务器**到**其他服务**的标记为 REST 的箭头。这种调用方式由于几个原因在研究数据门户中被广泛使用。你可能希望将门户组织为与一个或多个远程后端服务进行交互的轻量级前端（例如纯 JavaScript）。另一个原因是你可能希望为主门户机器提供一个公共的 REST API，以便其他应用程序和服务开发人员可以与你的门户网站集成并构建在其之上。

现在我们来看看生成这些请求所涉及的逻辑和代码。我们的研究数据服务框架体现了这种能力。当用户选择“画图”选项以请求绘制数据集时，门户网站不会自己执行这些 graph 操作，而是将请求发送到单独的 graph 服务。该请求提供要绘制的数据集的名称。Graph 服务从指定位置检索这些数据集，运行图形程序，并将生成的图形上传到动态创建的共享端点，以便后续检索。我们在以下描述门户服务器和用于实现此行为的 Graph 服务器代码。

图 11-12 显示了使用 Python Requests 库 [225] 设置、发送和处理来自图形请求的响应的门户代码的简单版本。代码（1）检索在认证期间获得的访问令牌，并提取 graph 服务的访问令牌。（在此流程中请求 graph 服务作用域。）然后（2）生成 URL、（3）报头（包含 Graph 服务访问令牌）和（4）REST 调用的数据（包括有关请求用户的信息），（5）发出呼叫。代码（6）的其余部分检查有效的响应，（7）从响应中提取新创建的图形文件的位置，（8）将用户引导到 Globus 传输浏览器以访问文件。

```
# (1) Get access tokens for the Graph service
tokens = get_portal_tokens()
gs_token = tokens.get('Graph Service')['token']

# (2) Assemble URL for REST call
gs_url = '{}/{}'.format(app.config['SERVICE_URL_BASE'], 'api/doit')

# (3) Assemble request headers
req_headers = dict(Authorization= 'Bearer {}'.format(gs_token))

# (4) Assemble request data. Note retrieval of user info.
req_data = dict(datasets=selected_ids,
                year=selected_year,
                user_identity_id=session.get('primary_identity'),
                user_identity_name=session.get('primary_username'))

# (5) Post request to the Graph service
resp = requests.post(gs_url,
                     headers=req_headers,
                     data=req_data,
                     verify=False)

# (6) Check for valid response
resp.raise_for_status()

# (7) Extract information from response
resp_data = resp.json()
dest_ep = resp_data.get('dest_ep')
dest_path = resp_data.get('dest_path')

# (8) Show Globus endpoint browser for new data
return redirect(url_for('browse', endpoint_id=dest_ep,
                        endpoint_path=dest_path.lstrip('/')))
```

图 11-12　github.com/globus/globus-sample-data-portal 中 portal/view.py 中函数 graph() 的轻微简化版本

Sanger研究所填充服务（imputation.sanger.ac.uk）。该服务由英国的 Sanger 研究所运营，允许你从 23andMe 基因分型服务上传包含基因组广泛关联研究（GWAS）数据的文件，并接收填充和其他分析结果，以识别你可能拥有的基因。该服务使用 Globus API 来实现研究数据服务设计模式的变体，如下所示。

想要使用该服务的用户首先需要注册填充作业。作为此过程的一部分，将提示输入他们的姓名、电子邮件地址和 Globus 身份以及要执行的分析类型。然后，Sanger 服务请求 Globus 创建一个共享端点，并使用用户提供的 Globus 标识来共享该端点，并将该端点的链接发送给用户。用户点击该链接上传其 GWAS 数据文件，并将相应的填充任务添加到 Sanger 研究所的填充队列中。填充任务完成后，Sanger 服务请求 Globus 创建第二个共享端点以包含输出，并向用户发送该新端点的链接以进行下载。整个过程与图 11-9 的不同之处仅在于共享端点既用于数据上传，也用于下载。

11.8　小结

在分布式的、协作的、数据丰富的现代科学世界中，无关位置进行传输、共享和分析数据的能力，在此过程中还能在复杂的安全机制中导航，都是进步的关键。我们描述了云托管的平台服务、Globus Auth、Transfer 和 Sharing，必须在此领域开发应用程序和工具的开发人员可以将这些任务都外包。我们使用研究数据门户的示例来说明它们的用途，它们其实还可以用于许多不同的配置。

11.9 资源

Globus 为其 REST API、Python SDK 和命令行接口提供了大量的在线文档（参见 dev.globus.org）。达特等人 [106] 提供了关于科学 DMZ 的概念和设计模式的附加信息。

构建你自己的云

第四部分　构建你自己的云
基础知识
使用 Eucalyptus
使用 OpenStack

第五部分　安全及其他主题
安全服务和数据
解决方案
历史，批评，未来

第三部分　云平台
数据分析
Spark 和 Hadoop
公有云工具
流数据
Kafka、Spark、Beam
Kinesis、Azure Events
机器学习
scikit-learn、CNTK
TensorFlow、AWS ML
数据研究门户
DMZ 和 DTN，Globus
科学网关

第一部分　管理云中的数据
文件系统
对象存储
数据库（SQL）
NoSQL 和图
仓库
Globus 文件服务

第二部分　云中的计算
虚拟机
容器——Docker
MapReduce——Yarn 和 Spark
云中的 HPC 集群
Mesos、Swarm、Kubernetes
HTCondor

在本书的第四部分，我们讨论两个主题：如何在你自己的系统上构建私有云，以及如何在公有云上构建软件即服务（SaaS）系统。

正如我们在1.2节所解释的，私有云是为单个组织运行的云基础设施。私有云通常被认为是一个计算集群，它支持类似在第一部分和第二部分中描述的Amazon EC2和S3服务所提供的API。也就是说，它支持按需提供虚拟机实例和存储桶。因此构建私有云是部署和运行提供此类API的软件的关键。为此目的开发了许多软件栈，其中最常用的是下面这些。

- OpenStack（openstack.org）OpenStack是一个建造私人和公有云管理软件的开放源代码项目。它提供独立的、可单独访问的服务，可以部署在各种组合中，从而可以定制OpenStack部署，以满足特定的私有云需求。
- OpenNebula[202]（opennebula.org）是一个开源云项目，它简化了部署私有云的过程。由于每个数据中心都有不同的架构，由不同的架构师设计，还可能是经过了几年的周期，因此开发一个可以安装在任何数据中心配置中的可移植私有云平台是很困难的。OpenNebula通过提供一套简单的，很容易与现有的数据中心硬件、软件和管理策略集成的服务解决了这个难题。
- Eucalyptus[212]是一个开源项目，用于构建与Amazon AWS兼容的私有和混合云。它的设计目的是创建具有一致API和功能的私有云，不管它们是如何部署的，并且让该API与最流行的公有云中使用的API兼容。因此，Eucalyptus的架构不是一组独立开发的服务，而是作为一个端到端的综合服务集成。
- Apache CloudStack（cloudstack.apache.org）是一个开源软件项目，它可以在OpenStack和OpenNebula的可定制性和针对站点的部署特性之间建立联接，同时又具备Eucalyptus的规模、可靠性和API可移植性。它支持自己的API，但也对旧版本的AWS API提供有限支持。
- 微软的Azure Stack[32]是私有的（即非开源的）软件，可以部署在数据中心内，主要是使混合云操作与Azure公有云一起运行。它支持使用Azure API的基本云功能，并包含对混合操作的广泛支持。
- VMWare Cloud Foundation[50]提供了一套专有的虚拟化技术，可以在其中构建私有云。Cloud Foundation产品为这些技术提供安装和部署支持，使它们能够组合成私有云。

我们在这里描述了两种私有云软件栈：在12章中提到的Eucalyptus，它具有特别容易部署和实现Amazon API的双重优点；在13章中提到的更复杂但也有更强可配置性，并出于这些原因更受欢迎的OpenStack。

在第14章中，将讨论第四部分的第二个主题，构建自己的软件即服务。我们解释了SaaS既是一种技术，也是一种商业模式[136]。作为一种技术，它有一个由SaaS供应商运营的单一版本的软件，由许多客户通过网络进行消费。作为一种商业模式，它采用了轻量级的付费使用或基于订阅的补偿机制，既减少了消费者的摩擦，又使SaaS供应商能够按使用扩展交付。

总之，这两个概念在企业和消费者软件中已被证明是非常成功的，它使得以前昂贵的功能以更低的价格交付给更多的人。我们讨论了SaaS对科学软件的影响，回顾了在网络上发布的科学软件，并展示了一些在科学环境中应用SaaS的例子。因为篇幅的限制，不能对如何构建SaaS系统进行全面、逐步的解析，但我们希望这里的内容能够激发你构建个人软件服务的兴趣。

用 Eucalyptus 构建你自己的云

云是关于我们怎么计算，而不是在哪里计算。

——Paul Maritz

Eucalyptus 是用于实现私有云的开源软件基础设施。它的结构是一组协作的 Web 服务，可以使用标准的、商品化的数据中心硬件，用一系列的配置组合进行部署。它是通过使用 Red Hat package manager [46] 打包的，并被惠普广泛测试，后者是开源项目的主要管理人。惠普还向 Eucalyptus 供应商业扩展，使其能够将其他供应商提供的非商品网络和存储服务整合起来。

Eucalyptus 具有两个关键特性，使其区别于其他如 OpenStack、CloudStack 和 OpenNebula 等私有云 IaaS 平台。首先，它是与 Amazon 兼容的。因此，代码、配置脚本、VM 镜像和数据可以在没有任何修改的情况下在任意 Eucalyptus 云和 Amazon 间移动。特别是，在 Amazon 上大量的免费开放源码软件（以及所有必要的配置）可以下载并运行在 Eucalyptus 云中。

Eucalyptus 的第二个不同的特性是，它被打包为便于部署到典型的数据中心的计算资源类型上（例如，10 千兆位以太网的商品服务器或刀片机箱、存储区域网络设备、JBOD 阵列）。但一旦被部署，它的运作方式与其他 Eucalyptus 云的方式完全相同，也就是说，和 Amazon 一样。这种设计特性对于只想部署云来使用，但对开发自己的云技术，或创建一个本地特别定制的云不感兴趣的企业来说非常有用。

在 Eucalyptus 中，云抽象的实现是被设计为端到端的，这样它们就能在不同的部署架构上一致地工作，使性能得到优化，并且可靠。这些特性使得 Eucalyptus 价格低廉，可以作为可伸缩的数据中心基础设施维护，且通常只需要其他技术和平台所需的系统管理支持的一小部分。然而，缺点是 Eucalyptus 比其他云平台更难修改。因此，希望开发自己专有云技术的企业常常觉得这是一个不合适的选择。简而言之，Eucalyptus 是为那些希望运行私有云的人设计的，而不是为那些希望将其作为工具构建其他技术的人。

12.1 实现云基础设施抽象

云 IaaS 的抽象提供了用户访问虚拟资源的机会，这些资源一旦被准备好，就会像它们在数据中心运行一样。然而，使用云托管的资源不同于使用本地硬件的资源，因为在云中资源的配置和解除是自助服务，每个资源都具有服务水平协议（SLA）或服务水平目标（SLO）的特征。也就是说，云用户应当有一个资源获取 API，为他们分配独占使用的资源（同样，当他们的资源使用完成时，也会用到一个资源解除 API）。另外，用户必须考虑与该资源相关联的服务质量（由 SLA 或 SLO 描述），而不是获取特定厂商和型号的资源。云可以自由地使用任何能够满足 SLA 条款或 SLO 的资源来实现每个资源请求（使用虚拟化）。

对于私有云，自助服务是通过使用分布式的、复制和分层的 Web 服务来实现资源配置自动化的。在 Eucalyptus 中，请求被分解为子请求，这些子请求被路由到不同的服务，并以异步方式处理以提高规模和吞吐量。一旦所有子请求成功完成，这个请求就为它的用户准备好了。

例如，为了提供一个虚拟机，Eucalyptus 将资源请求（指定 VM 类型）分解为子请求：

- 包含 Linux 或 Windows 发行版的 VM 镜像；
- 固定数量的虚拟 CPU 和固定大小的内存分区；
- 当它启动时附加到 VM 的一个或多个临时磁盘分区；
- 虚拟机的公共和私有 IP 地址；
- 虚拟机用于对其他网络信息进行 DHCP 请求的 MAC 地址；
- 与分配虚拟机的安全组相关的一组防火墙规则。

一旦请求被验证，并应用了任意用户特定的访问控制策略，这些资源配置子请求就会被单独启动，并由一个或多个内部 Web 服务异步处理。同样的分解方法用于其他 IaaS 抽象，例如磁盘卷、对象存储中的对象、防火墙规则、负载均衡和自动伸缩组。

Eucalyptus 允许云管理员通过一个特定的，必须由管理员明确支持的部署架构决定 SLA 和 SLO。此外，管理员负责将 SLA 和 SLO 的结果发布到他们的用户社区。

例如，在 UCSB 的一个实例中，云被划分为两个独立的可用性区域（AZs），其中一个包含更新的、更快的计算服务器。因此，当用户从一个可用性区域请求一个特定的 VM 类型时，会得到跟从另一个可用性区域请求不同速度的处理器（不同的缓存大小、不同的内存总线速度，等等）。这取决于云管理员发布的每个可用性区域所满足的不同 SLO。这样云的用户可以推断出他们所得到的虚拟机的配置。

因此，在私有云中，部署架构决定了可以满足的 SLA 和 SLO。在私有数据中心环境中，该特性通常很有吸引力，在这种环境中，不同的组织购买可以满足不同的特定需求的硬件。Eucalyptus 允许使用统一的（和 amazon 兼容的）方式访问硬件，同时允许管理员指定用户可以预期的 SLA 和 SLO。

12.2 部署计划

Eucalyptus 文档描述了部署计划过程 [16]，并提供了适用于不同私有云使用情况的示例参考架构。在本节中，我们将介绍在规划 Eucalyptus 部署时通常会出现的一些高级权衡。

12.2.1 控制面板部署流程

Eucalyptus 控制面板由以下协作 Web 服务组成，它们通过身份验证消息进行通信：

- 云控制器（CLC），负责管理内部对象请求生命周期和云引导。
- 集群控制器（CC），负责管理计算节点的集群或分区。
- 存储控制器（SC），它实现了网络连接的块级存储抽象（例如，Amazon EBS）。
- Walrus，它实现了云对象存储（例如，Amazon S3）。
- 节点控制器（NC），控制计算节点上运行的虚拟机。
- 面向用户服务（UFS）的组件，该组件将所有用户请求路由到适当的内部服务。
- Eucalyptus 管理控制台，它实现了图形用户控制台和云管理控制台。

此外，CC 使用一个单独的叫作 Eucanetd 的组件来处理 Eucalyptus 所支持的各种网络模式。在一些网络模式中，Eucanetd 必须与 CC 一起运行；在其他情况下，它与节点控制器在同一节点。

这些服务可以以多种方式部署：所有部署在同一个节点上（如我们在 12.3 节中所述）、在单独的节点上（每个节点一个服务），或者在任意组合中。将服务分离，使它们运行在不同的节点上，可以提高可用性。当一个或多个内部服务变得不可用时，Eucalyptus 可以继续运行（可能服务会降级）。因此，将服务分离增大了节点失败被云掩盖的可能性。但另一方面，安装在一起的服务的安装时间更少，并且需要更少的用于控制面板的硬件。

云管理员还必须决定要配置多少可用性区域。Eucalyptus 将每个可用性区域视为一个单独的集群。也就是说，一个托管虚拟机的计算节点只能在一个可用性区域中，每个可用性区域都需要自己的 CC 服务和 SC 服务。对于两个不同的可用性区域，CC 和 SC 服务都不能在同一个主机上。然而，如果需要的话，两个可用性区域中的每一个 CC-SC 对都能在同一节点。

在托管了虚拟机的每个节点上，必须运行 NC（节点控制器）的一个实例来代理 Eucalyptus。虚拟机的配置需求最终将转化为命令传到 NC 上，使其在本地管理程序上组装并启动一个新虚拟机，并把新虚拟机添加到 Eucalyptus 配置的网络中。

除了简单的 TCP 连接之外，当组件托管在不同的机器上时，它们之间还有一些额外的连接需求。Eucalyptus 的安装文档提供了详细信息 [18]。

12.2.2 网络

在规划 Eucalyptus 部署时，虚拟网络的配置可能是最复杂的。为了实现云连接和网络安全，Eucalyptus 必须能够在数据中心内搭建和拆除虚拟网络。通常，每个数据中心的网络结构是不同的。此外，网络基础设施通常是实现安全策略的载体，为特定部署只规定了数量有限的可行网络控制选项。Eucalyptus 支持多种联网模式（包括软件定义网络），允许管理员为具体的数据中心做出最佳决策。

MANAGED-NOVLAN 和 EDGE 是 Eucalyptus 最受欢迎的两种网络模式。MANAGED-NOVLAN 模式使用托管 CC（集群控制器）服务的节点作为可动态编程的“软性”第 3 层 IP 路由器。在 EDGE 模式中，每个托管了虚拟机的节点也充当路由器来实现网络虚拟化。MANAGED-NOVLAN 模式的优点在于配置和故障排除简单。然而，它没有完全实现第 2 层网络隔离，因此虚拟机可以从节点所在的网络抓取以太网数据包。此外，如果托管 CC 的节点关闭，虚拟机将失去外部连接，直到节点恢复为止。相比之下，EDGE 模式实现了第 2 层和第 3 层网络隔离，并且不通过托管 CC 的节点来路由网络流量。然而，由于使用了最终一致性机制，对云网络抽象的改变，比如运用到安全组中的那些，需要更长时间来传播。

12.2.3 存储

很多部署选项可用于 Eucalyptus 所支持的各种云存储抽象。对于对象存储，云可以在托管 Walrus 服务的节点上使用 Linux 文件系统：要么 Riak 云存储 [43]，要么 Ceph 分布式文件系统（ceph.com）。两种文件系统都有安装和维护的复杂性、故障恢复特性和性能配置文件。

同样，对于网络附加卷存储，Eucalyptus 可以在托管 SC（存储控制器）的节点上使用本地 Linux 文件系统，通过 Rados 接口使用 Ceph 系统 [42]，或者使用来自不同供应商的各种存储区域网络产品。

一般来说，使用本地 Linux 文件系统的部署很容易配置和维护，而且性能比较高。但是，它们不会备份数据，因此无法避免的存储故障可能会导致数据丢失。一些云管理员使用 Linux 的软件 RAID 功能[28]来实现在此部署配置下支持 Walrus 和 SC 的文件系统。虽然数据丢失的问题比较严重，但使用其他复制存储技术通常不太复杂。

12.2.4　计算服务器

在托管 NC 的每个计算服务器上，云管理员可以指定虚拟机大小和虚拟 CPU 运行速度。当虚拟机启动时，它将分配到一定的核数量、固定的内存大小以及在虚拟机中显示为独立附加设备的临时存储空间。这些要求与虚拟机的类型有关，云管理员将决定一个特定云所支持的虚拟机类型。Eucalyptus 使用核数量、分配的磁盘空间和可用内存来确定每个节点上能够托管的最大的虚拟机类型。此外，Eucalyptus 通过虚拟机管理程序复用并根据核数量来过度配置服务器，在这种情况下，核是按时间片使用的。

这些配置操作意味着在规划部署时，云管理员通常必须要确定：分配多少（以及从哪个磁盘分区）本地磁盘存储用于虚拟机临时存储；是否启用硬件超线程（如果可用）；虚拟机管理程序对核进行时间分片的程度；每个参数都在某种程度上控制着所托管的虚拟机能实现的 SLO。

12.2.5　身份管理

Eucalyptus 支持与 Amazon 相同的基于角色的身份管理和请求身份验证机制和 API。出于对安全（Amazon 通常被认为是安全的）以及 API 兼容性的考虑，此特性非常重要。但是，Eucalyptus 的部署决定如何管理用户证书和角色定义。特别地，它可以作为一个独立的云，这种情况下云管理员负责证书管理（例如证书分发、撤销、角色定义策略），它也可以与数据中心现有的 Active directory 或 LDAP 集成。

12.3　单集群 Eucalyptus 云

我们说明在一个计算集群中部署 Eucalyptus 私有云的过程。集群中的一个节点（机器）充当**头节点**，其托管构成 Eucalyptus 控制平面的所有 Web 服务。在此配置中，除头节点之外的所有节点都托管了虚拟机。我们称托管虚拟机的节点为**工作节点**。云端请求（通过 HTTPS 或管理控制台发起）由头节点上的各种服务进行集中管理，一旦通过身份验证并被确定为可行，将被转发到在工作节点上运行的一个或多个 NC，以进行执行。类似地，当请求终止时，头节点向所有 NC 发送终止通知，后者必须释放与请求相关联的资源。当所有 NC 都报告成功释放时，请求完全终止。

这种配置对于许多学术或研究环境中支持的产品部署非常有用。在这种环境中，中等（几十到数百个节点）规模的用户群体（例如，教学班、研究组或开发团队）共享一个集群。注意，这种配置的可伸缩性通常取决于节点的数量，而不是每个节点包含的核总数（独立 CPU）。此外，从可靠性的角度来看，在头节点出现故障或脱机的情况下，所有虚拟机仍保持活动状态，并且网络可达。当头节点宕机且某些存储抽象停止工作时，没有办法服务新的云请求。但虚拟机的活动，网络连接和对临时存储（在虚拟机本地）的访问不会因头节点故障而中断。此外，当头节点恢复功能时，所有功能完全恢复。这种配置相对简单，而且对各种硬件配置都兼容，因此适合长时间的虚拟机托管。

单集群配置通常需要很少的数据中心支持：连接到公共可路由子网的商用服务器足以支持云。这种安装所需的云管理工作也很低：一旦部署了云，云管理员只负责发布用户证书，管理资源配额和设置实例类型配置。在学术环境中，这种工作量通常只占本地系统管理员可用时间的一小部分。

12.3.1　硬件配置

我们考虑以下安装示例：四个 x86_64 服务器的硬件配置，每个服务器都有一个千兆以太网接口连接到公共可见的 IPv4 子网。每个服务器有四个核，8 GB 的内存和 1TB 的附加存储空间。Eucalyptus 被设计为可以在各种服务器配置上正常工作。对于头节点，通常需要 8 GB，但对工作节点来说几乎任何配置都可以。然而，工作节点上的核数量、内存大小和可用本地存储决定了对任何实例类型，管理员可以为云配置的最大容量。

12.3.2　部署

头节点上运行的所有服务（CC 和管理控制台除外）共享一个 Java 虚拟机（JVM）。头节点上的可用磁盘空间分配给 Walrus 和 SC，并且没有软件 RAID。这里我们使用 EDGE 网络模式，这要求每个工作节点都运行 NC 服务和 Eucanetd 进程。

此外，云需要头节点和工作节点附着在的同一子网上的一个可用 IP 地址池，以分配给托管的虚拟机。此配置允许云中的所有虚拟机都可到达，就像它们跟头节点和工作节点托管在同一公共可见子网上一样。而且，这些 IP 地址不能被子网上的其他主机使用：它们必须在子网地址空间内可用但未分配。

在这个例子中，假设一个 128.111.49.0/24 的公共路由子网，有 255 个可用的 IP 地址，128.111.49.1 作为子网的网关。我们还假定 128.111.49.10 到 128.111.49.13 的地址已由本地网络管理员分配给节点，但子网上 128.111.49.14 和 128.111.49.254 之间的所有地址都可用于云端的虚拟机。我们进一步假设头节点的公共 IP 地址为 128.111.49.10。

此外，Eucalyptus 为每个虚拟机都分配一个内部的专用 IP 地址和外部可路由的公共 IP 地址（与 Amazon EC2 一样）。因此，云需要划分一个私有的 IP 地址范围来使用虚拟机私有地址。因为这个网络对云是私有的，所以它可以包括所有私有网络地址。在这个例子中，我们使用 10.1.0.0/16 作为云的私有地址空间。为了允许每个工作节点为其所托管的虚拟机实现防火墙和路由器，节点需要位于这个私有子网上的网络地址。我们假设工作节点得到 10.1.0.2 到 10.1.0.4 之间的地址，其他的可用于虚拟机。请注意，头节点不需要分配私有地址范围内的地址。

为了将云与现有数据中心管理之间的集成点降至最低，假设云管理员可以通过脚本或 Eucalyptus 管理控制台管理用户账户。

图 12-1 展示了我们在本章中使用的单集群部署，作为 Eucalyptus 部署的示例。

Eucalyptus 还为其托管的每个虚拟机分配内部和外部可解析的 DNS 名称。为此，它需要管理私有云的云本地子域。在示例中，我们使用 testcloud.ucsb.edu 作为子域名。节点用于 DNS 服务的域名服务器（DNS）必须配置为可将外部可解析实例名的 DNS 请求转发到端口 53（标准 DNS 端口）上的头节点。

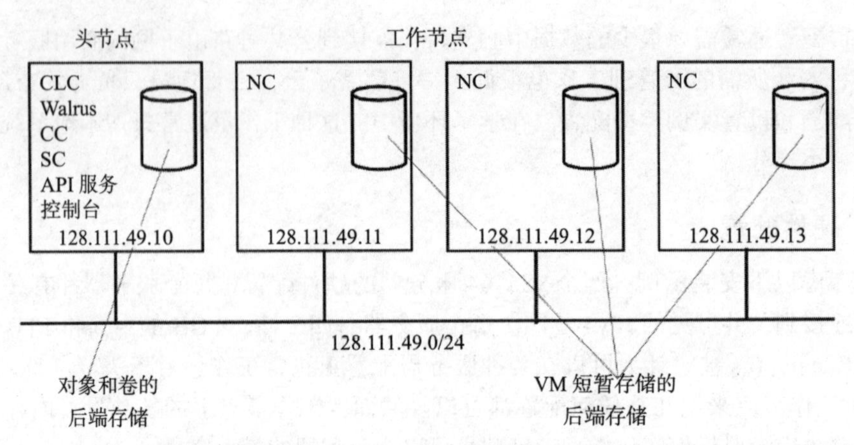

图 12-1　单集群 Eucalyptus 部署示例，一个头节点运行管理、存储和网络服务，三个工作节点分别运行 NC 软件

12.3.3　软件依赖关系和配置

当前版本的 Eucalyptus 要求节点运行 Red Hat 公司发布的企业版本 7 Linux（RHEL）或社区版本 7（CentOS）的最新版本。所有节点必须运行网络时间协议 ntp [86]，以便安全软件层（SSL）可以防范请求重放攻击 [30]。

在 EDGE 模式下，Eucalyptus 需要打开多个 IP 第 3 层端口，以便内部服务彼此可以通信，也可以与在 Linux 内部的相关依赖软件通信，以及与用户和管理员通信。有关这些端口及其功能的信息可以在线获取 [17]。端口可以由 root 用户单独打开 [10]，但如果节点正在使用的子网被另一个防火墙保护，root 用户也可以通过执行以下命令使所有端口可以访问。（注意，此命令打开所有端口，因此必须注意确保系统安全。）

```
systemctl stop firewalld
```

对于 EDGE 模式，工作节点必须将 Linux 网桥连接到网络接口 [53]。下面，我们将展示第一个工作节点的桥接配置步骤，该节点的 IP 地址为 128.111.49.11。你必须先使用此命令安装桥接工具软件：

```
yum -y install bridge-utils
```

在 /etc/sysconfig/network-scripts 目录中，创建文件 ifcfg-br0，并在该文件中放置以下文本：

```
DEVICE=br0
TYPE=Bridge
BOOTPROTO=static
ONBOOT=yes
DELAY=0
GATEWAY=128.111.49.1
IPADDR=128.111.49.11
NETMASK=255.255.255.0
BROADCAST=128.111.49.255
IPADDR1=10.1.0.2
NETMASK1=255.255.0.0
BROADCAST1=10.1.255.255
NM_CONTROLLED=no
DNS1=128.111.49.2
```

请注意，桥接需要节点的公共 IP 地址和虚拟机将要使用的私有子网上的地址。在这个例子中，我们选择了 10.1.0.2。另外，你需要指定该节点应该使用的 DNS 服务的 IP 地址：在本例中为 128.111.49.2。

接下来，运行命令 ip addr show 来确定以太网接口的系统名。RHEL 和 CentOS 7 对网络地址使用动态命名方案。要确定以太网接口的命名，请查找标记为 UP 的设备的 IP 地址。

要桥接此设备，请在 /etc/sysconfig/network-scripts 目录中找到以字符串 "ifcfg-" 开头并以设备名称结尾的文件。例如，如果 Linux 将以太网设备命名为 enp3s0，那么你需要在该目录中命名为 ifcfg-enp3s0 的文件。你还需要此设备的以太网 MAC 地址。要获取它，请运行命令 ip link 并查找设备的链接 / 以太网字段。MAC 地址是冒号分隔的地址，在本例中为 00:19:b9:17:91:73。

```
DEVICE=enp3s0
# Change  hardware address to that used by your NIC
HWADDR=00:19:b9:17:91:73
ONBOOT=yes
BRIDGE=br0
NM_CONTROLLED=no
```

必须重新启动网络才能使更改生效。为此，请以 root 用户身份发出以下命令，然后使用 ip addr show 进行检查，显示该桥接器现在拥有公用 IP 地址和专用 IP 地址。

```
systemctl restart network
```

12.3.4 安装

首先必须运行以下命令临时禁用每个节点上的防火墙。（该命令和本节中的其他所有命令需要以 root 用户身份运行。）

```
systemctl stop firewalld.service
```

请注意，系统重新启动时，将重新启用防火墙（如果已启用）。如果在安装完成之前因任何原因重新启动系统，则必须重复此步骤。安装完成后，可以重新启用防火墙服务。

接下来，从 downloads.eucalyptus.com 安装最新的 Eucalyptus 发行包。在撰写本文时，最新版本的 Eucalyptus 是 4.3 版，Euca2ools 是 3.4 版。因此，请运行以下命令：

```
PREFIX="http://downloads.eucalyptus.com/software"
yum -y install ${PREFIX}/eucalyptus/4.3/rhel/7/x86_64/eucalyptus-release-4.3-1.el7.noarch.rpm
yum -y install ${PREFIX}/euca2ools/3.4/rhel/7/x86_64/euca2ools-release-3.4-1.el7.noarch.rpm
yum -y install http://dl.fedoraproject.org/pub/epel/epel-release-latest-7.noarch.rpm
```

然后，可以在工作节点上安装 NC。每个工作节点都需要运行 Eucalyptus NC。要安装 NC 代码和网络虚拟化守护程序（Eucanetd），请在每个工作节点上运行以下命令序列。最后两个 virsh 命令删除默认的 libvirt 网络，以便 Eucanetd 启动 DHCP 服务器。

```
yum -y install eucalyptus-node
yum -y install eucanetd
systemctl start libvirtd.service
virsh net-destroy default
virsh net-autostart default --disable
```

需要通过运行 ls -l/dev/kvm 来确认 KVM 没有让虚拟网络繁忙。如果输出未显示 KVM 为可访问，如下所示，那么重新启动计算机以清除设备上的 libvirt 锁定。

```
crw-rw-rw-+ 1 root kvm 10, 232 Jan 24 13:03 /dev/kvm
```

最后一步将云安装在头节点上。在头节点上，运行以下命令来安装 Eucalyptus 控制平面服务以及用于在云中自动转换不同镜像格式的镜像服务（作为虚拟机运行）。

```
yum -y install eucalyptus-cloud
yum -y install eucalyptus-cluster
yum -y install eucalyptus-sc
yum -y install eucalyptus-walrus
yum -y install eucalyptus-service-image
yum -y install eucaconsole
```

12.3.5 头节点配置

必须配置安全增强型 Linux（SELinux）内核安全模块，以允许将 Eucalyptus 作为受信任的服务。在头节点上，以 root 用户身份运行以下命令：

```
setsebool -P eucalyptus_storage_controller 1
setsebool -P httpd_can_network_connect 1
```

接下来，在头节点上配置 EDGE 网络。你可以通过编辑 /etc/eucalyptus/eucalyptus.conf 文件并设置 VNET_MODE = "EDGE" 来执行此操作。请注意，# 字符作为注释。同样在头节点上，你需要创建一个 JSON 文件，该文件包含云端托管的每个虚拟机使用的网络拓扑。文件格式记录在"Eucalyptus EDGE 网络配置手册"中[15]。对于 12.3.1 节中描述的硬件配置示例，请创建文件 /etc/eucalyptus/network.json，其内容如图 12-2 所示。

```
{
    "InstanceDnsDomain": "eucalyptus.internal",
    "InstanceDnsServers": ["128.111.49.2"],
    "MacPrefix": "d0:0d",
    "PublicIps": [
        "128.111.49.14-128.111.49.254"
    ],
    "Subnets": [
    ],
    "Clusters": [
        {
            "Name": "az1",
            "Subnet": {
                "Name": "10.1.0.0",
                "Subnet": "10.1.0.0",
                "Netmask": "255.255.0.0",
                "Gateway": "10.1.0.1"
            },
            "PrivateIps": [
                "10.1.0.5-10.1.0.254"
            ]
        }
    ]
}
```

图 12-2　Eucalyptus 虚拟网络的 JSON 配置文件示例

请注意，头节点和工作节点使用的公有 IP 地址和私有 IP 地址不在地址列表中。Eucalyptus 为虚拟机分配来自该文件地址列表中的地址，因此这些地址不能与托管云的节点所使用的地址冲突。还要注意，集群需要一个名称（在本例中为 az1）。这是可用性区域的名称（可以将其设置为任何你喜欢的字符串）。当你使用云注册可用性区域时，需要该名称。

在这个例子中，头节点使用文件系统作为 Walrus 和 SC 的备份存储。默认情况下，Walrus 使用 /var/lib/eucalyptus/bukkits 目录，SC 使用 /var/lib/eucalyptus/volumes 目录作为备份存储文件的顶级目录。在具有单个磁盘的机器上安装 CentOS 时，为根文件系统和主目录创建两个独立的分区，并将主要的可用磁盘空间放在主目录分区中。如果将 bukkits 和 volumes 目录保留在根分区上，则可能会耗尽磁盘空间。

Eucalyptus 也能跟踪这两个目录的符号链接。如果根分区比你的主目录分区小，则通过以 root 用户身份运行以下命令来创建符号链接。（或者，可以重新给根分区配置更多空间，并避免使用这些符号链接。）

```
rm -rf /var/lib/eucalyptus/bukkits
rm -rf /var/lib/eucalyptus/volumes
mkdir -p /home/bukkits
mkdir -p /home/volumes
chown eucalyptus:eucalyptus /home/bukkits
chown eucalyptus:eucalyptus /home/volumes
ln -s /home/bukkits /var/lib/eucalyptus/bukkits
ln -s /home/volumes /var/lib/eucalyptus/volumes
chmod 770 /home/bukkits
chmod 770 /home/volumes
```

12.3.6 工作节点配置

在每个工作节点上，编辑 /etc/eucalyptus/eucalyptus.conf 文件，并设置以下关键字参数：

```
VNET_MODE="EDGE"
VNET_PRIVINTERFACE="br0"
VNET_PUBINTERFACE="br0"
VNET_BRIDGE="br0"
VNET_DHCPDAEMON="/usr/sbin/dhcpd"
```

每个 NC 都维护虚拟机镜像缓存，以及用于在本地文件系统中运行实例的后备存储。这些存储需求的顶级目录的路径由文件 /etc/eucalyptus/eucalyptus.conf 中 INSTANCE_PATH 关键字的参数给出，其默认值为 /var/lib/eucalyptus/instances。如果要将其移动到主磁盘分区（请参阅上一节中的磁盘空间讨论），请在每个工作节点上以 root 用户身份运行以下命令：

```
mkdir -p /home/instances
chown eucalyptus:eucalyptus /home/instances
chmod 771 /home/instances
```

接下来，编辑 /etc/eucalyptus/eucalyptus.conf 文件，并将关键字参数 INSTANCE_PATH 设置为 /home/instances。安装完成。

12.3.7 引导启动

Eucalyptus 在一次干净的安装之后，需要运行一次性的引导启动。然而，它也支持在版本之间做升级。这里介绍的引导启动过程只在安装包初次被安装之后需要。引导启动使用一系列的安装在头节点上的命令行工具，正如图 12-3 所示。其中的一些命令行工具是专门用于头节点操作的，其他的一些是标准 Amazon 命令行工具，属于 euca2ools [14] 命令行界面的一部分。下文中，你运行的所有命令都是以该节点的 root 用户在 Linux shell 中运行。

```
# First run this command on the head node.
clcadmin-initialize-cloud

# Run these commands to have CentOS 7 bootstrapper restart cloud
# automatically when head node reboots. (The tgtd service is needed
# for the SC to be able to export volumes for VMs.)
systemctl enable eucalyptus-cloud.service
systemctl enable eucalyptus-cluster.service
systemctl enable tgtd.service
systemctl enable eucaconsole.service

# Start the control plane services on the head node
systemctl start eucalyptus-cloud.service
systemctl start eucalyptus-cluster.service
systemctl start tgtd.service
systemctl start eucaconsole.service

# (Optionally) enable the node controller to restart after a reboot
systemctl enable eucalyptus-node.service
systemctl enable eucanetd.service

# Start the node controller
systemctl start eucalyptus-node.service
systemctl start eucanetd.service

# Check that all components are running by running:
netstat -plnt
# and verifying that there are processes listening on ports 8773 and
# 8774 on the head node and 8775 on the worker nodes.
# (Note that it may take a few minutes for services to be visible.)
```

图 12-3　引导启动 Eucalyptus 云所用的命令

12.3.7.1　注册 Eucalyptus 服务

下一步是将各种服务组件相互注册。注册要求头节点使用 Linux 命令 rsync 传输配置状态。因此，如果头节点可以不需要密码地使用 rsync，对其自身和对每个工作节点进行 rsync 都是最方便的[170]。不然的话，每个注册步骤都会在头节点或正在注册的特定工作节点上提示用户输入 root 用户密码，一个节点上也许需要多次输入密码。注册成功后，不使用密码的 rsync 后续可以被禁用。

Encalyptus 最好使用节点的公共 IP 地址，而不是 DNS 名称进行注册。而且，你需要在网络拓扑 JSON 文件中声明的 AZ 名称（本例中使用 az1）。

一旦所有的服务运行起来（注册步骤不能在服务已关闭或尚未就绪时进行），在头节点上运行这个命令生成一系列引导启动的证书。

```
eval clcadmin-assume-system-credentials
```

这个命令在所运行的 shell 中设置环境变量，使用一些临时的证书将云端服务安全地连接在一起。因此，你必须使用此 shell 进行余下的注册步骤。

若要注册面向用户的服务，请确定公共头节点的 IP 地址，并为服务选择一个可读的名称。在这个例子中，公共头节点的 IP 地址是 128.111.49.10，我们使用 ufs_49.10 作为服务名称。要注册实例中面向用户的服务，你需要在头节点上运行以下命令。

```
euserv-register-service -t user-api -h 128.111.49.10 ufs_49.10
```

接下来，为 Walrus 对象存储注册后端服务。再次，使用头部节点的公共 IP 地址和服务名称，示例的注册命令如下所示。

```
euserv-register-service -t walrusbackend -h 128.111.49.10 walrus_49.10
```

CC 和 SC 的注册过程是相似的，但它需要来自网络拓扑 JSON 文件的 -z 参数的 AZ 名称。示例的注册命令如下。第三条命令在头节点文件系统中的适当位置安装安全密钥。

```
euserv-register-service -t cluster -h 128.111.49.10 -z az1 cc_49.10
euserv-register-service -t storage -h 128.111.49.10 -z az1 sc_49.10
clcadmin-copy-keys -z az1 128.111.49.10
```

要注册在每个工作节点上运行的 NC 服务，必须运行头节点上的节点注册命令，给出每个节点的 IP 地址。在例子中，这些命令如下。

```
clusteradmin-register-nodes 128.111.49.11 128.111.49.12 128.111.49.13
clusteradmin-copy-keys 128.111.49.11 128.111.49.12 128.111.49.13
```

12.3.7.2 运行时的启动配置

现在服务已经运行且安全注册，最后一个引导启动步骤就是配置运行时的系统。

要为云实例配置 DNS 域名解析，你需要由站点 DNS 服务转发给头节点的子域名称。在这个例子中，我们使用 testcloud.ucsb.edu。因此，你需要在头节点上运行下列命令：

```
euctl system.dns.dnsdomain=testcloud.ucsb.edu
euctl bootstrap.webservices.use_instance_dns=true
```

在我们的例子中，头节点充当关联子域名称的权威 DNS 服务：testcloud.ucsb.edu。为测试链接，在这个头节点上运行这个命令：

```
host compute.testcloud.ucsb.edu
```

它应该解析到头节点的公共 IP 地址。如果没有，请检查站点 DNS 的配置，以确保它在向头节点转发云子域的名称请求。

接下来，为云创建永久的管理证书。这些证书赋予云管理员访问所有资源的全部权限（即它们是云服务的超级用户证书）。出于安全目的，在内部使用的 SSL 使用 DNS 解析作为其反欺骗认证测试的部分。因此你需要在生成管理员证书时使用前面命令中指定的云子域。例如，你在头节点上运行以下命令。

```
cd /root
mkdir -p .euca
euare-usercreate -wld testcloud.ucsb.edu adminuser >\
        /root/.euca/adminuser.ini
```

你还需要告诉本地命令行工具，你希望通过将区域设置为云的本地子域来联系这个云（而不是其他云或 Amazon 本身）。对于我们的示例云，在使用临时证书的 shell 中运行以下命令。

```
eval euare-releaserole
export AWS_DEFAULT_REGION=testcloud.ucsb.edu
```

如果你希望 root 用户总是联系运行在头节点的云，将这些命令添加到文件 /root/.bashrc

中。当 root 用户登录时，命令将会进行设置。

下一步是将网络拓扑 JSON 文件上传到云中。按照前面描述安装永久管理员证书后，运行下面的命令。

```
euctl cloud.network.network_configuration=@/etc/eucalyptus/network.json
```

接下来，必须为云端配置存储选项。在这个例子中，我们使用头节点上的本地文件系统进行对象存储和卷存储。对于卷存储配置，你需要指定 AZ 的名字（这个例子为 az1）。你可以使用以下命令启用此存储配置。

```
euctl objectstorage.providerclient=walrus
euctl az1.storage.blockstoragemanager=overlay
```

要启用镜像服务，使用本地云子域作为区域来运行以下命令。

```
esi-install-image --region testcloud.ucsb.edu --install-default
```

然后，Eucalyptus 安装一个 VM 虚拟机，这个虚拟机可以导入原始磁盘镜像用作此服务的卷支持实例。

12.3.7.3 健康和状态快速检查

到现在，你的云应该是在线运行了。为确保它在工作，运行以下状态命令。

```
euserv-describe-services
```

所有服务都应报告它们处于启用状态。为确定可用实例容量，使用管理员证书执行以下命令。

```
euca-describe-availability-zones verbose
```

如果所有的网络控制系统都进行了正确的注册，会显示它们的容量总和。在本例中，每个工作节点支持四个核。因此，当所有三个网络控制系统都已注册且没有其他虚拟机正在运行时，云应该可以运行 12m1.small 实例类型。

12.3.8 镜像安装

Eucalyptus 维持一个网络可访问的存档镜像库，它们能够自动安装。为从镜像库中安装镜像，需要 root 用户身份，并且管理员证书是激活的，运行下列命令。

```
yum install -y xz
bash <(curl -Ls eucalyptus.com/install-emis)
```

然后安装脚本会提示你安装镜像。此脚本还会检查以确保安装镜像所需的所有依赖包都已存在。如果没有，它会提示你是否需要使用 yum 工具安装所有缺失的依赖包。

请注意，镜像安装需要使用云管理员证书。因此，只有云管理员可以访问该镜像。为了让所有用户都可以访问该镜像，运行以下命令。注意以字符串 emi- 开头的镜像输出标识符。

```
euca-describe-images -a
```

你还将在输出中看到另一个已安装的带有 emi- 的标识符的镜像：用于托管镜像服务的镜像。你需要选择刚刚安装的镜像的标识符。

然后，用这个带有 emi- 的标识符运行 euca-modify-image-attribute，设置 -a 标志为 all，并添加 -l 标志。例如，如果镜像安装的是 emi-1e78481f，就运行下面的命令来设置启动权限，使所有账户都可以从该镜像启动实例。

```
euca-modify-image-attribute -a all emi-1e78481f -l
```

12.3.9 用户证书

云管理员可以为管理员之外的用户创建账户。每个账户都有自己的管理用户，可以在账户中创建其他用户账户。然而，与云管理员不同的是，这些账号管理员无法访问指定账户之外的资源。

要创建用户账户，你需要一个唯一的账户名。例如，为 user1 创建一个用户账户，运行以下命令。

```
euare-accountcreate -wl user1 -d testcloud.ucsb.edu > user1.ini
```

这个命令输出一个证书文件，用户可以把这一证书安装在自己的 .euca 目录下以在云端使用。用户还必须设置 AWS_DEFAULT_REGION 环境变量为本地云 DNS 子域（这个例子中为 testcloud.ucsb.edu）。这些证书允许用户通过命令行界面访问云。

为了使用户能够从 Eucalyptus 管理控制台访问云，运行以下命令，其初始密码是你获得初始访问（并应更改）的密码。

```
euare-useraddloginprofile --as-account user1 -u admin -p initialpassword
```

使用此密码，你可以将 Web 浏览器指向头节点并尝试登录。在这个测试用例里，你可以使用 URL https://128.111.49.10 联系管理控制台。证书是自签名的，因此大多数浏览器会要求你确认，这样它们会忽视这个安全问题。在登录界面上，你需要输入用户 user1 作为账户名，admin 作为那个账户里的用户，还有密码。登录后，你可以更改密码。请注意，此密码仅用于管理控制台。命令行工具使用的是当创建账户时在 .ini 文件中设置的 Amazon 样式证书。

12.4 小结

我们描述了如何使用 eucalyptus 构建私有云。首先解释了私有云如何实现云抽象。Eucalyptus 支持与 Amazon 兼容的 API 接口，并实现了相同的云抽象，这样工作负载和数据可以在任何 Eucalyptus 云中无缝移动，不管采用的部署架构是什么，在 Eucalyptus 和 Amazon 云之间也是如此。我们也讨论了部署架构在私有云中对 SLA 和 SLO 的作用。在这章的结束，我们一步一步地描述了如何利用商业服务器连接到局域网部署 Eucalyptus 私有云。部署步骤包括云软件的安装和配置、云的安全启动引导以及为用户把云准备好所需的初始管理操作。

12.5 资源

Eucalyptus 网站 www.eucalyptus.com 提供了广泛的文档和示例，以及 Eucalyptus 代码。

使用 OpenStack 搭建云

如果我们生活在一个不知云为何物的社会，不知道云存储了怎样的数据，不知道云如何工作，不知道我们和云打交道时能获得什么好处，那么我相信，我们就会变得越来越贫乏。

——John Battelle

OpenStack 是一个被越来越多的国际化社区广泛使用的开源云操作系统[54]。OpenStack 软件的发布周期为两年，版本号按字母顺序递增。本书撰写时的最新版本 OpenStack Newton[38]，有来自 2 581 名开发人员和 309 家机构贡献的代码。OpenStack 的开发模式代表了分布式、开源软件开发业界最先进的模式。

虽然 OpenStack 项目的起源只是为了虚拟机的协同，但该项目已经多样化发展为虚拟化、容器化和裸机计算的多功能协调器。OpenStack 现在能为多种形式的存储、网络和计算资源的管理提供统一的基础。对 OpenStack 的用户调查显示它有四个主要用途[80]：

- 企业私有云
- 公有云
- 电信和网络功能虚拟化
- 研究和大数据，包括高性能计算

OpenStack 是如此流行，还被用于研究计算的基础架构管理，具体体现在美国学术云中的应用，如 Chameleon（chameleoncloud.org）、Bridges[51] 和 Jetstream（jetstream-cloud.org）。还有国际项目如澳大利亚的 NeCTAR（nectar.org.au），以及欧洲的 CERN[37]。OpenStack 网站上的 openstack.org/science 专有板块提供了 OpenStack 的科学计算用例。

13.1 OpenStack 核心服务

OpenStack 控制面板由多个互相通信的（在大多数情况下）无状态的服务和一组有状态的数据存储组成。OpenStack 服务在一个称为 OpenStack 项目导航器 openstack.org/software 的在线资源中有深入的描述。表 13-1 列出了其核心组件。

云基础设施生态系统正在迅速发展。OpenStack 用于适应快速创新节奏的策略被称为“大帐篷”。实验性或探索性的新项目可以很容易地创建，随着其功能发展，会被鼓励进入 OpenStack 的原型并进行项目的督导。OpenStack 支持有竞争或冲突的项目，以实现生态系统内部的建设性竞争。

13.2 OpenStack 环境中的高性能计算

OpenStack 可以通过虚拟化、容器化或裸机三种不同的方式进行配置来协调计算资源。（回想一下，我们在第 4 章中描述的虚拟机和容器之间的区别，在裸机部署中，软件直接在底层硬件上运行。）在 HPC 之外，OpenStack 通常用作虚拟化协调器，以全面发挥软件定义基础设施的灵活性和优势。但是在 HPC 场景下，裸机部署是最常见的。虽然 HPC 工作负载可以在以上三种形式中的任何一种配置的 OpenStack 系统上运行，但许多管理员选择更少的运行时开销而非灵活性。然而，由于各个层面的技术进步迅速，这种权衡是一个不断变化的平衡。

表 13-1　任意 OpenStack 部署中通常会包含的 6 个核心组件

名称	功能	描述
Keystone	身份	为所有的 OpenStack 服务提供身份验证和授权机制
Nova	计算	提供按需供给的虚拟服务器
Neutron	网络连接	在接口设备之间提供"网络连接即服务"的服务
Glance	虚拟机镜像	支持虚拟机镜像的发现、注册和检索
Cinder	块存储	为客户虚拟机提供块存储功能
Swift	对象存储	对象存储接口

一种新兴趋势是使用定制化的硬件和虚拟化优化来支持虚拟化的 HPC 工作负载，以实现基于软件定义基础设施的灵活性，同时避免相关的性能开销。下面描述的单根 I/O 虚拟化（SR-IOV）等硬件技术，与虚拟化的 OpenStack 计算集成，可以以最小化的开销构建 HPC 网络。下面同时提到的虚拟化优化，如 CPU 绑定和非一致性内存访问（NUMA）直通可以实现硬件感知的调度和定位优化。这种可以通过编程重新配置云基础设施的能力提供了在整个软件开发生命周期的优势。例如，你可以在标准 OpenStack 系统上开发和测试应用程序或工作负载，然后应用硬件和虚拟化优化。

我们在本章着重于使用虚拟化的 OpenStack 部署。一些在线信息描述了容器化 [12] 和裸机 [9] 用例的实现。

13.3　对科学负载的考虑

OpenStack 的配置和服务可以做适配，来支持针对科学负载的不同需求。我们在这里描述一些例子。

13.3.1　网络密集输入或输出

OpenStack 的工作可能涉及外部来源的大量数据的输入和 / 或输出：例如从科学仪器或是非托管在云中的公共数据集所获取的数据。在这种情况下，计算实例的外部网络带宽可能成为瓶颈。

一个典型的 OpenStack 配置可能会部署**软件网关路由器**，用于计算实例和外部世界之间的网络连接。虽然这样的软件网关路由器实现了丰富的软件定义网络功能，但是它们难以满足高带宽和低延迟的需求。当在极限运行时，观察到软件交换机选择丢弃数据包而不是施加背压。以下的替代配置可用于提高外部网络连接的性能。

- **供应商网络**。供应商网络是数据中心中一个预先存在的网络。它不是 OpenStack Neutron（OpenStack 网络控制器）创建或控制的，但 Neutron 可以感知它，并把计算实例连接给它。这种方法绕过了 OpenStack 控制的路由和网关。
- **模拟路由网关**。一些交换机供应商能够将软件定义网络（SDN）的功能转到交换机端口配置中，从而在交换机端口全速执行 OpenStack 定义的第 3 层 Internet 路由操作协议。类似地，一些网络接口卡（NIC）支持大规模的 SDN 硬件卸载，大大减少了控制面板网络节点的负载。不过模拟路由器网关不支持丰富的网络功能如网络地址转换（NAT，支持浮动 IP 地址所必需的）等，实际上这些功能对于私有云也不是必需的。

- **分布式虚拟路由器**。通过在每个虚拟机管理程序的组件上分配网络节点功能可以产生可扩展的外部路由器实现。（**虚拟机管理程序**是负责创建和运行虚拟机的软件组件，通常每个计算节点都有一个虚拟机管理程序实例。）这种方法的一个缺点是增加了虚拟机管理程序用于网络的 CPU 开销。此外，该方法使每个虚拟机管理程序可以从外部访问，因此也增加了安全问题。

13.3.2　紧耦合计算

在通用的 OpenStack 配置中，计算实例的网络会穿过虚拟机管理程序中的一个或多个软件虚拟交换机，这种方式提供了配置的灵活性，但由于有额外的数据复制和上下文切换，使应用程序的延迟变高和带宽下降。这样的软件交换机也会导致更高级别的抖动和丢包。紧耦合应用程序的负载（如一些批量同步并行应用程序）性能可能受实例之间的通信延迟的强烈影响。因此，虚拟化网络可能会对紧耦合的计算工作的执行性能产生不利影响。

虚拟化网络引入的开销可以通过使用**单根 I/O 虚拟化**（SR-IOV）来绕过，尽管不是所有的 NIC 都支持此功能。这种 PCI 硬件功能是指一个 PCI 设备可以通过创建称为“**虚拟功能**”的多个影子设备来共享自身。支持 SR-IOV 的虚拟机管理程序使虚拟功能设备可以和计算实例直连，从而使虚拟实例可以直接访问底层物理网络设备的硬件接口。最终的从计算实例到物理网络的直接路径规避了管理程序中的软件定义的网络。虽然这种方法提供了很高的性能，但它也绕过了 OpenStack 应用于实例的安全组防火墙规则。因此，SR-IOV 网络只能在内部（受信任的）网络中使用，并且应与常规网络配置联合配置，以管理与非信任网络的连接。

对延迟敏感的工作负载的性能可以通过更智能的进程调度进一步提高。将虚拟处理器的核绑定到物理核可提高缓存的局部性。通过提升物理处理器核和内存区域之间的亲和度可以提高内存访问性能。我们在这里简要解释这些概念。现代计算机系统中常常有多个处理器，每个处理器具有集成的存储器控制器和与处理器直连的存储。单存储器系统是构建在所有 CPU 核对所有存储的一致访问上的，处理器之间由硬件总线相连以确保一致性。这种设计的结果是存储和 CPU 的不均匀耦合，即所谓的非一致性存储访问。通过使虚拟计算实例了解物理主机的 NUMA 拓扑结构，可以更好地由客户机内核进行调度和布局决策。可以配置计算管理程序和 OpenStack 服务来启用这些优化。

13.3.3　分级存储和并行文件系统

有时工作负载可能需要与数据源的高性能耦合，而不是与计算主机之间的高性能耦合。OpenStack 可以同时支持多种类型的存储服务，包括适用于存储分级结构中不同层级的类型。然而，它本身并没有分级存储管理的本地实现。它使用 HPC 数据移动协议 **iSCSI 用于 RDMA 的扩展**（iSER）来支持 OpenStack 的块存储（Cinder）的数据服务。使用了 iSER 的 Cinder 存储同时需要具有 RDMA 功能的 NIC 管理程序和块存储服务器以对外提供这种类型的存储服务。

在 OpenStack 私有云中使用启用了 RDMA 和 SR-IOV 的网络适配器时，可以实现从虚拟客户端到并行文件系统的高性能访问。云计算基础设施的多租户模式与 HPC 并行文件系统的常规多租户模式不同，当连接 OpenStack 计算实例与跨数据中心内部网络的并行文件系统时，应考虑到这一差异。传统的 HPC 平台是多用户环境，用户特权和权限通过用户 ID 进行控制。在云托管的基础架构中，标准做法是让租户在自己的实例中获得 root 权限。将文件系统导出给云中的实例访问时，应针对潜在的具有超级用户权限的恶意客户做些考虑。Lustre 最近为客户推出了基于 Kerberos 的认证，旨在解决这个问题。另一种方法是在 OpenStack 云的范围内为用户创建多个并行的文件系统。以这种方式，每个用户与其他云用户隔离，无法去破坏共享文件系统资源。

13.4　部署 OpenStack

即使是 OpenStack 的默认部署，都是庞大而且复杂的，并且通常不能手动部署。OpenStack 项目丰富的软件生态系统包含了用于部署和配置的各种自动化系统。OpenStack 市场（在很大范围上）会聚出了四种方法。

- 一站式系统。机架式器件提供集成的私有云计算和管理。
- 供应商提供的发行版。Linux 发行版供应商正在成为主要的 OpenStack 供应商。现在已经有很多来自 Canonical、Red Hat 和 SUSE 以及 OpenStack 专家（如 Rackspace 和 Mirantis）的 OpenStack 商业发行版。
- 社区版本。可免费使用的 Linux 发行版，如 CentOS 和 Ubuntu，都提供社区版的 OpenStack 软件包。
- 上游代码。通过直接从上游源代码库中提取的源代码打包来部署 OpenStack，通常都部署为容器化的服务。

因此，在选择部署 OpenStack 的方法时，用户有很大的选择空间。这种选择可以将组织的需求、预算和技能集合匹配到适合的 OpenStack 部署方式，提供了相当大的灵活性。

部署需要从几个专用服务器、网络和磁盘开始。传统的 OpenStack 部署将这些服务器分为不同的角色。在小规模部署中，可以组合多个角色，以实现较小空间消耗，甚至可以单个节点部署。具体的角色如下所示。

- 计算管理程序。这些是在虚拟化环境中运行客户端工作负载的服务器。除了虚拟化计算外，通常还需要实现软件定义的网络和存储的服务。
- OpenStack 控制器。在不同的服务器上运行的集中的 OpenStack 控制服务和数据存储。这些服务器应该被配置为支持数据库 IO 和高并发，高吞吐量的事务工作负载的模式。
- 存储。许多 OpenStack 的部署由 Ceph 存储集群支持（尽管这不是必需的）。有很多供应商为商业存储产品提供 OpenStack 连接服务。
- 网络。OpenStack 中有几种可用于实施租户网络的方法，但常规和最成熟的方法涉及使用控制器节点上的软件虚拟交换机来管理路由器网关到租户的网络。由于这可能会导致高度的 CPU 密集型操作（以及租户的性能瓶颈），因此使用 Neutron IP 路由器的 OpenStack 部署通常会包含用于扩展网络性能的专用服务器。有关其他策略，请参见 13.3 节。

13.5　部署示例

接下来将介绍在剑桥大学研究计算服务部门开展的 OpenStack 部署工作。我们还整合了很多 13.3 节中列出的考虑因素，希望借此提供灵活而又高效的资源。

13.5.1　硬件组件

如图 13-1 所示，我们的示例部署是在最新一代的基于 Dell Xeon 的服务器上开展的，该服务器配备了支持远程直接内存访问（RDMA）(使用 RoCE：融合以太网之上的 RDMA）和 SR-IOV 的最新一代 Mellanox 以太网网络适配器。服务器通过 50G 以太网高速数据网络和 100G 多路径二层以太网交换机进行连接，采用多机架链路聚合（MLAG）实现多路径传输。使用 Mellanox 以太网交换机实现高速网络。分配了单独的 1G 网络用于电源管理和服务器配置和控制。该系统还为 OpenStack 控制面板提供了单独的 10G 网络带宽。

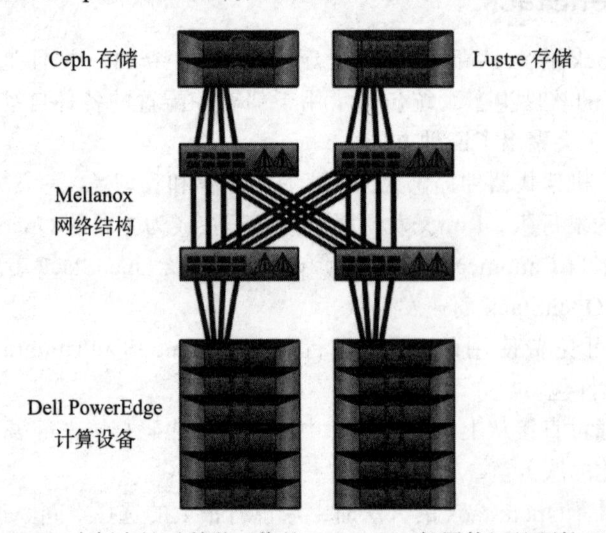

图 13-1　本例中针对科学工作的 OpenStack 部署使用的硬件配置

存储服务通过使用一系列组件来实现。使用 iSER 和 NVMe 设备实现高速存储。一个中等规模的 Ceph 集群用于提供具有更大容量和弹性的存储层。企业级存储由 Nexenta 提供。在 OpenStack 基础架构之外，还有通过使用数据中心供应商网络连接到计算实例的英特尔企业版 Lustre。

13.5.2　OpenStack 组件

我们在这里介绍一个免费的社区支持版的 OpenStack 部署，它使用预装了来自 Red Hat OpenStack 发行版（RDO）的 OpenStack 软件包的社区版的企业级操作系统（CentOS）的 Linux 发行版。服务器使用 TripleO（用于自动化 OpenStack 部署和管理的工具）来完成 CentOS 和 OpenStack 的部署。TripleO 在线文档 [49] 提供了使用 OpenStack 部署工具的综合指南。我们将重点放在调整 OpenStack 配置以增强对科学计算工作的支持。为了保持与其他部署方法的通用性，我们还描述了 OpenStack 配置和用 TripleO 来进行实现的配置的关键组件。

13.5.3　通过 RDMA 启用块存储

为了使用 iSER 协议，所有相关联的存储服务器和管理程序客户端必须同时具有支持 RDMA 的网络适配器和安装开放式结构（OFED）软件栈。存储服务器使用 LVM 管理 Cinder 块存储卷。存储服务器上的 OpenStack Cinder 卷驱动程序配置（/etc/cinder/cinder.conf）中的 iSCSI 协议应该配置为 iSER，如下所示。

```
[hpc_storage]
volume_driver=cinder.volume.drivers.lvm.LVMVolumeDriver
volumes_dir=/var/lib/cinder/volumes
iscsi_protocol=iser
iscsi_ip_address=10.4.99.3
volume_backend_name=hpc_storage
iscsi_helper=lioadm
```

要启用 TripleO（支持从 OpenStack Ocata 版本开始的 iSER 配置），需要进行以下配置。

```
parameter_defaults:
  CinderEnableIscsiBackend: true
  CinderIscsiProtocol: 'iser'
  CinderISCSIHelper: 'lioadm'
```

将此配置部署到服务器后，就可以使用与其他类型的 Cinder 卷相同的接口创建启用了 iSER 的块存储卷并将其附加到计算实例上。

13.5.4 启用 SR-IOV 网络

由于这种网络结构绕开了 OpenStack 安全组规则，所以 SR-IOV 不适合在外部可访问的网络上使用。SR-IOV 需要网络适配器中的硬件支持。这可以在产品规格书中或使用 lspci -v 进行检查。管理程序配置需要网络适配器的 PCI 供应商 ID 和设备 ID（本示例配置中使用的 Mellanox ConnectX4-LX NIC 这两个参数分别是 0x15b3 和 0x1016）。除次之外还必须在 BIOS 和 Linux 内核中启用 SR-IOV。下面的内核命令行引导参数可以在 Linux 内核中启用 SR-IOV。

```
intel_iommu=on iommu=pt
```

SR-IOV 网络需要同时配置 Nova 和 Neutron。另外，在系统启动期间必须提前创建几个 SR-IOV 虚拟功能（VF）。在计算虚拟机管理程序上，必须在 Nova 的配置 /etc/nova/nova.conf 中声明 NIC VF 的 PCI-Passthrough 权限：

```
pci_passthrough_whitelist = [{"vendor_id": "15b3", \
                              "device_id": "1015", \
                              "physical_network": "hpc_network"}]
```

在 OpenStack 控制器节点上，需要在 Nova 配置文件 /etc/nova/nova.conf 中配置调度器，增加一个过滤器，以根据是否有具备 SR-IOV 功能的设备来调度实例：

```
scheduler_default_filters = RetryFilter,AvailabilityZoneFilter,
    RamFilter, DiskFilter,ComputeFilter,ComputeCapabilitiesFilter,\
    ImagePropertiesFilter,ServerGroupAntiAffinityFilter, \
    ServerGroupAffinityFilter,PciPassthroughFilter
```

在 OpenStack 控制器节点上的 Neturon 配置文件 /etc/neutron/plugins/ml2/ml2_conf.ini 里面，配置 SR-IOV 网络驱动程序，使用以下的网卡 PCI 信息。

```
[ml2_sriov]
supported_pci_vendor_devs=15b3:1016
```

你还必须编辑 /etc/neutron/plugins/ml2/ml2_conf.ini 来设置租户网络的 VLAN 范围，如下所示：

```
[ml2_type_vlan]
network_vlan_ranges = hpc_network:1001:4000,external
```

这个 TripleO 配置可以在定义的 VLAN 范围内为名为 hpc_network 的内部网络启动 SR-IOV 支持。它还提供 Open vSwitch 和 VXLAN 网络以用于通用和外部连接的网络，如图 13-2 所示。

```
parameter_defaults:
  NeutronBridgeMappings: "hpc_network:br50g,external:br10g"
  NeutronNetworkType: "vxlan,vlan"
  NeutronMechanismDrivers: "sdnmechdriver,openvswitch,sriovnicswitch"
  NeutronNetworkVLANRanges: "hpc_network:1001:4000,external"

  NovaComputeExtraConfig:
    neutron::agents::ml2::ovs::bridge_mappings: ['external:br10g']
    nova::compute::pci_passthrough:'"[{\"vendor_id\":\"15b3\", \
      \"device_id\":\"1015\",\"physical_network\":\"hpc_network\"}]"'
    compute_classes:
      - ::neutron::agents::ml2::sriov

  controllerExtraConfig:
    nova::scheduler::filter::scheduler_default_filters:
      - RetryFilter
      - AvailabilityZoneFilter
      - RamFilter
      - DiskFilter
      - ComputeFilter
      - ComputeCapabilitiesFilter
      - ImagePropertiesFilter
      - ServerGroupAntiAffinityFilter
      - ServerGroupAffinityFilter
      - PciPassthroughFilter
    neutron::config::plugin_ml2_config:
      ml2_sriov/supported_pci_vendor_devs:
        value: '15b3:1016'
```

图 13-2　启动了 SR-IOV 支持的 TripleO 配置。如同文中描述的那样，配置了 PCI 设备的详情，定义了网络连接的机制和映射了物理网络连接。使用 PciPassthroughFilter 扩展了 Nova 调度器

一旦使用此配置部署了 OpenStack，可以通过使用 OpenStack 命令行界面或通过 OpenStack Heat 轻松创建 SR-IOV 网络端口。OpenStack 将 SR-IOV 网络端口称为直接绑定端口。

使用命令行时，需要四个步骤来创建一个用于 SR-IOV 的网络。

1. 创建 VLAN 网络。
2. 为其分配 IP 子网。
3. 将直接绑定（SR-IOV）端口连接到网络。
4. 创建连接到这些端口的计算实例。

```
[neutron net-create hpc_net --provider:network_type vlan
neutron subnet-create --name hpc_net --gateway <gw>  \
     --dns-nameserver <dns>   --enable-dhcp hpc_net <cidr>
neutron port-create <net vlan uuid> --binding:vnic-type direct
nova boot --flavor <flavor> --image <image> \
     --nic port-id=<sriov port uuid> <name>
```

启用 CPU 绑定。将虚拟 CPU 与物理核相关联可以通过提升局部性来提高缓存性能。下面的内核命令行引导参数从调度中排除给定范围的 CPU，有效地将这些 CPU 保留用于虚拟化工作负载。在 24 核系统上，我们可能为虚拟机管理程序分配四个核，并为客户机工作负载预留 20 个核。

```
isolcpus=4-23
```

一旦 CPU 已经与调度隔离开来，在 /etc/nova/nova.conf 中插入以下内容可以在 Nova 中分配这些 CPU 以实现 CPU 绑定。

```
vcpu_pin_set = 4-23
```

Nova 配置也可以在 TripleO 驱动的部署中指定。

```
parameter_defaults:
  NovaComputeExtraConfig:
    nova::compute::vcpu_pin_set: 4-23
```

启用 NUMA 直通。通过暴露处理器、内存和硬件设备的物理拓扑，可以获得更高的性能提升。NUMA 感知的客户操作系统可以利用这种方法来提高虚拟化应用程序工作负载的效率，方式与在裸机环境中运行工作负载相同。目前版本的 KVM 和 libvirt，以及（从 OpenStack Juno 开始）OpenStack 都支持 NUMA 拓扑直通。CentOS（7.3）附带的 KVM 的发布版本需要更新到 CentOS-virt KVM 库中可用的版本。KVM 2.1.0 是支持 NUMA 直通的最低版本。

计算实例请求的 NUMA 拓扑通过使用计算方式或软件镜像这样的附加属性来定义。有关 CPU 拓扑的 OpenStack 文档 [36] 介绍了如何配置计算风格和软件镜像以指定支持工作负载所需的底层 NUMA 资源。与启用 SR-IOV 支持的方式相似，NUMA 感知需要 Nova 计算调度器的过滤器，以确保可用资源满足正在调度的计算实例的风格。通过在 /etc/nova/nova.conf 中设置 scheduler_default_filters 属性可以指定调度器的过滤器，如以下示例所示。

```
scheduler_default_filters = RetryFilter,AvailabilityZoneFilter, \
             DiskFilter,ComputeFilter,ComputeCapabilitiesFilter, \
             ImagePropertiesFilter,ServerGroupAntiAffinityFilter, \
             ServerGroupAffinityFilter,PciPassthroughFilter, \
             RamFilter, NUMATopologyFilter
```

这个 TripleO 配置文件用于部署启用了 NUMA 感知的 Nova 计算调度器。

```
parameter_defaults:
  controllerExtraConfig:
    nova::scheduler::filter::scheduler_default_filters:
      - RetryFilter
      - AvailabilityZoneFilter
      - RamFilter
      - DiskFilter
      - ComputeFilter
      - ComputeCapabilitiesFilter
      - ImagePropertiesFilter
      - ServerGroupAntiAffinityFilter
      - ServerGroupAffinityFilter
      - PciPassthroughFilter
      - NUMATopologyFilter
```

13.6　小结

我们介绍了 OpenStack 系统的关键架构组件，并说明了部署 OpenStack 软件所需的基本概念。按照本书的主题，我们专注于科学用例，并提供了优化性能的提示。

OpenStack 展现了软件定义的基础设施的优势，同时最大程度地降低了相关的性能开销。各种不同的 OpenStack 的配置和部署的方法在灵活性和性能之间提供了不同权衡。随着 OpenStack 的快速演进和平台的日渐成熟，其对科学计算基础设施管理的价值将变得越来越引人注目。

13.7　资源

有许多用于研究计算的 OpenStack 私有云部署，并且很大一部分研究计算私有云是使用免费版本的 OpenStack 部署的。这些云的运营由开放社区提供支持。

各种形式的 OpenStack 运营商通过 OpenStack 运营商邮件列表 [39] 和定期聚会交换信息和体验。OpenStack 基金会成立了科学工作组 [40] 来为研究计算社区提供特别的重点服务。研究人员可以自由地加入这个科学工作组并从那些全球范围内正在使用 OpenStack 基础设施来进行现代研究计算的网络研究机构中招募伙伴。

第 14 章

Cloud Computing for Science and Engineering

构建你自己的 SaaS

优秀的服务不会因为一个操作或者一次故障就失效。

——Benjamin Disraeli

我们在第二部分中看到，通过将软件封装在虚拟机或容器中，可以让软件系统实现可移植和重用。任何拥有云账户的人都可以通过点击鼠标或按钮来运行该软件。然而，这些软件的用户都需要关注如获取最新版的软件包、在云上启动、验证软件执行的正确性等等这些事情。这些都有其成本和复杂性。

软件即服务（SaaS）旨在通过在软件交付中引入进一步的自动化来克服这些弊端。使用 SaaS，软件由 SaaS 供应商代替用户来运营。然后用户通过网络访问软件，通常是通过网络浏览器来访问。他们不需要安装、配置和更新软件，软件供应商只需要支持一个软件版本，它们可以随时更新提供的软件以修改软件中的错误或添加新的功能。SaaS 供应商通常使用复制等技术来实现高可靠性，从而使服务不因为“单一错误”而崩溃。SaaS 倡导者认为，这种方法可以同时降低软件对于消费者而言的复杂性和供应商运行的成本。基于订购的收费模式进一步减少了和消费者产生纠纷的概率，使供应商能够按需求扩大提供服务的规模。正如我们在第 1 章中看到的，成千上万的 SaaS 供应商现在以这种方式提供软件服务。

在本章中，我们将研究如何将 SaaS 方法应用于科学领域。首先分析为什么 SaaS 通常同时被定义为一种技术和商业模式。然后，我们将回顾在科学领域中构建按需软件的方法，包括科学网关这个流行的概念，它是主要针对研究超级计算机系统来进行计算的远程软件访问的形式。之后，我们再来看看更偏向原生的云的版本的科学网关 SaaS 概念，并使用两个例子来说明如何根据你自己的需求构建 SaaS 解决方案。第一个例子 Globus Genomics 提供按需访问的生物信息流程。第二个是已经在第 11 章中介绍过的 Globus 研究数据管理服务的案例。尽管我们在这里介绍的这两个系统都是基于 Amazon 云服务的，但其他公有云也可以采用相似的实施和部署策略。一个关键的信息是，利用云平台服务可以协助创建可靠、安全和可以按照需要支持的用户数量和提供的服务量扩展的 SaaS 产品。

14.1 SaaS 的意义

Gartner 将 SaaS 定义为“由远程供应商拥有、交付和管理的软件，该软件基于一套通用的代码和数据定义来提供，这些代码和数据可以被所有客户在任意时间用一对多的方式使用，并使用基于订阅的方式计算费用”[136]。分析师戴维·泰拉（David Terrar）补充说：“服务背后的应用是很恰当地进行了 Web 架构，而不是把已有的应用程序放到 Web 上。”

这个定义是从技术和商业模式这两个角度同时看的结果。从技术的角度来看，它与交付模型相关：供应商运行单一版本的软件，部署这个软件并使得这个软件可以通过网络访问。其中隐含的意思是该软件的架构可扩展以支持潜在的大量消费者，并实现多租户操作，这意味着多个消费者可以同时访问该软件而不会互相干扰。从商业模式的角度来看，消费者不需要像使用家用电器那样购买这个软件实体，而是像在网上看电影或订阅报纸一样按照使用的量付费。

将技术和商业模式放在一起说看起来似乎很奇怪，但实际上这是 SaaS 行业中成功的关键。（有一些 SaaS 供应商依靠广告而不是订阅收费来盈利，但这并不改变核心的经济模式。）简而言之，集中式运营模式使 SaaS 供应商相比通过传统渠道发布软件削减了每个用户成本，例如，供应商不再需要支持多个计算机体系结构和版本。它也大大减少了访问服务的阻碍：大多数 SaaS 软件都可以通过 Web 浏览器访问，而许多企业级的软件可能需要专门的硬件和专业知识来安装和运行。这两个因素意味着 SaaS 供应商能够以比以前更低的成本向更多的人提供软件：几美分对 1 美元的差别。

虽然为每个新客户提供服务的成本可能很低，但不是零。此外，建立和运行 SaaS 系统的前期成本涉及很大的固定成本。（例如，24x7 监控以确保高可用性。）SaaS 行业已经确定，按使用量计费或基于订阅的支付模式是收回这些成本的最佳方式。这种方法提供了较低的进入障碍（任何拥有信用卡的用户都可以访问服务），并意味着收入随着使用而呈线性增长。因此，这种支付模式可以使 SaaS 可持续发展，通过规模的上升提供积极的回报：用户越多意味着更多的收入，可以用来支付扩大的运营规模和 / 或减少订阅收费，进而获得更多的用户。

14.2　SaaS 架构

将商业模式放在一边，我们接下来介绍在架构和工程 SaaS 系统方面已经被证明成功的方法。

一般来说，SaaS 架构师的目标是创建一个低成本、高可靠性、高安全性和高性能的，并可以为许多客户提供强大功能的系统。这个目标存在许多需要权衡的因素：例如在性能和可靠性之间，或在优化基础成本还是优化单个用户成本之间。不过，一些基本原则是可以确定的。

最复杂的 SaaS 系统通常使用微服务架构来构建，在该服务架构中，状态使用一个或多个持久化的、存在多个复制的存储服务维护，并且在短期无状态服务中执行计算，如果需要这些服务可以重新运行。该架构提供了高度的容错能力，并且还有助于伸缩：随着负载的增加，可以动态分配更多的虚拟机。以下示例说明了这些原则。

> **视频渲染 SaaS。**一个名叫 Animoto 的公司在视频渲染服务方面取得了很大的成功。使用他们的服务时，你上传一组照片，他们就可以使用这些图像创建有音乐伴奏的平滑过渡的动画视频。因此，他们需要运行许多数据和计算敏感型的任务。如下图 14-1 所示，他们的架构使用 Amazon S3 云对象存储来保存所有图像和数据，使用动态管理的 Amazon EC2 虚拟机实例来运行 Web 服务器、数据提取服务器、渲染服务器等服务，同时使用 Amazon SQS 队列服务在这些活动之间进行协调，例如维护挂起的数据提取、分析和渲染任务。至少这是他们十年前就架构好的模式。他们现在可能会采用更丰富的一些服务。例如 Animoto 描述了他们在三天内可以通过添加虚拟机实例来扩展以支持 75 万个新用户 [4]。

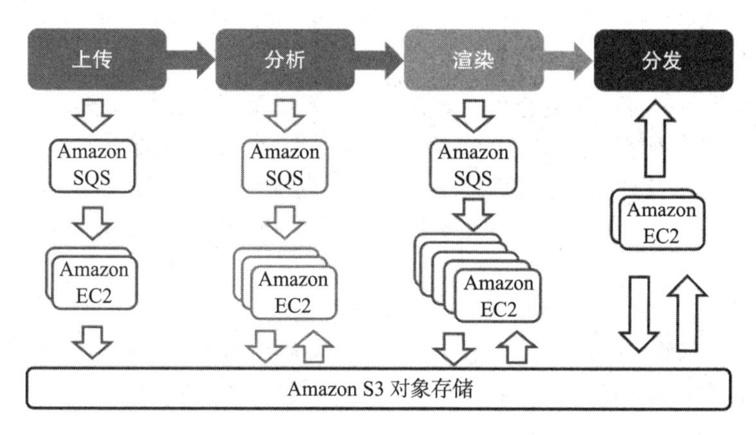

图 14-1　Animoto SaaS 流程的概要，上面展示了它的逻辑结构，下面展示了 Amazon 服务的实现方式

现在让我们更深入地探索创建 SaaS 系统的过程。想象一下，你开发了自己的视频渲染应用程序 myrender，通过下面这样的命令行方法创建类似于 Animoto 生成的那样的视频：

```
myrender -i image-directory-name -o video-file-name
```

你的应用程序在装了 GPU 的工作站上运行良好，但它很受欢迎以至于你来不及手动处理越来越多的请求。你开放了源代码，但人们还是不断要求你执行越来越多的任务。你希望将此应用程序以 SaaS 方式提供给许多用户。你接下来怎么办呢？让我们考虑三种选择。

第一种，你编写一个用 Web 表单来接受用户视频生成请求的程序，每个请求都会在工作站上启动 myrender 程序完成操作。但是，随着请求数量的不断增加，你的工作站不堪重负，这种方法会导致服务崩溃。第二种方法是修改你的程序使每个请求实例化一个云托管的虚拟机实例。虚拟机镜像配置为接受用户的图片，接下来运行 myrender 应用程序，等待用户下载生成的视频之后终止程序。

第三种方法是将 myrender 代码分成单独的分析、渲染和组合组件，为每个组件创建虚拟机或容器，并创建或使用类似 Animoto 使用的框架，将适当的任务分配到不同的虚拟机或容器，同时根据负载变化来增加或减少各个组件的实例数量。这样，每个单独的请求只是由对象存储中的一组对象、队列中的临时请求，加上可能存在其他数据库表中的条目来表示。

哪种方法更好？第一个不支持按需伸缩，所以让我们只考虑第二个和第三个。第二个的实现工作量比第三个要小：你根本不需要修改你的应用程序代码。然而，让每个用户渲染请求都运行在单独的虚拟机实例上也具有缺点。特别是，（1）费用：即使没有完全占用，你也需要为每台虚拟机付费，比如它在等待着用户输入。（2）速度：每个请求按顺序处理，一次一个。无法在不改变应用的情况下提高系统的并发量，例如并行处理所有图像。（3）可靠性：虚拟机实例的宕机会导致该实例执行的所有工作被丢失。恢复工作的运行需要重新启动整个任务。第三种方法，从另一方面讲，虽然需要更多的工作，但可以在云成本控制、执行速度和服务可靠性方面都有提升。

第三种方法通常被称为**多租户架构**，因为所有请求都由相同的（尽管是可弹性扩展的）云资源集合来实现，每个云资源可以在不同时间处理不同的用户请求，同时在同一时间有多个请求。多租户系统中的一个重要问题是确保不同用户之间的隔离。绝大多数大型 SaaS 系统都采用第三种方法。

14.3　SaaS 和科学

科学界在线提供软件的历史悠久。毕竟对于今天互联网的前身 ARPANET 来说，原来的动机是使客户端可以远程访问稀缺的计算机资源 [257]。随着万维网紧随着高速网络的问世，科学界还进行了许多这样的尝试 [126, 239]。例如一个早期的系统，运行于网络中的优化服务器（NEOS）(neos-server.org) 已经运行了 20 多年 [105]，它解决优化问题，问题是通过电子邮件或网络传递的。

术语**科学网关**越来越多地被用来表示提供在线访问科学软件的系统 [261]。通常，科学网关是一个（通常是网络）门户网站，允许用户配置和调用通常运行在超级计算机上的科学应用程序，为用其他方式难以访问到的计算机和软件提供方便的“网关”。

这种系统对科学的影响是相当大的。例如，MG-RAST 宏基因组分析服务（metagenomics.anl.gov)，在线提供环境样品中的遗传物质分析服务 [199]，截至 2017 年，该系统已有超过 22 000 名注册用户，他们共同上传了大约 28 万个总共含有超过 10^{14} 个碱基对的元基因组。这是一项对科学研究有重要意义的一项服务！其他成功的系统，例如 CIPRES [201]，提供对系统发育学重建软件的访问；CyberGIS [185]，协同地理空间问题解决；纳米集线器（nanoHUB）[172]，其提供了对数百个基于纳米技术的计算模拟代码的访问，这个技术也有数以千计的用户以及相应的对科学和教育的巨大影响。最近的一项调查 [176] 进一步深入描述了科学网关的使用场合和方法。

虽然很难对这么宽广的活动进行概括，但我们可以说，典型的科学软件服务具有一些但不是全部的常规意义的 SaaS 特性。首先，从技术的角度来看：大多数这样的服务通常使单个的科学应用程序可以被多人使用，许多人利用现代的 Web 界面技术来提供直观的交互式界面。有些还提供 REST API 甚至 SDK 来允许通过编程访问。另一方面，很多都没有实现完全的弹性，因为需要运行在专门的，通常是过载的超级计算机上，很多都没有被设计为可以用到现代云平台的能力。因此，它们可以为适量的用户提供很好的服务，但不支持扩展。

从商业模式的角度来看，很少有科学软件系统实行订阅付费方式。相反，它们通常依赖科学计算中心的研究资助支持和 / 或计算和存储资源的分配。这种商业模式的缺乏可能是一个令人担忧的问题，因为它暴露了一个关于它们的长期可持续性的问题（如果资助结束会发生什么情况)，并且还会阻碍扩展（超级计算机时间的分配可能足以支持 10 个用户并发访问，但是当需求增加到 1000 个并发用户时会发生什么？ 10 000 呢？)。

我们接下来介绍两个示例系统。从技术和商业模式的角度来看这两个系统都采用了不同的科学 SaaS 方法：Globus Genomics 和 Globus 服务。

14.4　Globus Genomics 生物信息学系统

由 Ravi Madduri、PaulDavé、Alex Rodriguez、Dina Sulakhe 等人开发的 Globus Genomics [187]（globus.org/genomics)，是一个用于快速分析生物医学，特别是下一代基因测序（NGS）数据的云托管软件服务。它的基本思路如下：客户（个人研究员、实验室、社区）注册并申请服务。Globus Genomics 团队随后建立一个服务实例，配置好针对新客户行业要求的应用程序和流程。通过 Globus Group 管理对该实例的访问。任何授权用户都可以登录这个实例，使用其 Galaxy 界面选择现有的应用程序或流程（或创建新的流程)，指定要处理的数据，然后使用指定的流程和指定要处理的数据启动一个计算。计算结果可以保存在实例中，或者是返回给用户的实验室，以进行进一步处理或长期存储。

图 14-2 通过实际操作描述了 Globus Genomics。我们看到它的 Galaxy 界面显示了通常用于 RNA-seq 实验分析数据的流程，这是一种确定生物样品中 RNA 类型和数量的方法[99]。通过为研究团队提供个人云端数据存储和分析“虚拟计算机”，Globus Genomics 允许研究人员通过 Web 浏览器执行大型遗传序列数据集的全面自动化分析，无需安装软件，而且确实不需要具备任何云计算或并行计算相关的知识。在一个常见的用例中，研究者将生物样本发送给商业测序供应商，将得到的结果数据通过网络传达到云存储（例如，Amazon S3），然后通过在 Globus Genomics 内运行的分析流程对数据进行访问和分析。

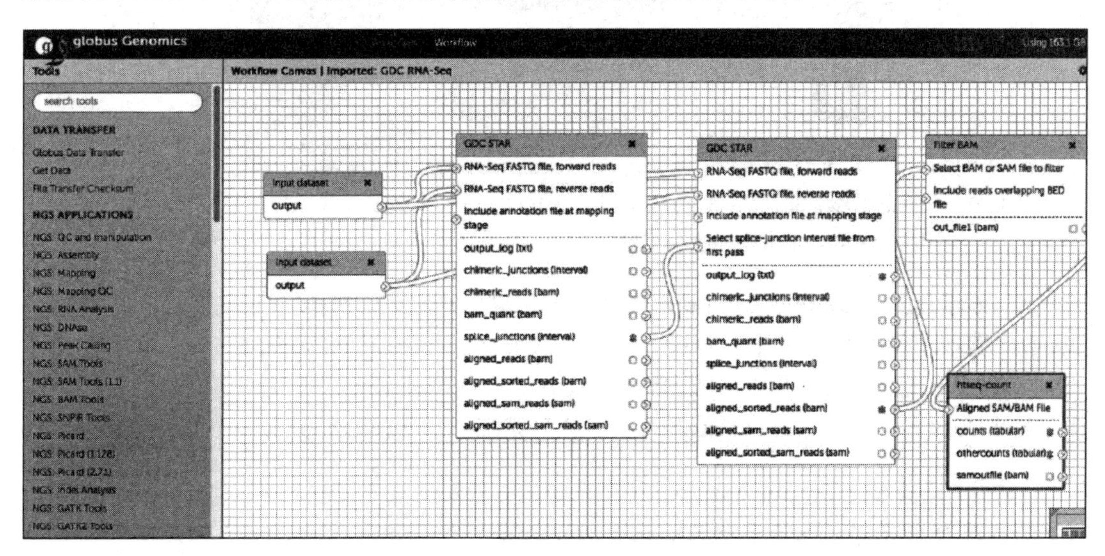

图 14-2　Globus Genomics 使用的 Galaxy Web 界面，展示了一个研究人员探测样本的各种特征的 RNA-seq 流程工具

14.4.1　Globus Genomics 架构和实现

如图 14-3 所示，Globus Genomics 的实现包括六个全部部署在一个 Amazon EC2 节点上的组件：用于工作流管理和用户界面的 Galaxy 和 Web 服务器；进行计算管理的 HTCondor 和弹性资源供给器（Elastic Provisioner）；进行数据管理的 Globus Connect Server（GCS）和共享文件系统。这些服务本身还会用到其他云服务，特别是用于用户身份验证的 Globus 身份，还有启动数据传输的数据管理服务（见 3.6 节），可以创建和删除运行用户计算任务的虚拟机实例的 Amazon EC2 服务，以及用于存储需要持续存在的用户数据的亚马逊关系型数据库服务和弹性文件服务。我们依次描述每个元素。

Galaxy 系统[141]用于支持工作流的构建和执行。通过与 Globus Auth[247]的集成，用户可以使用校园凭证登录到云托管的 Galaxy。然后，用户可以选择一个现有的工作流，或创建一个新的工作流，指定要处理的数据，并启动计算任务。**Web 服务器**作为 Galaxy 系统的组成部分，为 Globus Genomics 用户提供 Galaxy 用户界面。用户只需要一个网页浏览器就能访问 Globus Genomics 功能。

HTCondor 系统[243]（请参见 7.7 节）维护一个待执行的任务队列，并将任务从该队列分派到可用的 EC2 工作节点，并监视这些任务是否成功完成。弹性资源供给器管理工作节点池，为要执行的任务分配正确类型的节点，当 HTCondor 队列增长时增加新的节点，在没有任何工作时减少节点的数量。弹性资源供给器被设计为可以使用现货实例（参见 5.2.2 节），以降低成本。

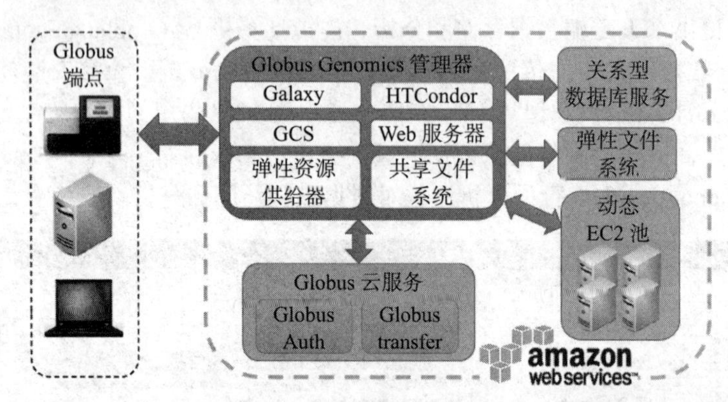

图 14-3　Globus Genomics 系统向动态实例化的 HTCondor 池分配任务，当负载变动时弹性资源供给者会增加或者减少节点的数量

如 3.6 节所述，**Globus Connect Server**（GCS）实现了 Globus 云服务用于管理 Globus Connect 实例之间的数据传输的协议。（相关的 Globus Connect Personal Service 个人服务则被设计用于单用户个人计算机。）尽管 GCS 支持专门的高速协议，但我们可以将该组件看成跟你的个人计算机上运行的与 Dropbox 文件共享系统交互的代理类似的程序。

> **AWS 批处理**（aws.amazon.com/batch）。亚马逊最近发布了这个作业调度和管理服务，他们称这个服务可以在亚马逊云上运行数十万个批处理计算任务，动态地提供多种类型的计算资源（例如，CPU 或内存优化实例，EC2 和现货实例）并且保证资源的数量满足所提交作业的资源需求。如果 AWS 批处理的性能与广告提到的一样，可能会替代 Globus Genomics 解决方案对 HTCondor 和 Elastic Provisioner 组件的需求。

最后，**共享文件系统**使用网络文件系统（NFS）在管理器和工作节点之间提供统一的文件系统名字空间。这种机制简化了被设计为在共享文件系统环境中运行的 Galaxy 工作流的执行。

Globus Genomics 使用 Chef（Chef.io）进行配置管理，允许更新和更换服务组件，而不依赖任何易出错的手动配置步骤 [186]。它使用 Chef recipes 来包括以下步骤。

1. 在客户的 Amazon 账户下提供身份和访问管理（IAM：请参见 15.2 节）用户的安全策略，允许 IAM 用户创建和删除 AWS 资源，并执行设置和运行生产级科学 SaaS 所需的其他操作。

2. 配置具有以下内容的 EC2 实例：HTCondor，并将其配置为 HTCondor 计算集群的头节点；与计算集群节点进行数据共享的网络文件服务器软件；一个 NGINX Web 代理和一个 WSGI Python Web 服务器；一个 Galaxy 进程；一个配置为实现最佳性能的用于网络文件系统的外部访问的 Globus Connect 服务器；管理员的 Unix 账号；安全更新 / 补丁；使用 Amazon 的 Route 53 服务的域名系统（DNS）支持。

3. 提供以下附加组件：

(a) Amazon **虚拟私有云**，其头节点和计算节点之间具有适当的网络路由；

（b）具有 I/O 优化配置的基于 EBS/EFS 的网络文件系统；

（c）弹性资源供给器以及网络配置，以支持跨多个可用区域创建现货实例；

（d）一个配置了特定科学领域所需的工具和流程以及分析流程可能使用的参考数据集的只读网络卷；

（e）监测各种系统部件的健康状况，根据需要发出警报；

（f）Amazon **关系型数据库服务**数据库，用于持久化应用程序工作流程；

（g）与 Globus 的身份集成，以及为授权用户访问实例配置的组。

14.4.2 Globus Genomics 作为 SaaS

Globus Genomics 具有许多 SaaS 的特性。从技术的角度来看，它可以通过网络进行远程访问，运行其软件的单一副本（Galaxy，各种基因组学分析工具和流程），并利用 Amazon 和 Globus 提供的云平台服务的可扩展性简化其实施。Globus Genomics 不是多租户模式：它为每个客户创建一个单独的系统实例（图 14-3 中的管理器节点），而不是为所有客户提供一个可扩展的实例。Globus Genomics 系统的这个特点对于用户来说不是一个问题：事实上，由于（至少出现了）附加的安全性以及 Amazon 云计费系统干净、透明的计费方式，单租户的体系结构可能会更可取。然而，单一租赁模式会增加 Globus Genomics 团队的运维成本，因为每个新客户都需要实例化一个全面的 Globus Genomics 配置，这增加 Amazon 服务使用量和其他运营成本，而且不同的客户无法共享计算节点。

我们还注意到，这个架构并不能防止管理器逻辑所运行在的节点出现故障。Globus Genomics 团队可以检测到这种故障并重新启动服务，但是服务的失败对用户来说是可见的。一种解决方案是重新设计系统以利用更多的微服务器，比如上面提到的 Animoto 做的那样。

从商业模式的角度来看，Globus Genomics 具有 SaaS 特性，其支持订阅模式的使用。实验室或个人用户注册 Globus Genomics 并订阅服务并支付其操作私有实例的基本成本。作为 Globus Genomics 实例配置的一部分，用户还需要提供 Amazon 账户详细信息，以便任何授权访问该实例使用资源产生的费用可以直接从这个账户中扣取。

14.5 Globus 研究数据管理服务

我们在讨论 Globus Genomics 时指出的两个限制，说明了在开发云托管的 SaaS 服务时，尤其是科学服务时经常会出现的权衡。多租户和微服务架构倾向于降低成本并提高可靠性，但需要较高的前期成本。在第二个例子中，我们描述了一个对于云来说更加原生的系统，即 1.5.4 节介绍的 Globus 研究数据管理服务。

过去七年在芝加哥大学开发的 Globus，利用软件即服务的方式向研究界提供数据管理功能。如图 14-4 所示，这些功能（包括数据传输、共享、发布和发现以及身份和证书管理）由 Amazon 云上运行的软件实现。部署在研究机构和个人计算机上的文件系统上的 Globus Connect 软件使这些系统能够链接到 Globus 文件共享网络中。正如我们在第 11 章和上面的 Globus Genomics 部分中提到的那样，它也提供了 REST API 以支持编程访问。

Globus 很受欢迎，因为研究工具的研究人员和开发人员都可以将费时的任务交给 Globus 服务处理，例如照顾文件传输的全过程。举个例子，考虑一个研究人员想要将数据从站点 A 传输到站点 B。使用 Globus，研究人员可以通过 API 或 Web 界面简单地向云托管服务发出请求。Globus 服务然后处理用户身份验证，协商 A 和 B 站点的访问，进行传输的配置以及传输活动的监视和控制。

图 14-4 Globus SaaS 提供身份验证和数据传输、共享、发布和发现能力，通过编程接口访问（左），通过 Web 界面访问（未显示）。Globus Connect 软件提供访问分布在多个地点的数据的能力

由于许多重要项目依赖于 Globus 进行身份验证、授权、数据访问和其他目的，因此服务的高可用性至关重要。因此，Globus 的实现利用公有云服务在多个位置复制状态数据，使用动态故障转移和冗余服务器，监视服务状态等操作提供高可用性。表 14-1 提供了 Globus 使用的部分 Amazon 服务的列表。

表 14-1 Globus SaaS 实现中使用的一些 Amazon 云服务

服务	在 Globus 中的使用情况
EC2	提供高可用性的 Globus 服务的实例，Web 服务器 API，运行后台任务，内部的基础设施
RDS	用高可用性和持久性的方式存储 Globus 服务的状态
DynamoDB	用高可用性和持久性的方式存储 Globus 服务的状态
VPC	用安全的虚拟网络建立私有 Amazon 云
ELB	将客户端请求路由到可用的实例
S3	存储正在执行的任务的状态，服务数据备份，静态 Web 文件
IAM	在 Globus 中管理 Amazon 资源
CloudWatch	监控 Globus 资源的状态
SNS	向 Globus 成员发送通知的简单消息提醒服务
SES	给用户发邮件的简单邮件服务

14.5.1 Globus 服务架构

Globus SaaS 服务被分为若干个逻辑服务单元。每个服务包括三个关键组件：REST API、一组或多个**后端任务工作器**和**持久层**。一些服务可能需要额外的组件，并且可以共享一些组件以节省成本或复杂性。通过这种常见的分解模式以及仅通过 REST API 将服务暴露给彼此，提供了允许 SaaS 的不同部分可以彼此独立地扩展的关键特性。

Globus REST API 通常部署在 EC2 实例上。用于处理 REST API 请求的所有逻辑都是同步执行的：通过在持久层中创建所需活动的记录来处理任何异步或长期活动服务请求。REST API 处理程序不用等待这些操作完成，而只需在持久层注册这些操作然后就停止。后续任务由后台工作者对象进行处理，后者会通过轮询持久层或由 API 工作者通知以得到任务对象。这种方法使 REST API 实例成为**无状态**的：它们在磁盘和内存中的内容是短暂的，任何 REST API 实例都可以处理任何请求。因此，这些微服务器可以或多或少地扩大或缩小，这允许 Globus 团队根据观察到的系统负载缩放服务 API 的服务能力。只依赖持久层的后台任务工作者也是无状态的，它们可以轻松扩大或缩小服务的规模。

Globus 采用与面向公众的 REST API 相同的方式在服务之间进行内部通信，因此 Globus 服务之间不存在紧密耦合。每个服务都可以扩展，重新组织基础设施，并改变核心服务组件，而不会相互影响。这种依赖的分离是 Globus 运营的关键，它允许安全、简单和频繁地对服务进行改进。

持久层在 Amazon 存储服务上实现，利用其跨区域的复制进行容错，以及通过创建定期的远程快照进行灾难恢复。Globus 使用了 S3 和 PostgreSQL 关系型数据库服务（RDS）。其中一个服务也使用了 DynamoDB。这些各种系统组件都被封装在允许云中的各个部分逻辑隔离的虚拟专用云（VPC）中，使用 VPC 可以在受管理的虚拟网络中启动 Amazon 资源。

14.5.2　Globus 服务运营

除了将 SaaS 划分为许多组件服务之外，Globus 还对所有这些服务采用了一些常见做法来统一维护它们。通过这样做，运营和基础设施的改进被应用到整个产品线，改进效果得到了放大。因此，以下服务可以跨多个或全部 Globus 服务进行共享：服务健康和性能监控；持续集成和连续交付流程；安全监控和入侵检测；日志聚合；配置管理；磁盘、数据库、S3 和其他存储的备份等内部组件。

14.6　小结

我们在这里提供对 SaaS 方法的简要回顾的目的，是为你提供一个关于软件即服务及其在科学中的作用的思考框架。真正的作为云托管软件，通过付费使用或订阅使用的模式实现的 SaaS 服务，可以方便地解决科学软件的三个主要挑战，即可用性、可扩展性和可持续性。但是，需要一定的使用规模来抵消多租户架构的成本，并不是所有的软件都能获得支持该规模软件所需的订阅量。科学界肯定会在未来几年里更多地了解 SaaS 的优缺点。

14.7　资源

Dubey 和 Wagle 提供了一个有点过时但仍然很好的软件即服务概述 [113]。Fox、Patterson 和 Joseph 的 Engineering Software as a Service[128]，配合其 EdX 在线课程，深入讨论了在构建软件即服务时出现的许多问题。

第五部分

Cloud Computing for Science and Engineering

安全及其他主题

第四部分　构建你自己的云
基础知识
使用 Eucalyptus
使用 OpenStack

第五部分　安全及其他主题
安全服务和数据
解决方案
历史，批评，未来

第三部分　云平台
数据分析
Spark 和 Hadoop
公有云工具
流数据
Kafka、Spark、Beam
Kinesis、Azure Events
机器学习
scikit-learn、CNTK
TensorFlow、AWS ML
数据研究门户
DMZ 和 DTN，Globus
科学网关

第一部分　管理云中的数据
文件系统
对象存储
数据库（SQL）
NoSQL 和图
仓库
Globus 文件服务

第二部分　云中的计算
虚拟机
容器——Docker
MapReduce——Yarn 和 Spark
云中的 HPC 集群
Mesos、Swarm、Kubernetes
HTCondor

在前面的14章中描述了如何使用云服务来存储数据并执行计算。我们已经展示了如何将平台服务用于数据分析、流媒体数据和机器学习，以及如何使用Globus平台构建你自己的服务。在剩下的两章中将讨论一个重要的话题——安全。我们还将讨论云计算的历史、现在对云的批评和未来。

在前面的章节中，我们只简单涉及安全问题。现在你已经全面地了解了云的特性和功能，可以回到安全话题进行更全面的讨论。在第15章中，我们首先讨论安全责任问题：哪些安全和隐私问题是云供应商的工作，哪些属于你。责任分担的一种方法是云供应商负责云系统整体的安全，而你对你在云内部所做的工作负责。

然后，我们讨论三个关于安全的核心话题：保护你移动到云端的数据的安全，保护你在云中创建的虚拟机和容器的访问安全，以及如何安全地使用云服务。我们讨论用户认证和授权：确定用户是谁及他可以做什么。第11章描述了Globus身份验证和授权机制。在这里，我们将讨论其他方法，包括Amazon和Azure基于角色的访问控制机制。这一章的内容也涵盖虚拟机和容器安全以及如何保护你创建的云软件服务。

在第16章，我们将探索当前云环境的历史成因。此章也重新讨论公有云计算的利弊，这是我们在4.4节中首次提到的话题，但现在再次用一个更广阔的视角来重新审视。我们最后讨论云数据中心架构的未来趋势和新兴的基于云的软件方法。

第 15 章

Cloud Computing for Science and Engineering

安全和隐私

最终极的安全是你对现实的理解。

——H. Stanley Judd

我们将安全章节放在本书的最后，并不是因为本章是后面添加进来的，而是因为安全是一个涉及各方面的横向的问题。事实上，在使用云的过程中涉及的各个方面，安全都很重要。在本章中，首先介绍云计算供应商提供了哪些基本安全措施，以及我们在使用云计算过程中应该肩负哪些安全责任，然后进一步讨论如何最好地保护我们的数据、计算和服务。第一部分展示了通过直观的云计算门户界面和编程 API，可以相对简单的在云端进行数据管理。本章我们更加深入地介绍数据保护的最佳实践。同样地，第二部分介绍了如何使用云计算平台中的虚拟机、容器以及集群进行计算，然而几乎没有介绍如何保护这些虚拟机，如何管理连接虚拟机的网络。本章中我们会介绍当部署计算资源时需要考虑的重要问题。最后，我们会简要地介绍如何安全地使用高级别的服务。

15.1 云计算中的安全

一个经常被提起的不选择云计算的原因是对安全的顾虑。这样的顾虑是可以理解的，毕竟存储在自己电脑的数据是自己能够掌控的，而云端的数据却不知道具体存储在哪里。但是地理位置的不同真的意味着数据更安全与否吗？普遍来说，存储在云端的数据比存储在个人电脑里的更加安全。这个结论看似矛盾，但是请记住，云服务的操作人员都是信息科技的专业人员，他们的生计取决于防止入侵，而本书的大多数读者并不是防止信息入侵的专业人员。

但是云数据中心的安全并不意味着你的数据是安全的。事实上，如果你不采取恰当的措施，那么你对云安全的担忧是有道理的。让我们来看看一些针对云安全的最佳实践。

第一点要记住的是，任何时候当你的计算基础设施接入到互联网时，都得考虑安全问题。也就是说，任何接受并处理网络上传递的消息的服务都可能受到攻击。这里不仅要考虑云平台，还有我们个人的、家中的、实验室中的以及研究机构中的系统。我们有没有在私人电脑上安装最新的安全补丁？研究机构的数据中心是否被安全的管理着？如果确保了自己系统的安全性，我们就阻断了黑客使用的入侵云资源的最常见的途径。这也就是说，云资源面临的最大风险可能会是：黑客通过入侵我们的个人计算机，进而访问我们在云平台中的资源。

由于个人计算机的安全性保障超出了本书的讨论范畴，本章会着重讨论云平台中的安全性问题。我们会在后面的小节分别讨论保障云安全所需要考虑的三个要点：

- 保护迁移到云平台中的数据。
- 保护我们创建的虚拟机和容器的访问权限。

- 以安全的方式使用云软件服务。

在这三个领域，云数据的安全责任很大程度上在于我们自己。如图 15-1 所示，云计算供应商管理云平台整体的安全性，实现并应用相应的安全措施保护云计算基础设施。然而，云计算平台内部的安全性主要由用户负责：我们决定采用何种安全机制来保护自己的内容、平台、应用、系统和网络。除了云数据中心会遇到的一些特别的问题，这种情况和我们在本地数据中心运行应用程序相似。

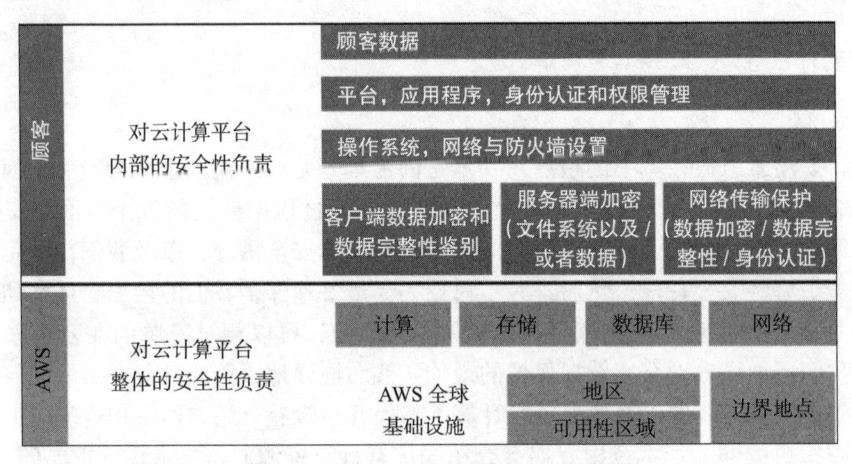

图 15-1　Amazon 制定的责任分配模型 [55]

安全性问题可能产生昂贵的开销：一个关于意想不到的账单的故事。这个值得我们警惕的故事来自 Quora。不幸的是，这在云计算中并不是第一次发生：

> **我的 AWS 账户遭到攻击，产生了 $50 000 的账单。我怎样才能减少我需要支付的金额?**
>
> 多年来，我的账单从来没有超过 $ 350/ 每月。然后，上周末有人获取了我的私人密钥，并新建了数百个实例，我周二的时候才发现，已经花费了 $ 50 000。

发生了什么？这里的原因是用户将包含了 Amazon 访问密钥的代码推送到了 GitHub 公共代码库中（见 3.2 节）。事实证明此类事件是令人惊讶的常见原因。黑客通过扫描 GitHub 中的公共代码库找到该密钥，然后用它来进行比特币挖矿。

这样的故事通常有一个圆满的结局。如果费用的产生是由于欺诈，亚马逊通常愿意免除这样的费用。但显然所有人都不希望这样的不幸发生在自己身上。我们可以采取的重要的措施就是不要在 GitHub 或者其他地方暴露 Amazon 的访问密钥。如果仅使用 Amazon 云平台完成一些简单的测试，我们可能不会在意一个访问密钥会有多少价值。但这个故事告诉我们，我们需要像觉得它具有数千美元价值那样保护密钥。

如果我们预先采取一些行动，可以避免这些意外的开销。Amazon 提供了一份很长的最佳实践列表，建议用户进行相应的操作 [5]。其中主要的观点就是：对密钥进行保护（例如开启多重身份认证）；不与其他用户分享密钥（通过创建 IAM 用户为他人赋予所需的权限）；创建 IAM 用户时，遵循最低权限原则（给相应用户配置他们工作所需要的最低权限，例如只允许读取或访问特定区域的存储)；随时监控资源的使用和费用开销。

用户可以使用 Amazon CloudWatch 服务监控包括账单在内的一系列指标，并设定使用电子邮件进行报警的指标阈值。请一定要读你收到的电子邮件！ CloudTrail 是 Amazon 提供的另一个非常有用的服务，相对于异常行为的检测，该服务主要用来帮助用户进行恢复工作，用户可以通过该服务获取账户中 Amazon API 调用以及相关事件的历史。

在 Azure 中，我们可以使用 Azure Security Center 安全中心服务获取账户中的所有数据以及所部署的计算资源的分析报告，例如通过扫描每一个数据容器来确定其加密和访问状态。Azure 中所提供的 Threat Analytics 威胁分析服务专门用来检测异常行为、恶意攻击以及其他一些安全问题。同时，Azure 还提供创建**应用程序白名单**的工具，你可以指定哪些应用程序可以使用你的资源。

表 15-1 中提供了与图 15-1 的互补的一个视角。表 15-1 中列出了软件即服务、平台即服务、基础架构即服务以及本地平台等不同层级服务所对应的安全责任说明，针对不同层级的服务，具体地指出了安全问题的责任主体：云服务供应商、用户或共同承担。

表 15-1　Microsoft 的责任分担模型 [235]

	SaaS	PaaS	IaaS	本地部署
数据分类与问责	用户	用户	用户	用户
客户端与终端保护	共同分担	用户	用户	用户
身份认证和访问权限管理	共同分担	共同分担	用户	用户
应用程序级控制	供应商	共同分担	用户	用户
网络控制	供应商	供应商	共同分担	用户
主机基础设施	供应商	供应商	共同分担	用户
物理安全	供应商	供应商	供应商	用户

在本地部署平台中，用户或者系统管理员需要承担所有的安全责任。在云计算环境中，随着层级从 Iaas 到 SaaS 的转变，安全责任不断地从用户或账户管理员转移到云服务供应商。在最高层级中，用户仅需要确保自己数据是否已经被正确的分类和标记。客户端和终端保护主要用来确保连接到云服务的设备配置正确，这部分的安全问题通常需要用户自己来保障。我们在前面已经讨论过，当使用 IaaS 时，身份认证和访问权限管理等安全问题需要用户自己进行保障，而使用 SaaS 和 PaaS 时，云服务供应商会根据用户定义的规则来处理访问权限控制。

应用程序级控制主要包含更新最新的操作系统补丁、正确地配置应用软件、保证应用软件不存在安全漏洞等安全责任。在 SaaS 级别中，由于云服务供应商对应用软件有完全的管理权限，因此需要为此类安全问题提供保障，用户并不需要对此类安全问题负责；在 PaaS 级别中，由于应用程序代码可能是用户代码和 PaaS 平台代码的混合，云服务供应商和用户需要共同负责；而在 IaaS 级别中，该类安全问题需要用户自己来保障。

表中底部的三类安全责任分别是网络控制、主机基础设施和物理安全。网络控制安全责任主要关于正确配置网络并提供如 VPN 等必需的控制功能；主机基础设施安全责任包含正确配置虚拟机、容器、存储系统以及其他的一些基础设施组件；物理安全是指对运行应用程序的设备实体的安全（这一点你可能不会想到，但这对敏感的数据显然很重要）。针对 SaaS 和 PaaS 级别，这三类安全问题完全由云服务供应商来保障，而针对 IaaS 级别，用户需要和云服务供应商共同分担相应的安全责任。

15.2　基于角色的访问控制

在学术环境中，教授一般会让他们信任的博士后和学生去访问他们的公用云账户，但通过某些方法赋予这些人有限的权限。在公有云中常使用**角色**来对权限实施管理。每次在云账户中添加新的用户时，账户所有者可以指定新用户的角色，每个角色对应一定的操作权限。

在 Azure 云平台中，**基于角色的访问控制系统**（Role-Based Access Control，RBAC）[146] 定义了如何为不同用户赋予账户的访问权限。每一个新的用户需要有一个角色，可以是类似“Contributor”等常规角色，也可以是“Data Lake Analytics Developer”或者“SQL DB Contributor”等特殊的角色。例如，“Contributor”角色可以使用资源，却不能为其他用户赋予访问权限；“Data Lake Developer”权限的用户仅仅可以使用数据湖服务。账户管理员可以监控新用户的资源使用情况。

在 Amazon 云平台中，我们在 7.6 节中介绍的**身份与访问管理服务**（Identity and Access Management，IAM）[52] 为 Amazon 云计算平台提供了相似的权限管理功能。用户可以创建多种 IAM 角色，然后将这些角色赋予用户、应用程序以及服务。IAM 角色定义中包含了用户的身份以及用户的权限。基于 IAM 提供的服务，我们同样可以监控不同角色用户的资源使用情况。Google 云平台使用了类似于 IAM 的系统，同时还有一个访问控制列表系统。

在集群内的容器间共享秘密数据

我们在 7.6.2 节中讨论过，容器的使用会带来额外的安全问题，尤其当容器实例被作为无状态微服务并与其他服务产生交互时，此时会因为需求而大量地启动和关闭容器实例。潜在的安全问题是这些容器实例可能需要访问多种秘密数据，如 API 密钥、身份数据、调用相应服务的密码等。尽管用户可以在命令行中单独地向容器实例传递密钥，然而当容器实例是动态管理时，这种方法是不可取的。将密钥存放在容器镜像描述文件（Dockerfile）是不安全的行为，因为这些文件会被嵌入到容器镜像中。

我们在 7.6.4 节中介绍过，Amazon 的 IAM 角色系统为 Amazon 容器服务（ECS）提供了安全的解决方案，RBAC 则是 Azure 云平台中相对应的解决方案。当使用 Docker Swarm 服务来批量管理容器时，用户可以使用“docker secret create”命令向容器发送秘密数据，该数据会被安全地发送到容器集群管理端并进行加密。当授权的微服务启动时，集群管理器会将秘密数据放到相应的微服务，隐私数据会被存储在一个内存文件系统中，并随着微服务容器的关闭而删除 [181]。

15.3　保障云中数据的安全

商业云供应商运营着高度安全的数据中心。尽管也存在被入侵的可能，但操作上的安全类的故障是极其罕见的。因此，云平台中针对数据安全的两个主要威胁是：1）数据的传输，上传到云平台或从云平台下载；2）由于用户未能正确设置访问权限而引起的未授权的访问。（这里我们不考虑由于政府法令而被云供应商放弃保护的数据，这种情况涉及复杂的国际法律问题和国家数据主权法律，完全超出了本书的范围和作者的专业知识。据我们所知，如美国国家安全局（NSA）等部门并没有云数据中心的后门入口。但我们真正地知道吗？如果你没有偏执地害怕美国国家安全局对你的数据感兴趣，请继续阅读。）

15.3.1　保障传输中的数据安全

数据传输过程中一个潜在的薄弱环节是连接用户和数据中心的网络。例如，当创建一个虚拟机时，用户可以指定开启哪些端口，我们可能会因为粗心造成其中一些端口被攻击。在第 3 章中介绍的 Python SDK 使用了**传输层安全机制**（Transport Layer Security）(以前为安全套接字层或 SSL）连接（或 HTTPS）来进行数据的传输。该安全机制和我们在使用网上银行服务时应用的安全机制相同。专家们认为该机制是安全的，但是下面可以看到，他们还推荐对敏感数据进行加密以提供额外的保护。

如果是用 Globus Transfer 来进行数据传输，用户可以在传输之前对数据进行加密。当使用 Python SDK 时，用户只需要设置 encrypt_data=true，就可以对数据进行加密。同时，我们可以通过配置 Globus 端点，对所有经过相应端点的数据进行加密，无论将该端点作为数据源还是目标地址。在 Amazon S3 端点中，此选项是默认一直启用的，如图 3-8 的底部小字所示。

15.3.2　控制谁能访问数据

另一个潜在的安全隐患是错误的配置访问权限控制。当用户将数据上传到存储账户时，用户需要负责管理哪些用户能访问哪些数据。如我们上面描述，基于角色的访问控制能够帮助用户限制团队成员或服务对数据存储系统的访问权限，但是如果用户需要限制外部成员和公众对特定数据的访问权限，则需要使用另外的机制。通常情况下，用户可以控制数据是否向所有人开放，或只对用户自己开放，或只对特定用户开放。错误的访问控制配置（或像前面提到的，错误地公开一个密匙）会很容易导致错误的人访问你的数据。

幸运的是，访问控制很容易配置。以 Auzre 块和表存储为例，存储账户包含两个相关的密钥，我们暂且将其命名为 key1 和 key2。通常我们将 key1 作为**主密钥**，即在 3.3 节中介绍的在 API 中使用的密钥，切记密钥不能与别人共享。如我们之前所描述的，用户可以将 key2 分享给合作者，他们会获得存储账户的完全访问权限。如果希望终止相应密钥的访问权限，用户可以重新生成相应的密钥。在存储账户中，用户可以创建容器并为每个容器授予不同类型的公共访问权限：不支持公共访问、支持容器中所有块数据的公共读访问（包括列出块数据清单）或使用块数据名称对块数据进行公共访问。如果用户只希望为一位用户提供访问容器的权限，可以借助共享访问签名（Shared Access Signature，SAS)。该机制可以有效地帮助我们在不暴露账户密钥的情况下，向其他用户授予针对存储系统中对象的有限访问权限。通过 Azure 门户界面系统、Azure SDK 或运行在用户电脑上的 Azure 存储浏览器（storage explorer)，用户可以便捷地生成 SAS 签名或配置相应的访问控制。

针对云存储的访问控制，Amazon 和 Google 也提供了类似的功能，只是有一些细节上的不同而已。

在第 11 章中提到的 Globus Auth 服务和 API 提供了强大的授权管理机制。比如，Globus Sharing 中使用了该机制控制用户在 Globus 端点对数据的访问。

15.3.3　加密数据

有时候用户会希望在访问控制之外获取更多的安全性保障。如果数据的泄露会引发严重的后果，特别是当处理关于个人隐私等敏感数据时（见 15.3.4 节)，用户会希望（或被要求）保证该类数据处于**静态加密**状态。换句话说，用户希望数据在云存储系统中时始终处于加密状态。只有需要读取、检索或用于计算时才对数据进行解密。通过这种方式，当出现访问控制设置错误或者云数据中心安全性被破坏等情况时，仍可以有效地防止数据被泄露。Amazon 和 Azure 都支持两种加密静态数据机制：服务器端数据加密和客户端数据加密。

服务器端数据加密使你可以要求云平台供应商进行以下操作：当数据到达云平台时，系统会自动对数据进行加密，当用户需要访问数据时，系统会自动地对数据进行解密。例如 Amazon S3 中，用户可以要求当上传数据到 S3 时对数据进行加密，Amazon 会透明地执行数据加密工作（以及针对后续访问数据时的解密工作）。在 Python 中，只需要在 3.2 节上传文件的代码中加入如下所示的第三行代码。

```
# Upload the file 'test.jpg' into the newly created bucket
s3.Object('datacont', 'test.jpg').put(
    Body=open('/home/mydata/test.jpg', 'rb'),
    ServerSideEncryption='AES256')
```

Amazon 会为用户管理密钥，为每一个对象使用一个独有的密钥进行加密，并使用主密钥对这些密钥进行加密，主密钥也会定期轮换。（同时，Amazon 也允许用户在数据上传和访问时使用的自己的密钥。这种情况下，该密钥只有在加密数据和解密数据时才会出现在 Amazon 的电脑中。）作为进一步的保障，用户还可以获取关于密钥使用情况的审计跟踪报告。所以只要用户信任 Amazon 能够妥善的管理和应用密钥，该方法其实是非常安全的。

Azure **存储服务加密功能**（Storage Service Encryption）对 Azure 块数据服务（Azure Blob Service）提供了类似的数据加密功能。Google 云数据存储服务（Google Cloud Datastore Service）也提供了类似的数据加密功能。不同之处在于它们通过不同的方式让用户来控制服务器端的数据加密。Amazon 允许用户要求所有上传到一个容器的数据都要加密，然而用户依然需要为每一个上传的数据用上面提到的方法设置加密请求（如果用户没有为上传数据添加加密参数，则抛出异常）。Azure 允许用户在存储账号中设置加密功能。如我们在 3.3 节中介绍的，如果用户在存储账号中设置加密选项，所有上传到该存储账号的数据都会被加密。Google 云平台则一直都会对数据进行加密。

客户端数据加密使你可以确保云服务供应商无法访问未加密的数据。Amazon 和 Azure 都为用户提供了相应的工具，在数据发送到网络之前进行加密。同时，我们可以使用这些工具来创建数据的安全备份，而不是直接存储在本地环境中，特别当制度、法规要求未加密数据不能离开本地存储环境时，你可以应用这类工具进行数据的加密。但是请注意，你需要保护好用来设置加密的密钥。如果密钥丢失，加密的数据也丢失了（如果你使用服务器端加密并提供自己的加密密钥时，也是相同的情况）。

15.3.4　敏感数据的复杂性

如果你的工作涉及访问个人健康数据等敏感信息，那么在使用云计算资源时，需要遵守相应的规则和制度。例如，在美国，**个人健康信息**（PHI）相关从业人员需要遵从**健康保险流通与责任法案**（HIPAA）中的相关规定，尤其是其中的安全规则，这些规则明确了对个人健康数据的管理层次的、物理层次的和技术层次的保障。机构和应用程序申请 HIPAA 认证的手续较为复杂，也超出了本书的讨论范围。其中最重要的几点是：（1）主要的商业云计算供应商都满足 HIPAA 的物理安全标准，（2）但是这并不意味着你可以直接将 HIPAA 法案涵盖的数据存储在云平台中，且认为自己没有违反 HIPAA 的规定。你必须确保所有的端到端计算设施都符合 HIPAA 规范，因此，HIPAA 数据的管理需要你所在机构的参与和监督。

有一种方法可以简化构建符合 HIPAA 规范要求的云计算基础设施流程，即将云平台设置在你所在机构的安全界限内。云服务供应商提供了多种针对性的解决方案。Azure 能够创建一个特殊的 VPN，将一个 Azure 云平台虚拟安全分区嵌入到你的网络中。这样云平台中的资源会共享你的 IP 域，你就能够在你的防火墙内访问这些云资源。你需要你们的 IT 部门和云计算供应商一起合作进行一些必要的配置。

15.4　保障虚拟机和容器安全

当我们通过第 4 章中描述的方法在云平台中启动了一个虚拟机或容器时，需要考虑哪些安全威胁呢？怎么做才能克服这些安全威胁？我们已经介绍了要保护好用于授权云服务供应商创建虚拟机实例或容器的密钥的必要性。本节主要考虑通过密钥授权之后的安全问题。图 15-2 介绍了虚拟机使用过程中的一些重要活动以及相关的安全风险。

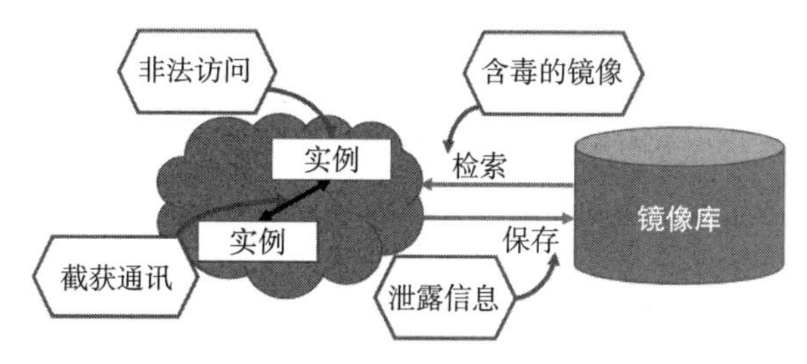

图 15-2　六边形表示与虚拟机相关联的四类风险，涵盖了整个流程：在镜像库中获取镜像文件，虚拟机实例的创建和执行，云平台中虚拟机之间的通信，以及将更新后的镜像添加到镜像库中

15.4.1　含毒的虚拟机或容器镜像

任何时候当我们启动和运行不是由自己创建的虚拟机镜像或容器时，都可能存在安全隐患，例如容器中可能存在一些隐藏的代码，使其他人能够访问我们的隐私数据、参与 DoS 等攻击他人电脑的违法活动，或者泄露计算结果等。另一个安全隐患是下载的虚拟机镜像可能没有安装最新的安全补丁，较容易受到攻击。

我们可以用与在个人计算机上安装软件类似的方式解决类似的安全隐患：首先确认镜像来源，保障镜像文件包含最新的安全补丁，然后在安全的环境中运行。

虚拟机或容器镜像的来源认证需要掌握镜像文件的出处，对于虚拟机，每一个云服务供应商都为用户提供了一系列安全的镜像文件用于环境部署；云服务供应商还为用户提供免费的病毒防护软件，用户可以在启动虚拟机后进行安装。对于容器，另一个解决方案是为镜像提供一个相对应的安全哈希值。该密钥可以用于验证容器镜像是否被篡改。然后使用该哈希密钥作为 docker pull 命令的一部分。关于 Docker 安全性，Mouat [206] 提供了一份很好的介绍。

15.4.2　对运行虚拟机的非法访问

一旦创建后，虚拟机实例和运行在我们家、实验室或者机构数据中心中的计算机非常相似，因此，在云平台上运行虚拟机可能遇到的风险几乎与使用物理机器时遇到的风险相同，所以我们得部署同样的保护控制。其中重要的不同之处在于，云计算平台中，用户对实施必要的控制负有更多的责任。尽管上一句声明看起来令人恐惧，我们需要指出，公有云服务供应商为用户提供了工具来进行安全设置。下面是比较重要的几个步骤：

- 限制哪些用户可以访问实例。你需要限制门户界面的访问许可。这是由于任何拥有账户管理访问权限的人都可以更改实例配置。因此。如果你只希望授予相关用户访问虚拟机的权限，你可以进入虚拟机中，使用 sudo adduser（假设使用 Linux 系统）命令添加用户，并将他们的公钥添加到刚创建的用户目录下的 .ssh 文件夹中。
- 确保访问虚拟机的凭证没有被盗用。举例来说，使用一对密钥完成虚拟机的创建（见 5.2.1 节），并确保私有密钥的安全性。
- 确保虚拟机中运行的软件都更新了最新的安全补丁，同时，记住在运行之前，从镜像库中下载的虚拟机镜像可能也需要进行更新，我们在前面已经描述过。
- 如果你运行 Jupyter 等 Web 应用或 Web 服务，确保它们使用的网络端口是开放的，且监听这些端口的软件不会含有已知的攻击漏洞。如我们在 10.5 节和 6.2 节中的描述，使用密钥对和密码运行 Jupyter。如果你希望不止一个人可以访问 Jupyter，最好运行 JupyterHub 多用户系统（jupyterhub.readthedocs.io），而不是共享一个 Jupyter 实例和密码，因为可以通过 Jupyter 在你的账户中开启 shell 窗口。

15.4.3　截获通信

保障云计算环境中的虚拟服务的最佳方式是把它们放在**虚拟专用网络**（VPN）中，这样就不用把它们放在互联网上。VPN 是定义在现有网络之上的一层，基于点对点的加密通道或基于软件定义网络中的一系列路由来携带加密数据包。VPN 拥有自己的 IP 地址以及不会被认为是互联网的一部分的子网。

用户可以通过多种方式进行 VPN 的设置，需要根据创建的网络的类型进行抉择。比如，下面 3 个常见的场景：1）你在云平台中有一组虚拟机，你希望所有虚拟机和你的笔记本电脑能够在同一个专用网络中；2）你在实验室或者公司里有一个专用网络，而你希望对该网络进行扩展，将云资源也包含进来。3）你或许希望将你的一部分 Web 服务开放给公有云平台，你同时希望其他一些不属于互联网的服务也能连接到这些 Web 服务。每一个公有云平台都允许用户使用它们的云门户界面来创建 VPN，从而解决用户的特定问题。虽然设置 VPN 的具体细节超出了本书的讨论范围，但是每个云服务供应商都提供了详细的文档帮助用户进行相应的设置。OpenStack 云平台中的 VPN 的设置流程和公有云相似，取决于 OpenStack 的部署方式。

15.4.4　基于虚拟机镜像的信息泄露

我们常常直接或通过公共信息库与同事分享镜像文件。将代码推送到 GitHub 中时，你需要确保你分享出去的镜像文件没有包含认证凭证或其他的机密信息。当你修改公共镜像文件并把修改后的文件推送到镜像文件库中供他人使用时，尤其要注意信息的泄露问题。Bugiel 等 [82] 测试了 1110 个来自欧洲和美国的 Amazon EC2 镜像文件，发现其中三分之一的镜像文件包含 SSH 后门：允许远程访问实例的公钥。通过该后门，他们可以在很多实例中提取 AWS API 密钥、私有密钥、认证凭证以及私有数据。尽管当 Amazon 发现这类问题时，会对用户做出提醒。但是我们建议在当你从任何镜像库中克隆镜像文件时，务必检查用户目录，如果发现 authorize_keys 文件，需要立即删除。

15.5　保障云软件服务的访问

本章前面描述的基于角色的访问控制系统定义了用户如何向其他用户、应用程序和容器授予访问和使用云服务器的权限。然而，这个机制无法解决你在云平台中为其他用户所创建的服务的访问控制问题。这些访问服务的外部用户并不是你组内的成员，也没有使用你的云计算账户的权限。他们是服务的使用客户，你应该单独为每一个用户进行授权。

在开发这样的机制时，SSL 和 HTTPS 当然很重要。密码也很重要。如果你能够对用户进行身份验证，你就可以创建访问控制列表来加强一些保护。进行身份验证的一个解决方案是使用第三方身份认证系统。我们都见过允许使用 Facebook 或者 Google 账户和密码进行登录的在线服务。Azure 应用服务提供了一个简单的工具，通过该工具我们可以使用 Google、Facebook 或者 Microsoft 作为第三方身份验证服务的供应商。

Globus 工具集也提供身份验证和授权服务。我们在第 11 章描述了如何使用 Globus Auth 与多种身份验证服务的供应商一起进行身份验证，其中包括许多大学的身份验证系统，同时介绍了 Globus Auth 如何使用访问令牌进行授权认证。我们还描述了如何使用 Globus Auth SDK 开发使用身份验证和授权机制的服务和客户端。第 14 章中描述的 Globus Genomics 系统地阐述了此类机制的应用。

15.6　小结

云计算安全可以说是很多用户的主要顾虑之一，它也应该值得顾虑。它同时也是一个牵涉到很多云计算功能的复杂课题。本章中我们只是浅显地介绍了这个课题。如果你正在使用云计算，首先要做的是管理好哪些人可以访问你的数据。这里涉及两种访问类型：一种是经过你授权可以访问你的云平台账户的组内成员，另一种是你希望与其共享数据的外部人员。每种类型的访问可以使用不同的机制进行安全保障。针对第一种类型，可以使用身份与访问管理服务（IAM）进行有效的保护，而针对第二种情况，可以使用访问密钥和安全签名进行保护。Globus Sharing 是与合作者安全共享数据的另一个有力工具。

我们需要解决的第二个问题是控制对虚拟机和容器的访问。这里主要考虑的问题是含毒的镜像文件、非法访问、通信截获以及信息泄露。这些顾虑都可以通过一系列的机制来解决。对于含毒的镜像文件，关键在于查明镜像文件的来源，判断是否信任该镜像文件，然后安装所有提供的安全防护软件。针对非法访问，你必须确保你所运行的软件没有安全漏洞，并且通过添加正确的公钥管理经由 SSH 的访问。如果你担心通信截获，那么你需要考虑使用 VPN 技术。信息泄露和非法访问问题类似。一个常见问题是他人可以轻易地通过虚拟机中的 SSH 后门攻击你的虚拟机，你需要检查 .ssh 目录并确保 authorized_keys 文件的安全性。

我们还需要考虑到容器之间的秘密信息分享。之前已经描述了 Amazon 的身份与访问管理系统（IAM）、Azure 的角色的访问控制系统（RBAC）和 Docker Swarm 提供的隐私信息分享系统，这些系统保障了容器之间的隐私数据分享。同时，本章中还介绍了如何保障由你创建并公开的服务安全性问题。

15.7　资源

NIST Cloud Computing Security Reference Architecture[97] 进一步广泛地介绍了云计算安全问题和解决方案。云计算安全联盟（cloudsecurityalliance.org）会收集发布云计算安全相

关的技术和最佳实践资料。Chen 等 [93] 和 Hashizume 等 [151] 在其文章中有非常有用的相关问题概述。Amazon [254] 和 Azure [242] 描述了在各自平台中进行虚拟机安全管理的最佳实践。Huang 等 [157] 调研了 IaaS 安全问题相关的学术研究工作。

为了更加形象地描述构建符合安全规范云计算环境的复杂性，我们可以参考 Amazon 的相关网页 aws.amazon.com/compliance。其中列出了 50 多种关于他们所加入的安全认证项目相关的信息和文档，应用于不同国家和背景的相关法律、规章和隐私政策，以及和安全相关的框架。这些规则中，很少有哪些规则能够覆盖大多数云计算情形，但是这些材料的广泛性强调了无论在云计算平台中还是其他环境中，涉及敏感数据时获得专业指导的重要性。

历史，批评，未来

我看了云的两面 / 从上到下，但仍然 / 我能回忆的只是云烟 / 我仍然不了解云的真面。

——Joni Mitchell

我们已经用了14个章节介绍如何使用云进行科学研究。现在来花一些时间介绍一些相关的背景，依次涵盖以下内容：当今的云出现的历史背景；现在对云计算的批评意见；以及云技术未来发展的一些重要方向。这些材料很简短，但我们希望激发读者的思考和讨论。

16.1 历史视角

将计算作为一种公用服务的想法远非新鲜事物。人工智能先驱教授约翰·麦卡锡（John McCarthy）教授在麻省理工学院1961年的百年纪念仪式上发表讲话时说道："计算有可能会组织得像公共服务一样，就像电话系统是公共服务一样。"他继续预测了一个未来：

每个用户只需要支付他实际使用的容量的费用，但是他可以访问一个非常大的系统的所有编程语言的特色……某些用户可能会向其他用户提供服务……计算机公用服务可以成为新兴的重要的产业的基础。

麦卡锡的话是受到他所看到的分时共享的可能性的启发，这是在Multics [100] 项目中展示的一个当时比较新的概念。如果许多人可以同时在同一台电脑上运行自己的程序，那么为什么不利用规模经济使一台电脑可以满足很多人的需求呢？这个概念导致了大型机（mainframe）的出现，但似乎麦卡锡有一些更加雄心勃勃的想法：也许可以有一个为整个国家服务的单一计算机公用服务？（在斯坦福大学的类似演讲中，麦卡锡的想法受到物理学家的挑战。这个物理学家提到"这个想法永远不会实现：简单的在信封背面的计算可表明，将用户连接到计算公用服务所需的铜线数量是一个天文数字"。这种对话对技术预测中存在的原生困难提出了有价值的警告：科技发展（这里是光纤的发展）可以推翻根本性的假设。但另一方面，那个预测也很精确：大规模计算机公用服务的实现在很长的时间都曾受限于网络。）

这类想法一直停留在研究人员的想象中。1966年，帕克希尔（Parkhill）写了一本有预见性的书 [217]，对相关的挑战和机遇进行了详细的分析。在1969年，当加州大学洛杉矶分校开启了ARPANET的第一个节点时，互联网先驱莱昂纳多·克莱洛克（Leonard Kleinrock）称"随着（计算机网络）的成长以及复杂化，我们可能会看到'计算机公用服务'的增加，就像现在的电力和电话公用服务在全国各地为每一个家庭和办公室提供服务一样" [248]。

一直等到网络变得更快，大规模的计算机公用服务才得以实现。在20世纪90年代初，各种团体开始部署新的光纤网络技术用于研究目的。在美国，**千兆位测试平台**（Gigabit testbeds）连接了一些大学和研究实验室。受到计算机已经能够以接近内存带宽的速度连接的启发，研究人员开始谈论**元计算机**（meta computers） [237] ——通过连接在不同地点的组件而创建的虚拟计算系统。在这些讨论中产生了一个计算网格的想法，“与可以提供按需供电的电力网格类似，通过集中供应来实现规模经济，并依赖众多的供应商和消费者实现其有效运作”[126]。用于远程访问存储和计算的软件和协议被开发出来，许多科学社区利用这些发展来连接地方、国家甚至全球范围的计算机设施。例如，设计大型强子对撞机（Large Hadron Collider，LHC）的高能物理学家意识到，如果要分析由 LHC 实验生产的许多 PB 的数据，他们需要联合数百个站点的计算系统。因此，他们开发了 LHC 计算网格（LCG）[175]。

网格计算实现了按需访问计算、存储和其他服务，但其影响主要限于科学领域[127]。（一个例外是在企业内部，“企业网格”被广泛部署，这些部署今天经常被称为“私有云”。与科学领域的主要区别在于使用虚拟化来实现资源动态供给。）大约于 2006 年出现的云计算（Cloud Computing）是一个关于商业推广、商业模式和技术创新的令人着迷的故事。一个偏激一点的看法，是在某种程度上，20 世纪 90 年代和 21 世纪初的网格计算的许多文章可以——并且确实经常——被重新发表，只需要把每个出现“网格”的地方用“云”来替代。但是这里更多是对技术传媒业（恐怕也在很多计算机科学的学术研究领域）的时尚性和炒作驱动的本质的评论，而不是对云本身。在实践中，云有效地实现了早期网格工作想要实现，但由于供需不足而未能实现的规模经济。云的成功是源于计算生态系统的一些方面的深刻变革。

云首先而且最重要的是通过需求的转变来驱动的。第一个成功的基础设施即服务的业务出现在电子商务供应商并不是偶然的。亚马逊 CTO 瓦纳・弗格斯（Werner Vogels）讲述了这个故事：亚马逊在首次大规模扩张后，意识到它正在建立数百个类似的工作单元计算系统，以支持对亚马逊在线电子商务平台所需要的不同服务。每个这样的系统需要能够快速扩展容量去建立队列请求、存储数据和获取计算机来处理数据。不同服务的重构产生了亚马逊的简单队列服务、简单存储服务和弹性计算云服务。这些服务（以及前几章所述的其他云供应商的其他类似服务）在市场上取得了成功，因为许多其他电子商务企业需要类似的功能，无论是托管简单的电子商务网站还是提供更复杂的（诸如视频点播等）服务。

数据传输的转变也促成云的实现。虽然美国 / 欧洲仍然落后于宽带领先的国家，如韩国和日本，但配备有每秒兆字节或更快连接的家庭的数量庞大而且在不断增加。这带来的后果是数据密集型服务被广泛采用，如 YouTube 和 Netflix。另一个原因是企业越来越能够将诸如电子邮件、客户关系管理和会计等业务流程外包给 SaaS 的供应商。

最后，供应方的转变也促成了云服务的实现。基础设施即服务的 IaaS 供应商和面向消费者服务的公司（例如搜索：Google，拍卖：eBay，社交网络：Facebook、Twitter）都需要大量的计算和存储。随着商品化的计算机技术的进步，这些公司和其他公司已经了解自己如何在庞大的数据中心中低成本地满足这些需求[69]，或者将这方面的业务外包给 IaaS 供应商。虚拟机技术的商品化[67，227]也促进了这种转型，让按需分配安装了精确定制的软件栈的计算资源变得非常容易。

在我们看来，云计算技术取得巨大的成功是由于需求的转变、数据传输能力的转变和供应方转变，以及由此而来的更多使用、更好的网络和更低价格的良性循环。那么下一组革命性的变化将在哪里发生是个有趣的问题，我们将在 16.3 节中考虑这个主题。

16.2　批评

读者现在已经意识到，云计算能提供外包和自动化能力，我们是其忠实的粉丝。我们相信，通过使面对普通的或具有挑战性的计算任务的用户专注于他们的问题，而不是去操心如何获取和运行计算基础设施，云计算就往往可以提高生产力，进而促进发现和创新。

然而，同样重要的是要知道对云的各种批评，其中一些批评在我们看来是说到了云的真实的或潜在的限制，有些则是误解或意见分歧。我们在下面审视一下这些批评。（在第 15 章已经讨论了安全问题，这里不再重新讨论它们。）

16.2.1　成本

对云的常见的批评是费用太贵了。我们不会忽视这些忧虑的重要性，尤其是在一些学术设定中，人员和设备的开支是不可更改的。但是我们指出，在进行这种比较时，很重要的是应该考虑所有成本，包括人员、空间和能源。我们在这里不想讨论本地资源和商业云供应商之间的成本比较细节。参见 Burt Holzman 2016 年对高能物理学本地资源与公有云计算成本的分析[155]。他发现，在包括电力、制冷和人员成本的情况下，费米实验室数据中心的本地计算资源在 100% 利用率的假设下每核每小时成本为 0.9 美分，而亚马逊的外部计算资源成本是每核每小时 1.4 美分。而观察到的其应用软件的计算速度几乎相同。经验表明，根据你的机构计算环境和工作负载的具体情况，云成本可能不值得操心，可能高于本地成本，也可能低于本地成本。

16.2.2　锁定

自由软件传播者理查德·斯托曼（Richard Stallman）[162] 在《卫报》2008 年的采访中说道："云计算是一个陷阱，旨在迫使更多的人购买到锁定的专有系统，随着时间的推移，专有系统的花费将越来越多。"他在波士顿评论 [238] 的一篇文章中展开讨论了这一点。

这是对云计算的常见批评，它涉及当计算依赖于第三方供应商时出现的风险。如果该供应商停业，停止我们所依赖的服务，不能达到期望的服务质量承诺或提高价格怎么办？如果他们丢失数据怎么办？这些是潜在的云用户需要评估的真正风险，并找到与云计算带来的好处的平衡点。一个部分平衡的方法是只使用有其他供应商提供同类服务的服务，并注意在开发使用这些服务的应用程序的时候，使应用程序可以轻松地重新定位到别的服务商。一种方法是在容器中构建应用程序，如 Docker，这种方式允许它们无需修改就可以在任何商业云上运行。但是，如果容器中的应用程序调用特殊平台服务，例如特定云提供的 NoSQL 服务或流代理，则需要进行更改。良好设计和在微服务中封装这些依赖关系可以减轻这个问题。一个更根本的问题是云中存储的数据。如果数据量很大，移动数据可能很困难。最好的解决方案可能是在其他的地方保存数据的存档。

16.2.3　教育

我们听说有人批评在教育中使用云计算，因为依靠云服务进行存储和计算的学生将无法获取实际的动手经验，比如在计算机集群上安装和运行 Linux。（我们都被问到这个令人不安的问题的不同变体："研究生如果不能执行系统管理任务，如何获得就业？"）

虽然很容易说这是反对技术进步人士对新技术的误解和担忧，但我们认为这里有一点很重要。人们应该对云计算提供的能力感到高兴，但如果我们失去了对所使用的技术的了解，将变得可怜。我们应该教育学生不仅仅是使用简单的云服务来执行简单的任务，而是教学生如何使云成为新的科学研究的平台。我们希望这本书可以帮助你实现这个过程。

16.2.4 黑盒算法

对云计算的另一个批评，是当你把工作的各个方面都转移给由第三方开发和操作的专有软件所带来的影响。如果无法读取软件组件的源代码，无法获取其使用的方法的准确文档，甚至无法进行全面的测试，那么可以认为我们失去了确定由专有软件得出的结果是否是准确来源的能力[205]。一个相关的问题是，云计算供应商可能会在你不知道的情况下更新你所依赖的软件，从而影响你的结果。

对于诸如由云供应商运行的专有机器学习、数据分析或计算建模包，我们认为这些关注是相当真实的：在这种情况下，计算的结果可能取决于复杂的软件包中的决策、变更，或深层的错误。对于系统软件这样的情况就比较少：虽然我们可能不了解云供应商是如何实现特定的数据管理功能，但是因为使用该软件的人很多，因此存在未检测到的错误的可能性较小。

这些担忧对于云计算来说绝对不是新鲜事物：只要结果源于不能被轻易研究或理解的软件，就会出现这些问题。（例如 Microsoft Excel，虽然简单易用，但它是一个复杂的黑匣子。）与云软件包相关的高度复杂性和频繁更新，的确可以说提出了新的挑战，但我们建议采用简单的方法。使用同行的意见和文档等信息来评估软件质量。用你知道答案的问题来测试。使用提供源代码的云服务——经常会提供，正如我们在其他章节中所详细介绍的那样。在机器学习方法的情况下，寻求生成可由人类分析者解释的模型的方法，这样可以理解模型的一些细枝末节，审查可能存在的不精确假设。

16.2.5 硬件限制

一个对云计算的常见的反对意见，至少是在早些年的时候，是云的硬件选择有限：如果你想要一个简单的 x86 主机，那么它是没问题的。如果你想要一个特别的配置，就会遇到局限。今天，云计算的硬件选项的范围肯定比任何实验室拥有的硬件选项要大得多。Amazon、Azure 和 Google 提供了数十种机器类型，具有不同数量的 CPU 内核、内存、GPU 功能和其他功能，如 7.2.2 节所述。

16.3 未来

本书中描述的云是 2017 年的云。我们认为，这里提出的许多技术和原理将会有很长的使用寿命，但是我们也知道云技术的发展速度很快（Amazon、Azure 和 Google 都经常性地宣布数十种新的服务和功能。）因此，我们花了一些时间来预测云计算在未来几年可能会发展的领域。

16.3.1 原生云应用程序

为云开发应用程序意味着什么？正如我们在第 4 章中看到的，现有的许多应用程序可以很直接地将它们打包，使其可以运行在虚拟机中，并将该虚拟机部署到云计算服务上。但是，在这样做的过程中，你所做的一切只是消除（或至少是转移）硬件成本。你没有改变应用程序的本质以便利用云的优势功能，例如有容错性的存储、伸缩性和强大服务（如第三部分所述）。

原生云（cloud native）这一术语用于描述可以利用云平台提供的强大的服务集合的应用

程序。**原生云计算基金会**（www.cncf.io）写道：“原生云计算‘部署’应用程序作为微服务（microservices），将每个部分包装到各自的容器中，并动态协调这些容器以优化资源利用率。”他们描述了 Amazon、Azure 和 Google 上提供的可用于支持此类应用程序的开源软件包（如 Kubernetes 和 Prometheus）。我们在 7.6 节中描述了微服务体系结构，并用我们的简单的科学文档分析器进行了说明。原生云这一概念不只是微服务实现 [120]。原生云应用程序在持久状态保存（如数据库）和在短暂虚拟机或容器中运行的逻辑之间有明确的分隔，如图 16-1 所示。14.5 节描述的 Globus 服务具有这些特性。

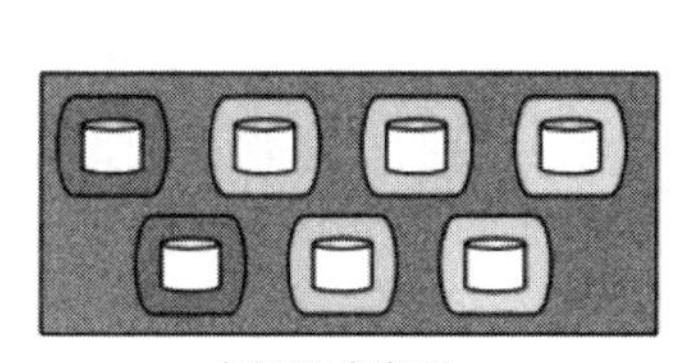

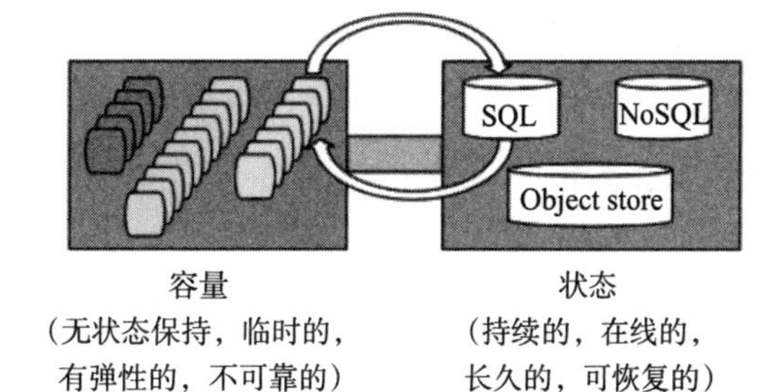

图 16-1 在左侧，常规部署方法：将每个应用程序部署在包含所有应用程序状态的虚拟机或容器中。在右侧，原生云的方法：在云端数据服务中保持状态，在临时的服务实例中执行计算

你用于部署此类应用程序的工具（Kubernetes、Mesos 等）还使得你可以轻松地监控和管理它。这样的应用程序可以毫不费力地扩展，并且可以进行分区，以便可以在当前的“活跃”部署的旁边部署和测试新版本的应用程序的微服务。如果新版本工作正常，旧版本可以缩减，对外部的服务来说不会看到中断。

正如我们在 4.3 节中讨论的，无服务器计算是让云管理你的函数集合，以便让它们在你定义的特殊条件下执行。这个概念与原生云设计密切相关。与传统的从头到尾运行的科学计算不同，原生云应用程序可以一直运行，直到你将其实现数目收缩到零为止。即使在那种静止状态下，你也可以通过告诉部署工具把实现数目从零开始增加来重新启动计算。你可以这样设置，一个外部事件触发一个无服务器响应器（如 Amazon Lambda），后者会调用部署系统去增加应用程序的实现数目。

那么原生云与科学的未来有什么关系呢？请考虑以下情况。假设你有一个实验仪器网络，可以生成大量突发数据，你需要进行实时分析。该应用程序可以很自然地被构造为一组交互式微服务。一个微服务接收和扫描数据。如果发现感兴趣的事件，它会调用其他微服务执行额外的处理。每个微服务都可能需要进行扩展才能执行这些任务。这些不同的组件都将结果发送到数据归类微服务。数据归类微服务将数据推送到持久性数据存储库。第二类触发事件可以是用户对已收集的数据的查询。这些其他事件还可能导致执行其他分析任务，或者可能只涉及对数据存储库的访问。由此产生的原生云实验管理系统可能具有数十个单独的微服务类型，所有这些都是根据需求进行交互和缩放的。

16.3.2 架构演变

云计算数据中心曾经是在很多机架内安装由戴尔和惠普等公司生产的现成的服务器构成的。在云计算市场上不停地竞争经济已经彻底改变了数据中心的设计方式。第一件事是不再用现成的服务器。谷歌很早就转向廉价刀片服务器，并将其密集地装入机架。亚马逊遵循这一做法，并且很快与多家公司（如台湾的 Quanta）合作，建立自己的服务器集群。传统的服务器太昂贵了。

大的变化是在 2005 年左右，那些建立大规模数据中心的公司被迫面对能源消耗这个主要的经营成本。亚马逊、谷歌和微软尝试了各种想法以减少其数据中心的能源消耗。这包括利用可再生能源，如地热、风力和波浪作用。数据中心设计开始采用超级计算机式的冷热通道空调。微软转变到使用一个可以部署在室外的封装有 2000 台服务器的大型集装箱的系统。

设计演进的下一个阶段将涉及服务器本身，而不仅仅是其封装和冷却。到 2010 年，许多数据云供应商正在设计自己的服务器。2011 年，Facebook 启动了**开放计算项目**（Open Compute Project）[35]，为服务器本身创建一个开源设计。脸书、谷歌和微软也开始尝试使用 ARM 处理器作为传统英特尔处理器的低功耗替代品。由于不同的云工作负载需要不同的资源，服务器配置的种类开始爆炸式增加。

原始的数据中心设计在每个机架顶部和机架之间使用传统的商业网络设备。随着这些数据中心的发展，它们对网络的需求越来越高。企业要求通过可扩展的虚拟专用网络将私有网络直接扩展到云端。到 2012 年，Azure 网络都是基于软件定义的网络 [228]，亚马逊和谷歌也是如此。

云中最新的体系结构变化正在由搜索、分析和机器学习的性能要求驱动。微软研究院开始了如何优化 Bing 搜索算法的研究。这项工作演变成为基于**现场可编程门阵列**（Field Programmable Gate Array，FPGA）的对服务器架构的重大重新设计，并添加到 Azure 的服务器中 [85]。FPGA 位于网络交换机和服务器之间，使得该可编程逻辑位于允许 FPGA 到 FPGA 直接通信的层面中。这种称为 Catapult 的架构使得需要特殊加速的应用程序可以将一组 FPGA 和服务器组合成一个有特殊目的的网格。该配置用于高速加密和加速深度学习等应用 [216]。微软不是部署自定义硬件的唯一云。谷歌最近宣布了 Tensor 处理单元 [164]，该处理单元被设计为比 GPU 更好的 TensorFlow 加速器。

云数据中心演进的这些例子说明，这些设计正在快速向着与超级计算机技术的融合迈进。尽管云总是具有与最大超级计算机不同的使用模式，但我们预期云计算对科学的价值只会增加。

16.3.3 边缘计算

云计算已经成为大规模、超连接的数据中心的代名词，在这些数据中心中，存储和计算可以根据用户需求进行流动分配。这种高度集中的架构是云计算成功的核心，它促进了运营成本的规模经济和依赖于大量数据的聚合和分析的创新应用。随着云供应商服务的复杂性越来越高，随着企业、家庭和人们越来越好的连接，我们可以很容易看出，将个人计算机的应用程序转移到云端是没有局限的。也许我们可以认为，所有的计算都将很快发生在其他地方。

然而，随着云数据中心变得越来越强大，人们与这些数据中心的联系越来越紧密，其他的重要趋势是正在推动的去中心化趋势。越来越强大的传感器产生大量数据，通常无法将其成本低廉地传输到云数据中心，因此必须在本地进行处理。越来越多的含有电脑的控制（computer-in-the-loop control）要求使延迟长短变得越来越重要。例如，考虑一种自动观察系统，用于检测迁移的鸟类，然后放大以获得可用于识别个体动物的高分辨率图像。将数千个摄像头的实时视频流传播到云端，处理数据，并及时返回结果以拉近指定的摄像机的图像可能不实用。但是，廉价的本地处理单元，可能运行基于大规模离线机器学习的算法，可以轻松执行这些任务。

对于诸如这些的应用，计算需要发生在“在边缘”的网络：因此提出**边缘计算**（edge computing）[232]。术语“雾计算”（fog computing），另一个模糊的新词，有时也被使用[75]。当然，这就是至少从PC时代开始，计算一直在执行的地方。但是正在考虑的一个新问题是如何连接边缘和云。我们会看到云供应商开始将云端服务拓展到边缘吗？这对我们选择外包给云有什么意义？看看这些问题在未来十年及以后如何得到回应将是非常有趣的。

我们已经可以看到早期的云服务供应商扩展其服务范围超出主数据中心的范例。**内容分发网络**（例如，Akamai、Amazon CloudFront、Azure CDN）在全球范围内运行边缘服务器（截至2017年，Amazon CloudFront提供68个此类服务器），缓存内容（如网页）以快速提供给客户端。更吸引人的是无服务器计算的发展。正如我们在4.3节中看到的那样，Amazon Lambda、Azure Functions和Google Cloud Functions等服务允许用户定义在某些事件发生时要执行的功能。虽然这些服务可以实现强大的反应性应用程序，但如果每个事件通知和后续响应都必须从原始站点传到云数据中心，其响应性将受到限制。因此，亚马逊提供**边缘Lambda**（Lambda at the edge），允许在Amazon CloudFront内容传送网络节点上运行Lambda功能。有趣的是，他们也宣布计划允许Lambda功能“执行于不属于亚马逊云的硬件，或者与互联网没有持续的连接的硬件”[132]：也许这些硬件可以是与科学实验室的实验装置连接的计算机或物联网上的实验装置，例如9.1.2节所述的物体阵列节点。

16.4 资源

The history of the grid [126] 回顾了许多与公用服务、电网和云计算有关的发展。

Jupyter 笔记本

做笔记的人才听得好。

——Dante,《神曲》, 第 15 篇

我们提供配套的 Jupyter 笔记本来演示本书中描述的各种技术。这些笔记本描述了一部分的技术和方法，并提供了完整的实施细节，以便你可以快速开始使用这些技术。它们结合了解释、基本练习和大量额外的 Python 代码来提供对每项技术的概念性了解。它们使你可以通过练习深入了解关键部分的实现过程，并且还提供了端到端的模式，使得你可以在自己的工作中实现这些技术。这些交互式文档是文本和 Python 示例代码混合格式的。Python 示例代码可以在 Jupyter 笔记本的 Web 界面中实时编辑和运行，使你可以在阅读时运行和探索每种技术的代码。

笔记本和相关文件可以在 Cloud4SciEng.org 在线访问。NOTEBOOKS（笔记本）菜单选项包含以下提供的笔记本列表，其中包含 HTML 页面和 .ipynb 源文件的链接。EXTRAS（其他）菜单选项包含本书中提到的其他非笔记本源代码的链接。任何人随时可以免费下载它们，并在任何正确配置了的计算机上运行。在大多数情况下，你需要添加附加包（package）。每个笔记本包括了其需要添加的附加包的说明。

17.1 环境

你需要在计算机上安装 Python 和 Jupyter 的一个版本来运行笔记本程序，包括用于运行笔记本的本地 Jupyter 服务器。你还需要安装笔记本所需的其他 Python 附加包，以及其他一些程序。安装和运行这些组件的最简单方法是安装 Continuum Analytics 提供的免费的 Anaconda Python 发行版（continuum.io/downloads）。Anaconda 包括 Jupyter 服务器和笔记本中使用的许多软件包的预编译版本。或者，你还可以手动创建 Python 环境，单独安装 Python、包管理器和 Python 包。但是，像 NumPy 和 Pandas 这样的软件包可能很难运行起来，特别是在 Windows 上。无论你使用何种操作系统，Anaconda 都可以大大简化安装的过程。我们在本书中其他地方讨论了如何配置虚拟机和容器以在云中运行 Python 和 Jupyter。

17.2 笔记本

我们下面逐一简要说明本书网站包括的 23 个笔记本。读者肯定知道，软件会过时。API 和 SDK 的旧版本会被新版本所取代。我们将尽可能保持这些笔记本不过时。

- Notebook 1（笔记本 1）提供了一个 Jupyter 的概览。它说明了我们广泛使用的 Jupyter 功能，包括文本、LaTeX 数学与 Python 代码的混合，以及嵌入图形的使用。
- Notebook 2（笔记本 2）提供了 3.1 节中描述的场景的四个实现中的第一个。你有一个 CSV 文件描述一些实验数据，还有该数据的集合。本项任务是在云中创建一个

表，将每个实验的数据上传到 Blob 存储，然后向表中添加一行。这一行包含该实验的元数据以及关联数据的 URL。此笔记本的表使用 Amazon DynamoDB，Blob 则使用 S3 存储服务。

- Notebook 3（笔记本 3）实现与 Notebook 2 相同的场景，但使用 Azure 的表和 Blob 服务。
- Notebook 4（笔记本 4）提供了该场景的部分实现。使用了 Google 的 Bigtable 来创建表。
- Notebook 5(笔记本 5）完成了该场景的实现。使用了 Google 的 Datastore(数据存储）和 Blob 存储。
- Notebook 6（笔记本 6）说明了如何使用 CloudBridge 的 Python 包来管理 Jetstream 云的 OpenStack 层上的基本存储操作。
- Notebook 7（笔记本 7）展示了如何使用 Boto3 Python 包在 Amazon 上创建和管理虚拟机。
- Notebook 8（笔记本 8）说明了如何使用 Python 来管理文件传输和与 Globus 共享数据。
- Notebook 9（笔记本 9）描述了如何使用 7.6.4 节所述的 Amazon EC2 容器服务。它显示了如何与容器服务进行交互并启动新的容器。你将在本书网站的“EXTRAS”菜单选项中找到其他数据文件以及构建容器所需的 Docker 文件。笔记本 10 也是这个项目的一部分。
- Notebook 10（笔记本 10）实现了将数据输入到一个队列中的客户端程序。这些数据将由 Notebook 9 的微服务来使用。
- Notebook 11（笔记本 11）使用 Spark 来执行简单的 MapReduce 计算。
- Notebook 12（笔记本 12）提供了 Spark 的第二个演示：一个使用 k 均值聚类算法（k-means clustering algorithm）的案例。
- Notebook 13（笔记本 13）演示了一组特殊的命令，使我们能够直接在 Jupyter 笔记本中嵌入 SQL。
- Notebook 14（笔记本 14）显示了如何在 Amazon Elastic MapReduce 集群中的 Spark 集群中部署 Jupyter。它使用了维基百科数据的探索作为说明示例。
- Notebook 15（笔记本 15）使用 Google 的 Datalab（数据实验室）来探索美国疾病控制中心的传染病记录，特别是研究一段时间内的风疹病例。
- Notebook 16（笔记本 16）进一步应用 Google 的 Datalab，使用它来检查气象站数据并识别出一个站的报告中的异常。
- Notebook 17（笔记本 17）使用 Amazon Kinesis 与 Spark 一起检测来自“物体阵列”仪器数据流的数据异常。该项目所需的数据可以在本书网站的“EXTRAS”菜单选项中找到。
- Notebook 18（笔记本 18）使用 Azure 的 HDInsight 和 Spark 来查看食品检查记录。
- Notebook 19（笔记本 19）实现了一个客户端。这个客户端可以将数据推送到 10.2 节所述的 Web 服务。这是一个使用 Azure ML 工具构建的简单文档分类器。
- Notebook 20(笔记本 20）显示了如何重建一个循环神经网络，然后加载并运行模型。这个神经网络使用 CNTK 对来自商业新闻的文本进行训练。

- Notebook 21（笔记本 21）基于 10.5 节的 MXNet 示例，其中 MXNet 用于训练 Resnet-152 图像识别模型。它加载并运行经过训练的网络以识别来自 Web 的图像。
- Notebook 22（笔记本 22）说明了如何在本地机器上部署 CNTK。
- Notebook 23（笔记本 23）使用 TensorFlow 构建一个简单的逻辑回归分析器，可用于简单预测研究生入学。

17.3 资源

有很多方法可以运行 Jupyter。最简单的是安装 Anaconda，然后运行命令 Jupyter notebook。这适用于你的 PC、Mac 或云端的虚拟机。如果使用云端的虚拟机，你可以使用容器或直接下载 Anaconda。你需要创建一个 .jupyter 目录，并遵循 10.5 节中关于在 AWS 上安装 MXNET 的说明。

在本书的不同部分，我们提供了有关运行 Jupyter 的其他方法的说明。例如，要在容器中运行，请参见 6.2 节；要在 Google 的 Kubernetes 运行 Jupyter，请参阅 7.6.5 节；要在有 Spark 的容器中使用，请参见 8.2.3 节。我们在 1.5 节中说明了 Python 和 Git/GitHub 对于打算使用云技术的科学家和工程师们的价值。

后记：科学发现云

我们好像已经达到了使用计算机技术可以实现的极限，但是人们应该谨慎对待这类陈述，因为它们往往在五年后听起来很愚蠢。

——John Von Neumann

我们希望前面的内容能给你一些关于如何在研究中使用云的具体想法。也许对你来说，云只意味着安全地和便宜地存储你的研究数据，或执行以前不容易运行的计算。或许你也受到启发，来用云的力量改变你运行实验室、进行研究以及与你的社区进行互动的方式。无论你如何使用这些技术，我们都相信你会发现这些体验既有回报又有趣。

同时，我们使用这最后的机会来进行一个预测。开创性的控制论和组织理论家斯塔福德·比尔（Stafford Beer）在 1972 年写道[70]：

询问如何在企业中使用电脑的问题是一个错误的问题。较好的问题是询问既然计算机已经存在，企业应该如何运行。最好的问题是询问有了计算机以后，现在的企业是什么。

我们从而想对比尔提出的最好的问题进行以下变体：

既然已经有了云计算以及它所具有的可扩展性和低成本的自动化和外包的优势，现在的科学组织机构是什么。

我们提出以下可能的结果。**数据生产的工业化将扩展到更多的领域**。数据生产会通过大规模的、自动化的实验和观察进行。这已经在天文学[241]、功能基因组学和材料科学[159]中实践了，并将扩展到更多领域。所生成的大量的数据将推动**数据分析的工业化**。这意味着大规模的计算平台将使质量控制、分析、推理等步骤自动化。这些发展将大大降低产生假设和验证假设的成本。它们还将提高可复制性，因为实验配置和数据处理步骤都会被精确地记录。

同时，这些实验和其他来源（例如科学文献）的大量科学知识将产生**通用知识库**。通用知识库会支持快速访问和自动推理。今后常见的过程将会是首先向科学搜索引擎提出问题，被告知与现有的知识存在潜在的不一致，并投票选出在行业规模级的设施上执行的后续实验组。其他实验将由准独立的**机器人科学家**[171, 262]进行，应用推理和实验设计方法来指导它们选择后续实验。

这些为达到规模经济的步骤可能听起来是非人性化的，但经验表明，如果以正确的方式实施，它们可以释放大量的创造力。如果通用知识库成为一个全球可及的公共资源，那么科学的竞争环境就变得更公平。安哥拉、印度或新西兰的高中生将能够寻找稀有疾病的新药或找到产自当地的新材料。他们将使用从这个**科学发现云**提供的强大的工具来收集新的数据，分析现有的和新的数据，测试假设和贡献知识。

这个科学发现云也将赋予实验室科学家更多的能力。亚马逊的 Echo 和 Alexa 服务可以维护我们的日历、订购比萨饼、召唤汽车服务，Alexa 可以调用 Amazon Lambda 功能，在云端开始实验分析。所有这些行动都可以由语音指令驱动。随着机器学习的不断进步，未来的科学家将受益于**基于云的研究助理**。它不仅可以监控实验，还可以进行背景研究，如查找相关工作的文献和检查我们的数学推导。这样的系统将会响应声音指令并阅读（和写入）我们的计算笔记本。

其中一些发展可能要等一些时间，但技术发展很快。正如罗伊·阿马拉（Roy Amara）所说，“我们倾向于高估技术的短期影响，但低估技术的长期影响。”

推荐阅读

教育部-阿里云产学合作协同育人项目成果

云安全原理与实践

书号：978-7-111-57468-2 作者：陈兴蜀 葛龙 定价：69.00元

人类科技的变革总是会伴生一些关键词：“蒸汽机”、“电”、“汽车”、“互联网”、“云计算”、”AI”，而云计算是这十年乃至未来十年的一个关键科技领域，它代表了科技产业在标准、成本、效率、能力方面的重新定义，认识云计算就是了解通往未来的必经之路。

—— 李津 阿里云资深总监

在云计算发展的同时，其安全问题也日益凸显，并成为制约云计算产业发展的重要因素。本书在“教育部-阿里云产学合作协同育人项目”和教育部高等学校计算机类专业教学指导委员会“系统能力培养研究项目”的指导下，力求将云安全的基本概念、原理与当前企业界的工程实践有机融合。在内容安排上，从云计算的基本概念入手，由浅入深地分析了云计算面临的安全威胁及防范措施，并对云计算服务的安全能力、云计算服务的安全使用以及云计算服务的安全标准现状进行了介绍。本书的另一大特色是将四川大学网络空间安全研究院团队的学术研究成果与阿里云企业实践结合，一些重要章节的内容给出了在阿里云平台上的实现过程，通过“理论+实践”的模式使得学术与工程相互促进，同时加深读者对理论知识的理解。

本书的主要内容

- 云计算的基础知识
- 云计算服务的安全能力、运维安全以及云安全技术的发展
- 如何安全地使用云计算服务
- 当前云计算服务的安全标准和管理机制

推荐阅读

云计算系统与人工智能应用

书号：978-7-111-59883-1 作者：黄铠 定价：99.00元

本书特色

· 技术融合方法。创新性地将云设计原理与大数据理论及超级计算机标准相结合，利用IoT感知技术实现大规模数据采集和筛选，利用机器学习与数据分析进行智能决策，最终实现更高效的计算和服务。

· 智能应用探索。深入探讨人工智能技术，涵盖神经形态芯片以及谷歌、IBM、中科院等团队的前沿成果，展现了认知计算在硬件、软件和生态系统方面的进步，不断开拓构建未来应用的新方法。

· 全面教辅支持。为鼓励读者学习新技术和开发新应用，书中包含大量实例，章后配有开放性习题。此外，用书教师可免费获取教学PPT和习题答案，请访问华章网站www.hzbook.com下载。

作者简介

黄铠（Kai Hwang）现为香港中文大学（深圳）校长讲座教授，兼任中国科学院云计算中心首席科学家。之前为美国南加州大学电子工程与计算机科学系终身教授，还曾在普渡大学任教多年，并先后在清华大学和香港大学等担任特聘讲座教授。他是IEEE计算机协会的终身会士，于2012年荣获国际云计算大会终身成就奖，2004年荣获中国计算机学会首届海外杰出贡献奖。